재료역학

문제해설

국승규 저

도서출판 동화기술

머리말

토목공학도에게 요구되는 구조역학의 첫 과정인 정역학과 재료역학의 중요성은 아무리 강조해도 지나치지 않을 것입니다. 이 과정에서 구조역학의 기본개념과 원리를 이해하고 이를 응용하여 주어진 문제에 적용하는 능력을 배양해야 하기 때문입니다. 정역학과 재료역학의 연습문제로 구성한 이 교재는 문제를 연습하는 과정에서 개념과 원리를 반복하여 이해하도록 문제의 구성과 난이도를 고려하였으므로, 구조역학의 기초과정을 시작하는 공학도의 참고서로 적합할 것입니다.

이 교재의 전반부 1~4장은 정역학, 4~8장은 재료역학에 관련된 문제로 구성하였습니다. 정역학 부분의 1장(역계와 합력)은 힘의 합력과 작용점을 결정하는 문제, 2장(강체의 평형)은 평형조건식을 적용하여 반력을 결정하는 문제를 다루고, 3장(트러스의 해석)은 트러스구조물로 내력의 개념을 이해하는 문제, 4장(도심과 단면2차모멘트)은 응력산정에 요구되는 단면의 성질을 결정하는 문제를 연습하도록 하였습니다. 재료역학 부분에서는 5장(축방향력 문제)의 응력과 변형의 기본문제, 6장(보의 내력과 응력)의 전단력선도와 휨모멘트선도를 작성하는 문제를 연습하여 7장(보의 처짐과 부정정보의 해석)에서 부정정구조물을 해석하는 문제를 해결하도록 구성하였고, 8장(2축휨, 모어원, 기둥)은 역학과정에 요구되는 기타문제를 연습하도록 제시하였습니다. 각 장에는 문제해결에 필요한 부분에 대한 요점을 정리하였으며, 문제의 단위는 SI단위와 미국상용단위를 같이 사용하여 두 단위 모두에 익숙하도록 하였습니다.

끝으로 이 교재의 출판을 위해 노고를 아끼지 않으신 도서출판 동화기술 편집진 여러분께 감사드립니다.

차례

1 역계와 합력

2 강체의 평형

3 트러스의 해석

4 도심과 단면2차모멘트

5 축방향력 문제

6 보의 내력과 응력

7 보의 처짐과 부정정보의 해석

8 2축휨, 모어원, 기둥

찾아보기

1 역계와 합력

1.1 역계

점, 선, 면, 공간을 각각 무차원, 1차원, 2차원, 3차원으로 구분하면 역계는 2차원(평면역계 ; $x-y$ 좌표축)과 3차원(공간역계 ; $x-y-z$ 좌표축)에서 다루어진다. 구조물은 3차원에 존재하지만 뼈대를 이루는 구조는 2차원으로 해석할 수 있다.

물체에 작용하는 힘은 물체의 이동 및 회전의 움직임을 유발한다. 물체를 이동하는 힘을 이동력, 회전하는 힘을 회전력(모멘트)이라고 정의한다. 물체의 이동 및 회전을 2차원 또는 3차원에서 다루기 위해서는 평면 및 공간상에서 위치를 정의할 수 있는 좌표축이 요구되며 가장 일반적으로 사용하는 좌표축이 직각좌표축(평면역계 ; $x-y$ 좌표축, 공간역계 ; $x-y-z$ 좌표축)이다. 물체의 움직임은 각 좌표축의 이동과 회전으로 구분한다. 그러므로 3개의 축으로 구성된 3차원 물체는 6개의 자유도를 갖는다. 2차원평면에서 움직이는 물체는 평면상에만 위치해야 하므로 평면에 수직인 축에 대한 회전만 가능하다. 그러므로 $x-y$ 평면에서 물체는 3개의 자유도(x축, y축의 이동, $x-y$ 평면에 수직인 z축의 회전)를 갖는다. 각 자유도는 서로 독립적이다.

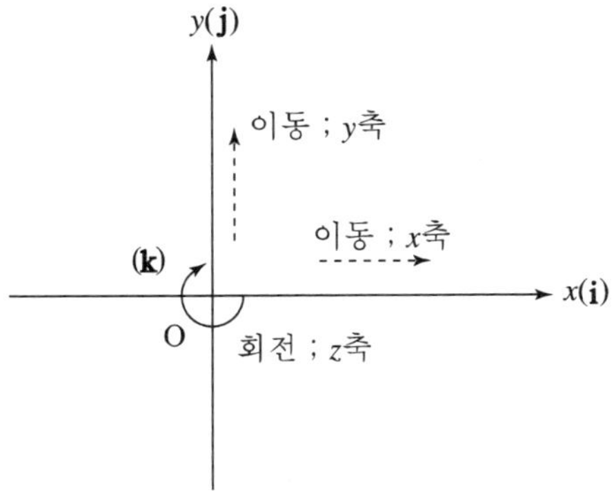

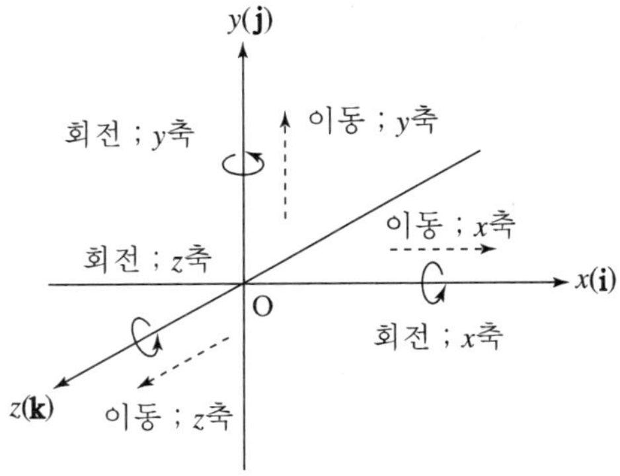

역계는 또한 절점역계와 비절점역계로 구분한다. 절점역계는 모든 힘이 한 점에 작용하는 역계이므로 물체를 점으로 간주한 것이고 회전이 없다. 그러므로 평면역계는 2개, 공간역계는 3개의 자유도를 갖는다. 비절점역계는 일반적인 구조물에 적용되는 역계이고 회전을 포함하므로 평면역계는 3개, 공간역계는 6개의 자유도를 갖는다.

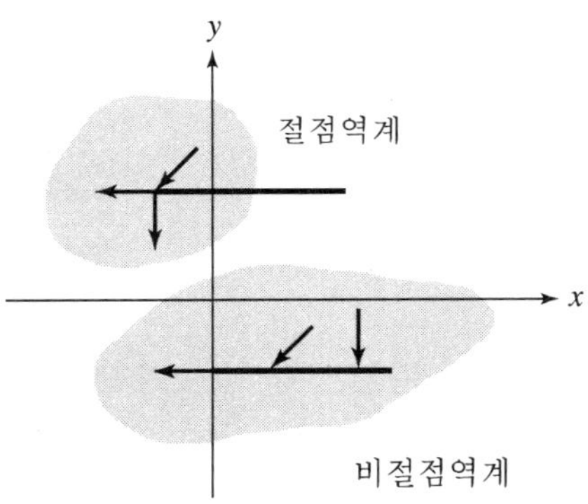

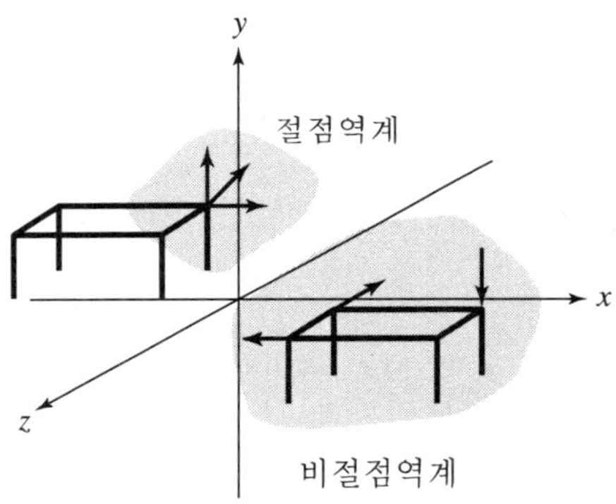

1.2 분력

물체에 작용하는 역계의 효과(이동/회전)를 파악하기 위해서는 분력과 합력의 산정이 요구된다. 두 벡터의 합력은 평행사변형법 또는 삼각형법으로 구할 수 있다. 세 개 이상 벡터의 합은 삼각형법 또는 벡터의 시/종점을 연결하는 다각형법을 적용한다. 분력을 구하는 것은 평행사변형법을 역으로 적용하는 것과 같다.

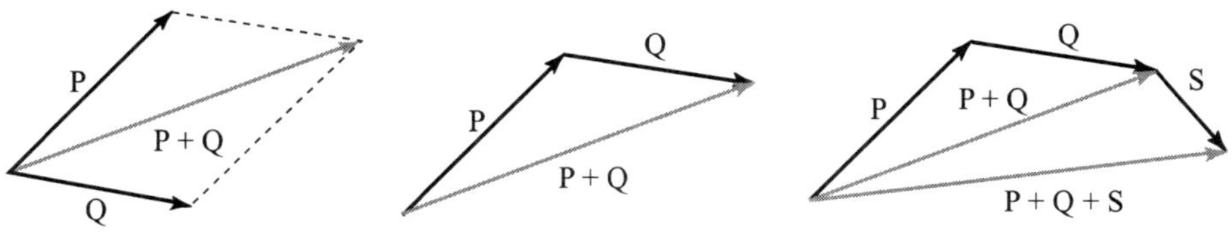

평면역계에서 힘의 분력은 $x-y$ 좌표축을 사용하여 산정한다. 직각분력의 크기와 방향은 양의 x축과 반시계방향의 각을 사용하여 다음과 같이 산정한다(공간역계와 마찬가지로 벡터를 사용하여 정의할 수 있으나 이와 같은 계산이 보다 단순하다).

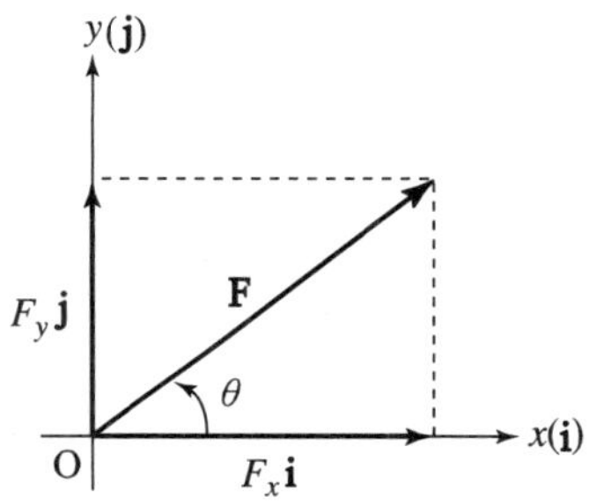

$$\mathbf{F} = F_x\mathbf{i} + F_y\mathbf{j} \quad \Leftrightarrow \quad F = \sqrt{F_x^2 + F_y^2}$$

$$F_x = F\cos\theta \quad ; \quad F_y = F\sin\theta \quad ; \quad \tan\theta = \frac{F_y}{F_x}$$

공간역계에서 힘의 분력은 $x-y-z$ 좌표축을 사용하여 산정하고 벡터계산이 요구된다($\boldsymbol{\lambda}$는 크기 1의 방향벡터). 직각분력의 크기와 방향은 힘의 축과 각 축이 형성하는 각을 사용하여 다음과 같이 산정한다(방향코사인).

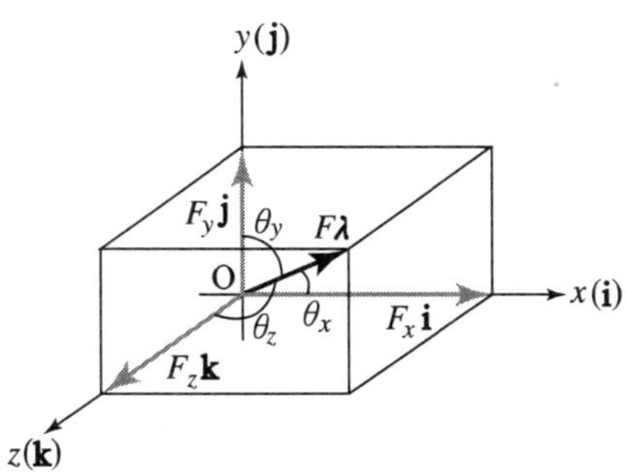

$$\mathbf{F} = F_x\mathbf{i} + F_y\mathbf{j} + F_z\mathbf{k} \quad \left(F = \sqrt{F_x^2 + F_y^2 + F_z^2}\right)$$

$$F_x = F\cos\theta_x;\ F_y = F\cos\theta_y;\ F_z = F\cos\theta_z$$

방향코사인 :

$$\cos\theta_x = \frac{F_x}{F};\ \cos\theta_y = \frac{F_y}{F};\ \cos\theta_z = \frac{F_z}{F}$$

$$\mathbf{F} = F_x\mathbf{i} + F_y\mathbf{j} + F_z\mathbf{k}$$
$$= F\left(\cos\theta_x\mathbf{i} + \cos\theta_y\mathbf{j} + \cos\theta_z\mathbf{k}\right) = F\boldsymbol{\lambda}$$

공간역계의 힘은 다음 그림과 같이 두 점에 의해 크기와 방향을 표기할 수 있다.

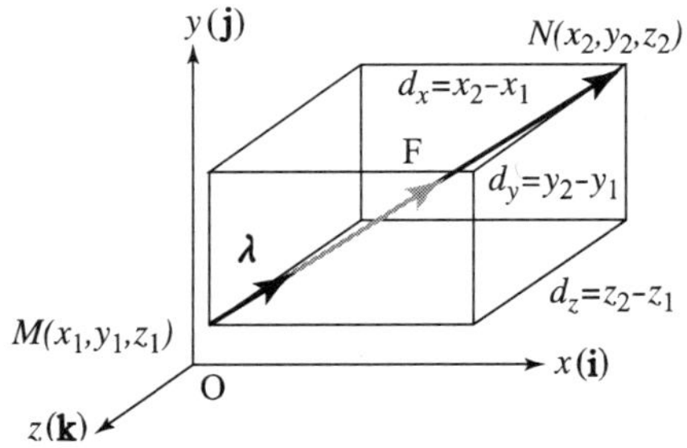

$$\overline{MN} = d_x\mathbf{i} + d_y\mathbf{j} + d_z\mathbf{k}$$

$$\boldsymbol{\lambda} = \frac{\overline{MN}}{MN} = \frac{1}{d}(d_x\mathbf{i} + d_y\mathbf{j} + d_z\mathbf{k})$$

$$\mathbf{F} = F\boldsymbol{\lambda} = \frac{F}{d}(d_x\mathbf{i} + d_y\mathbf{j} + d_z\mathbf{k})$$

$$F_x = \frac{Fd_x}{d};\ F_y = \frac{Fd_y}{d};\ F_z = \frac{Fd_z}{d}$$

방향코사인 :

$$\cos\theta_x = \frac{d_x}{d};\ \cos\theta_y = \frac{d_y}{d};\ \cos\theta_z = \frac{d_z}{d}$$

1.3 합력과 작용점

절점역계는 모든 힘이 한 점(작용점)에 작용하는 역계이므로 회전이 없다. 각각의 힘은 직각분력으로 분해하고 각 축별로 합한다. 평면역계는 x축, y축으로, 공간역계는 x축, y축, z축으로 정리한 이들 힘 $\mathbf{R}_x$, $\mathbf{R}_y$, $\mathbf{R}_z$가 최종 합력 $\mathbf{R}$의 직각분력이고 최종 합력의 크기는 피타고라스 정리, 방향은 삼각함수를 사용하여 정의한다. 평면역계는 양의 x축과 반시계방향의 각, 공간역계는 합력의 축과 각 축이 형성하는 각으로 방향을 제시한다(방향코사인).

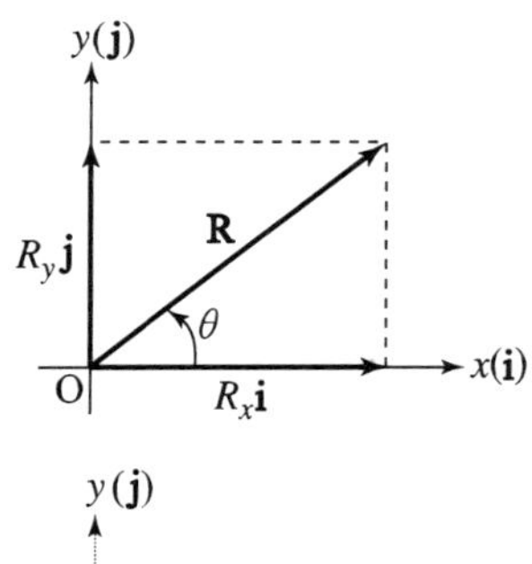

$$\mathbf{R} = \Sigma\mathbf{F} = (\Sigma F_x)\mathbf{i} + (\Sigma F_y)\mathbf{j}$$
$$= R_x\mathbf{i} + R_y\mathbf{j}$$

$$R = \sqrt{R_x^2 + R_y^2}$$

$$\cos\theta = \frac{R_x}{R}\quad;\quad \sin\theta = \frac{R_y}{R}$$

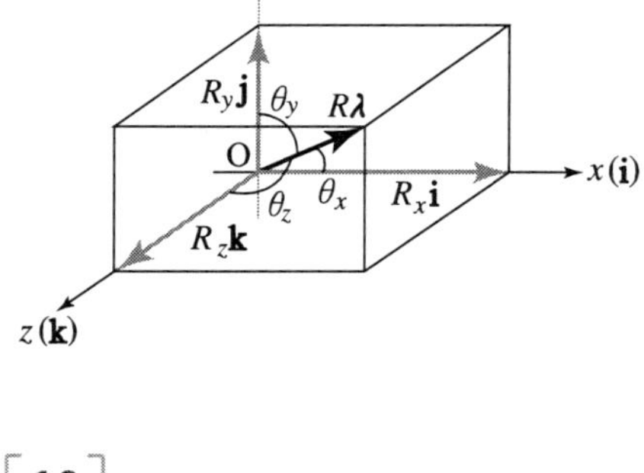

$$\mathbf{R} = \Sigma\mathbf{F} = (\Sigma F_x)\mathbf{i} + (\Sigma F_y)\mathbf{j} + (\Sigma F_z)\mathbf{k}$$
$$= R_x\mathbf{i} + R_y\mathbf{j} + R_z\mathbf{k}$$

$$R = \sqrt{R_x^2 + R_y^2 + R_z^2}$$

방향코사인 :

$$\cos\theta_i = \frac{R_i}{R}\quad;\quad (i = x,\ y,\ z)$$

비절점 평면역계($x-y$ 좌표축)에 작용하는 힘들은 3개의 자유도(x축, y축의 이동, $x-y$ 평면에 수직인 z축의 회전)에 해당하는 직각분력($\mathbf{R}_x$, $\mathbf{R}_y$, $\mathbf{M}_z$)으로 정리한다. 비절점 공간역계($x-y-z$ 좌표축)는 6개의 자유도에 해당하는 직각분력($\mathbf{R}_x$, $\mathbf{R}_y$, $\mathbf{R}_z$, $\mathbf{M}_x$, $\mathbf{M}_y$, $\mathbf{M}_z$)으로 정리한다. 이동력 **R**과 회전력 **M**으로 정리한 직각분력은 하나의 이동력인 합력으로 대체할 수 있으며, 합력의 작용점은 원래의 역계가 물체에 작용하는 효과와 합력이 물체에 작용하는 효과가 같도록 결정할 수 있다.

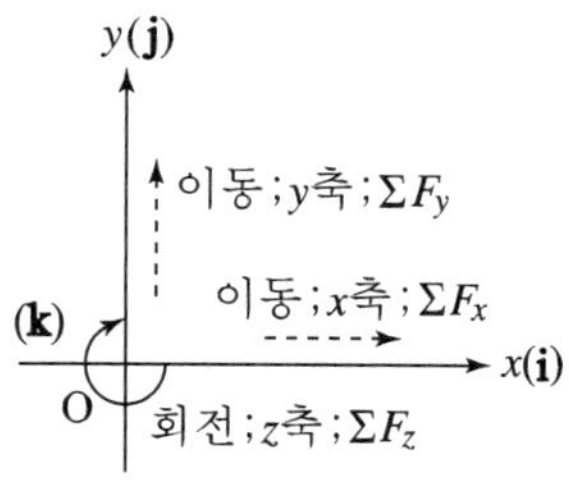

이동력 2 :

$$\mathbf{R} = \sum \mathbf{F} = (\sum F_x)\mathbf{i} + (\sum F_y)\mathbf{j}$$
$$= R_x\mathbf{i} + R_y\mathbf{j}$$

회전력 1 :

$$\sum \mathbf{M} = (\sum M_z)\mathbf{k}$$

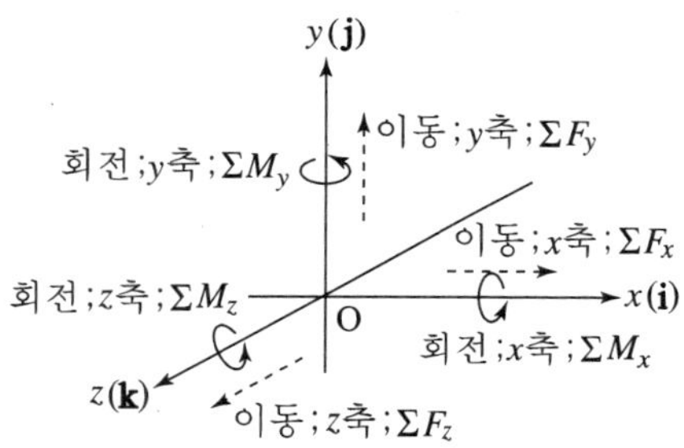

이동력 3 :

$$\mathbf{R} = \sum \mathbf{F} = (\sum F_x)\mathbf{i} + (\sum F_y)\mathbf{j} + (\sum F_z)\mathbf{k}$$
$$= R_x\mathbf{i} + R_y\mathbf{j} + R_z\mathbf{k}$$

회전력 3 :

$$\sum \mathbf{M} = (\sum M_x)\mathbf{i} + (\sum M_y)\mathbf{j} + (\sum M_z)\mathbf{k}$$

물체에 작용하는 이동력은 작용선이 물체의 중심과 일치하는 경우 이동만을 발생하나 그렇지 않은 경우는 작용선이 물체의 중심과 일치하도록 물체를 회전한다. 즉, 이동력은 작용점에 따라 효과가 다르다는 것이다.

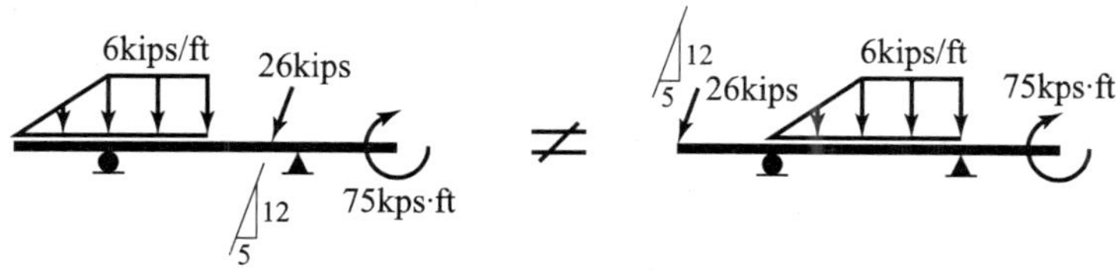

회전력은 하나의 평면상에서 구성되므로 동일평면에서 위치를 변경하거나(평면역계) 또는 평행한 평면으로 위치를 변경해도(공간역계) 역계에 대한 영향은 변하지 않는다. 이는 회전력이 위치와 관계없이 평면을 회전하기 때문이다.

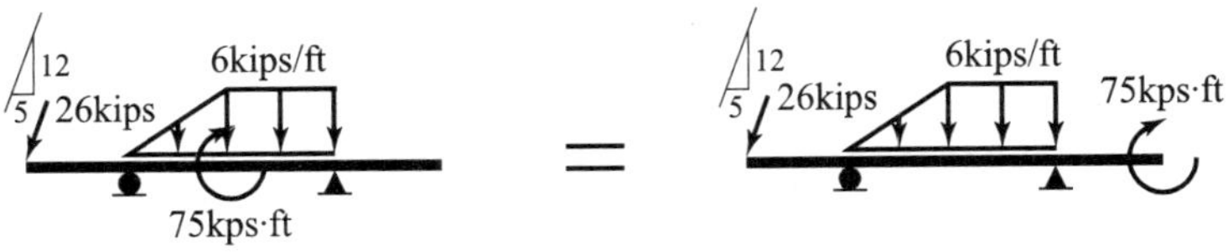

역계를 하나의 합력(이동력)으로 대체하는 경우 물체에 작용하는 역계의 효과(이동/회전)와 동일하도록 작용점을 결정해야 한다. 즉, 이동의 효과는 합력(이동력)의 크기와 방향에 반영되므로 회전을 등가로 하기 위해 역계에 의한 회전과 합력(이동력)에 의한 회전이 같도록 작용점을 결정한다. 아래와 같은 평면역계($x-y$ 좌표축)의 경우 임의점 A를 기준으로 역계(집중하중 P, 분포하중 w)에 의한 z축 회전과 합력 R에 의한 z축 회전이 같도록 합력 R의 위치(작용점)를 결정한다.

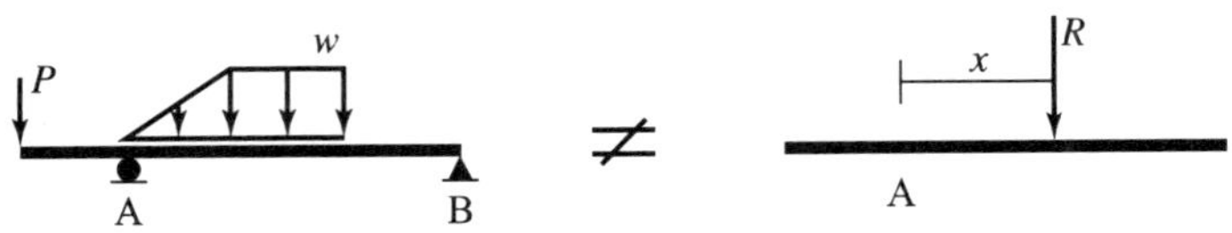

공간역계($x-y-z$ 좌표축)의 경우 임의점 A를 기준으로 역계(집중하중 P, H, 분포하중 w)에 의한 x, y, z축 회전과 합력(이동력) R에 의한 x, y, z축 회전이 같도록 합력 R의 위치(작용점)를 결정한다.

분포하중은 단위가 다른 하중이므로 집중하중으로 변경해야 합력의 산정에 포함할 수 있다. 등분포하중(삼각형분포하중)을 집중하중으로 변경하면 크기는 사각형(삼각형)의 면적과 같고 작용점은 도심이 된다. 도심이 작용점이 되는 것은 역계를 하나의 힘으로 대체하는 경우와 같이 회전효과가 동일하도록 한 것이다.

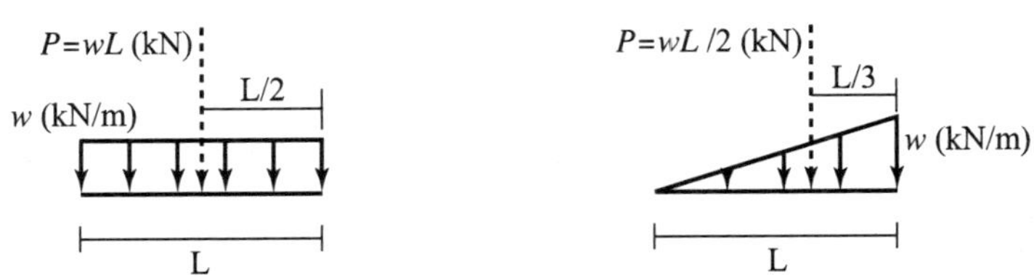

1.4 공간역계

두 벡터 **P**, **Q**의 벡터곱에 의한 회전력(벡터) **V**의 크기와 방향(오른손법칙 ; **P**에서 **Q**로 오른손을 감으면 엄지의 방향이 **V**의 방향) 및 직각분력은 다음과 같다.

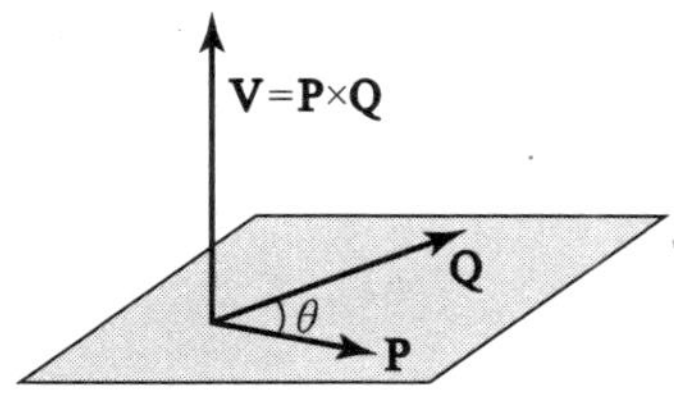

$$\mathbf{V} = \mathbf{P}\times\mathbf{Q} \quad ; \quad V = PQ\sin\theta$$

$$\begin{aligned}\mathbf{V} = \mathbf{P}\times\mathbf{Q} &= (P_x\mathbf{i} + P_y\mathbf{j} + P_z\mathbf{k})\times(Q_x\mathbf{i} + Q_y\mathbf{j} + Q_z\mathbf{k}) \\ &= (P_yQ_z - P_zQ_y)\mathbf{i} + (P_zQ_x - P_xQ_z)\mathbf{j} + (P_xQ_y - P_yQ_x)\mathbf{k} \\ &= V_x\mathbf{i} + V_y\mathbf{j} + V_z\mathbf{k} \\ &= \begin{vmatrix}\mathbf{i} & \mathbf{j} & \mathbf{k} \\ P_x & P_y & P_z \\ Q_x & Q_y & Q_z\end{vmatrix}\end{aligned}$$

O점에 대한 **F**의 모멘트 $\mathbf{M}_O$의 크기와 방향(오른손법칙)은 다음과 같다. 여기서 **r**은 점 A의 위치벡터이고 d는 O점에서 **F**의 작용선까지의 수직거리이다.

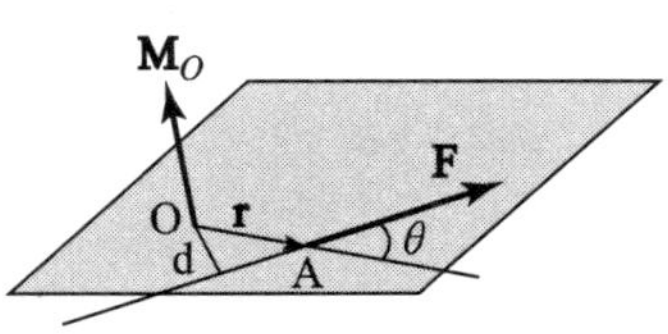

$$\mathbf{M}_O = \mathbf{r}\times\mathbf{F} \quad ; \quad M_O = rF\sin\theta = Fd$$

O점 또는 B점에 대한 모멘트는 직각분력을 사용하여 다음과 같이 산정한다.

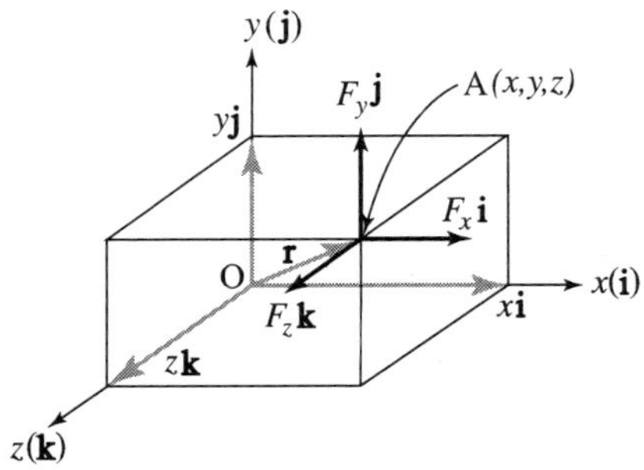

$$
\begin{aligned}
\mathbf{M}_O &= \mathbf{r} \times \mathbf{F} \\
&= (x\mathbf{i} + y\mathbf{j} + z\mathbf{k}) \times (F_x\mathbf{i} + F_y\mathbf{j} + F_z\mathbf{k}) \\
&= \begin{vmatrix} \mathbf{i} & \mathbf{j} & \mathbf{k} \\ x & y & z \\ F_x & F_y & F_z \end{vmatrix} \\
&= M_x\mathbf{i} + M_y\mathbf{j} + M_z\mathbf{k}
\end{aligned}
$$

$$
\left\{ \begin{aligned} M_x &= yF_z - zF_y \\ M_y &= zF_x - xF_z \\ M_z &= xF_y - yF_x \end{aligned} \right\}
$$

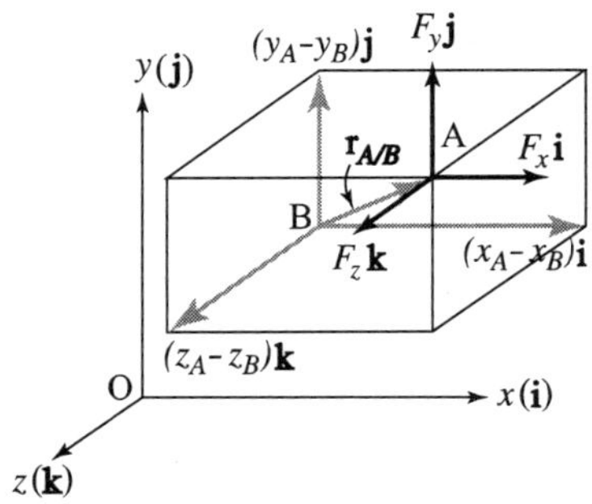

$$
\begin{aligned}
\mathbf{M}_B &= \mathbf{r}_{A/B} \times \mathbf{F} \\
&= (\mathbf{r}_A - \mathbf{r}_B) \times \mathbf{F} \\
&= \begin{vmatrix} \mathbf{i} & \mathbf{j} & \mathbf{k} \\ x_{A/B} & y_{A/B} & z_{A/B} \\ F_x & F_y & F_z \end{vmatrix}
\end{aligned}
$$

$$
\left\{ \begin{aligned} x_{A/B} &= x_A - x_B \\ y_{A/B} &= y_A - y_B \\ z_{A/B} &= z_A - z_B \end{aligned} \right\}
$$

두 벡터 **P**, **Q**의 스칼라곱(크기)은 다음과 같다.

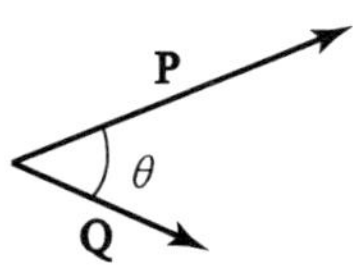

$$
\begin{aligned}
\mathbf{P} \cdot \mathbf{Q} &= PQ\cos\theta \\
&= (P_x\mathbf{i} + P_y\mathbf{j} + P_z\mathbf{k}) \cdot (Q_x\mathbf{i} + Q_y\mathbf{j} + Q_z\mathbf{k}) \\
&= P_xQ_x + P_yQ_y + P_zQ_z
\end{aligned}
$$

벡터 **P**의 OL 축에 대한 투영(성분)은 스칼라곱을 사용하여 산정한다. 여기서 $\boldsymbol{\lambda}$는 OL방향의 단위벡터이고 θ_x, θ_y, θ_z는 OL축과 각 좌표축과의 사잇각을 의미한다.

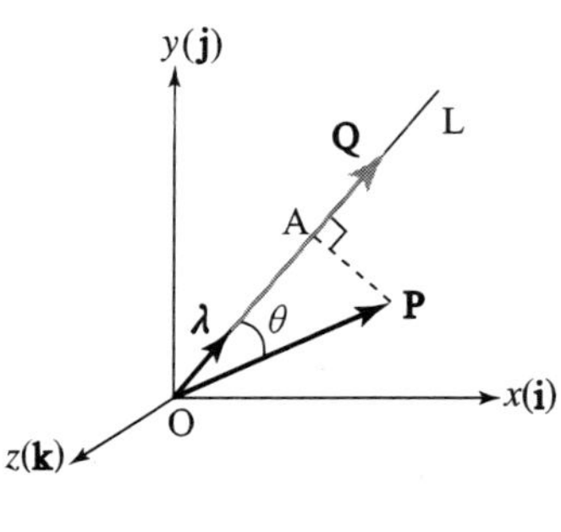

$$
\begin{aligned}
\mathbf{P} \cdot \mathbf{Q} &= PQ\cos\theta \\
&= P_{OL}Q \quad ; \quad (P_{OL} = P\cos\theta)
\end{aligned}
$$

$$
\begin{aligned}
P_{OL} &= \frac{\mathbf{P} \cdot \mathbf{Q}}{Q} = \frac{P_xQ_x + P_yQ_y + P_zQ_z}{Q} \\
&= \mathbf{P} \cdot \boldsymbol{\lambda} \\
&= P_x\cos\theta_x + P_y\cos\theta_y + P_z\cos\theta_z
\end{aligned}
$$

힘 $\mathbf{F}$에 의한 모멘트 $\mathbf{M}_O$의 임의축 OL에 대한 투영(성분)은 혼합3중곱을 사용하여 산정한다. 여기서 λ_x, λ_y, λ_z는 OL축의 방향코사인이고 x, y, z는 힘 $\mathbf{F}$의 작용점 좌표이며 F_x, F_y, F_z는 힘 $\mathbf{F}$의 직각분력이다.

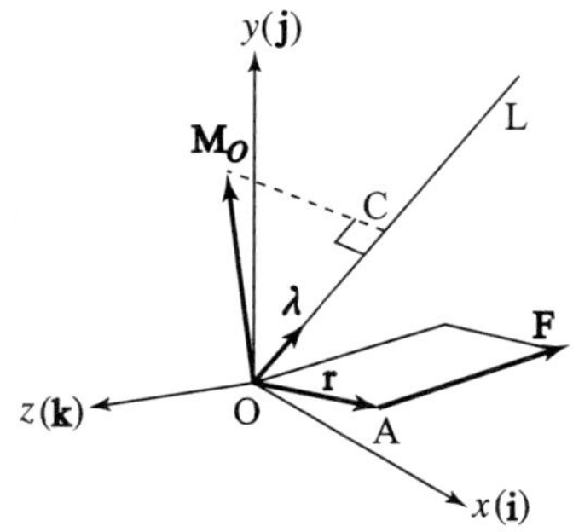

$$M_{OL} = \boldsymbol{\lambda} \cdot \mathbf{M}_O$$
$$= \boldsymbol{\lambda} \cdot (\mathbf{r} \times \mathbf{F}) = \begin{vmatrix} \lambda_x & \lambda_y & \lambda_z \\ x & y & z \\ F_x & F_y & F_z \end{vmatrix}$$

O점에서 두 힘(짝힘)에 의한 모멘트(짝힘모멘트)를 산정한 결과는 짝힘모멘트가 O점의 위치와 무관하다는 것을 제시한다. 여기서 $\mathbf{r}_A$, $\mathbf{r}_B$는 각각 $\mathbf{F}$, $-\mathbf{F}$의 작용점 위치벡터이고, d는 $\mathbf{F}$, $-\mathbf{F}$의 작용선 사이의 수직거리다.

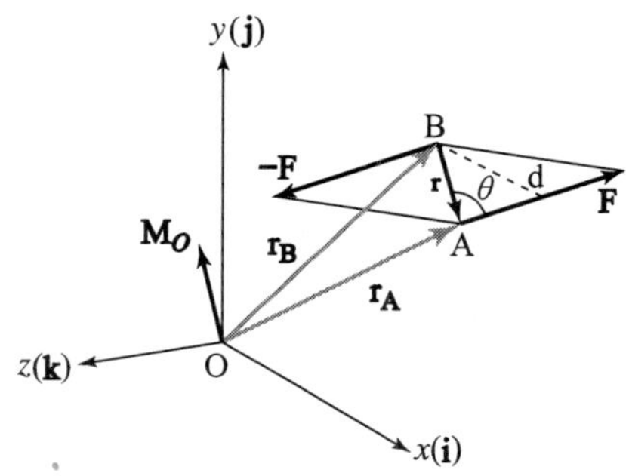

$$\mathbf{r}_A \times \mathbf{F} + \mathbf{r}_B \times (-\mathbf{F}) = (\mathbf{r}_A - \mathbf{r}_B) \times \mathbf{F}$$
$$\mathbf{r}_A - \mathbf{r}_B = \mathbf{r} \quad \Rightarrow \quad \mathbf{M}_O = \mathbf{r} \times \mathbf{F}$$
$$M_O = rF\sin\theta = Fd$$

1-1 절점역계를 구성하고 있는 힘들의 합력(크기, 방향)을 구하시오.

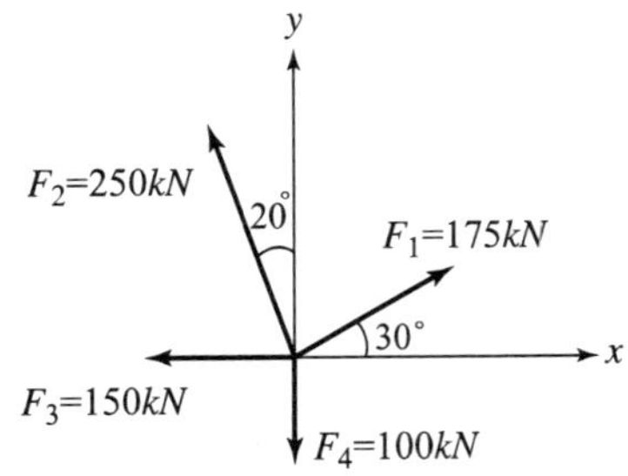

풀이

직각분력의 합 :

구분	크기	x축 성분	y축 성분
1	175	175 cos30° = 151.6	175 sin30° = 87.5
2	250	−250 sin20° = −85.5	250 cos20° = 234.9
3	150	−150.0	0.0
4	100	0.0	−100.0
Σ		−83.9	222.4

합력의 분력 :

$R_x = \sum F_x = -83.9\,(kN)$; $R_y = \sum F_y = 222.4\,(kN)$

합력의 크기 :

$R = \sqrt{R_x^2 + R_y^2} = \sqrt{(-83.9)^2 + 222.4^2} = 237.7\,(kN)$

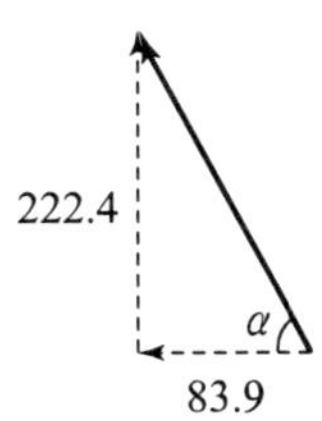

합력의 방향 :

$\tan\alpha = \dfrac{222.4}{83.9}$; $\alpha = 69.3^\circ$

$\theta = 180^\circ - 69.3^\circ = 110.7^\circ$

1-2 사각형 판에 작용하는 하중의 합력(크기, 방향), 합력의 작용선과 사각형 변과의 교점을 구하시오.

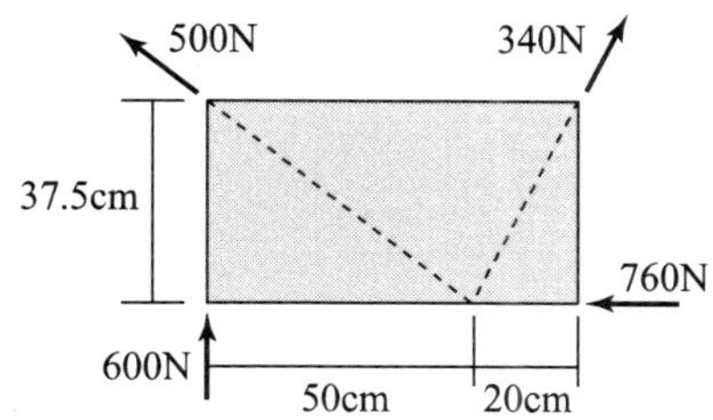

풀이

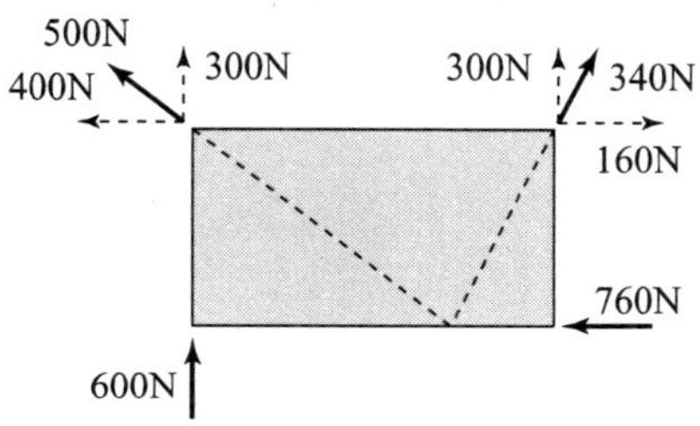

직각분력의 합 :

$$R_x = \sum F_x = -400+160-760 = -1000\,(N)$$
$$R_y = \sum F_y = 300+300+600 = 1200\,(N)$$

합력의 크기 :

$$R = \sqrt{R_x^2+R_y^2} = \sqrt{1000^2+1200^2} = 1562\,(N)$$

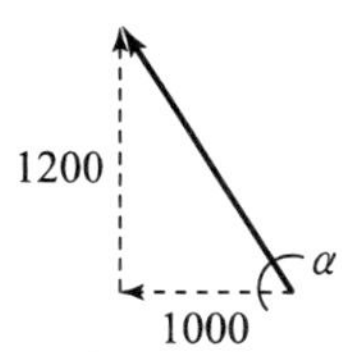

합력의 방향 :

$$\tan\alpha = \frac{1200}{1000} \quad ; \quad \alpha = 50.2^\circ$$
$$\theta = 180^\circ - 50.2^\circ = 129.8^\circ$$

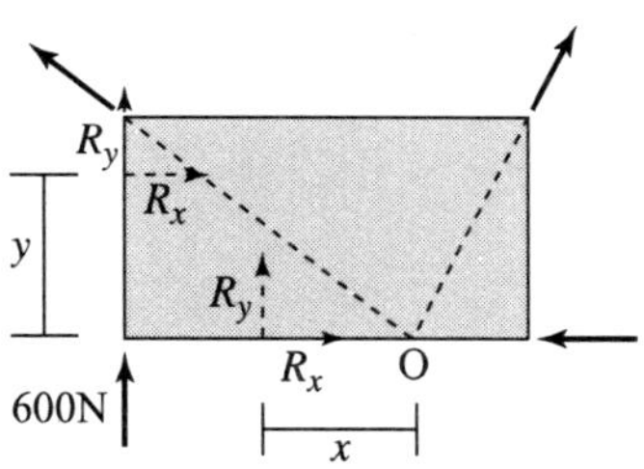

합력의 작용점 : 역계에 의한 O점의 모멘트와 합력에 의한 O점의 모멘트가 같아야 한다.

$$\sum^{O} M = 600\times 0.5 = 300\,(N\cdot m) \;\; ; \text{시계방향}$$

$$\begin{aligned} 300 &= R_x\times 0 + R_y\times x \\ &= (-1000)\times 0 + 1200\times x \\ x &= 0.25\,m \end{aligned}$$

$$\begin{aligned} 300 &= R_x\times y + R_y\times(0.5) \\ &= (-1000)\times y + 1200\times 0.5 \\ y &= 0.3\,m \end{aligned}$$

1-3 구조물에 작용하는 하중의 합력(크기, 방향)과 작용점을 구하시오.

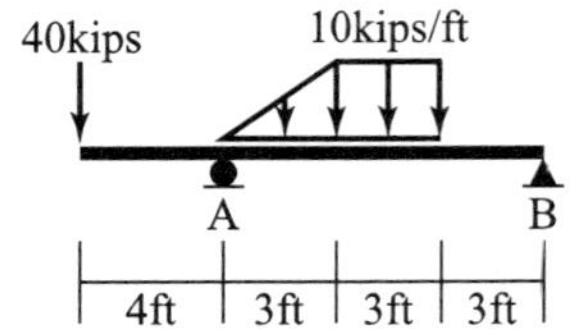

풀이

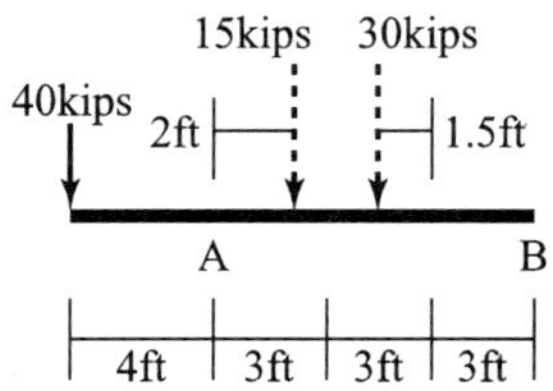

직각분력의 합(등가집중하중) :

$$R_x = \sum F_x = 0$$

$$R_y = \sum F_y = -40 - 10 \times 3 \times 0.5 - 10 \times 3 = -85\,(kips)$$

합력의 크기 :

$$R = \sqrt{R_x^2 + R_y^2} = \sqrt{(0)^2 + (-85)^2} = 85\,(kips)$$

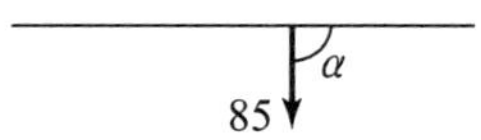

합력의 방향 :

$\alpha = 90^\circ$; $\theta = 270^\circ$ 또는 -90°

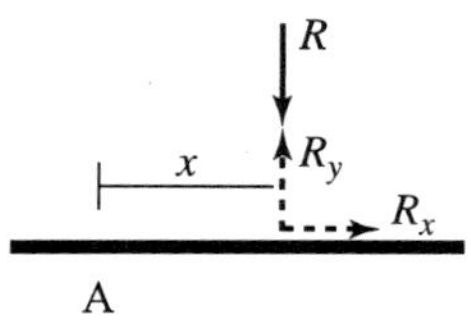

합력의 작용점 : 역계에 의한 A점의 모멘트와 합력에 의한 A점의 모멘트가 같도록 작용점을 결정한다.

$$\sum^{A} M = 40 \times 4 - 15 \times 2 - 30 \times 4.5$$

$$= -5\,(kip \cdot ft) \quad ; \text{ 반시계방향 양}$$

$$-5 = R_y \times x = -85 \times x \quad ; \quad x = 0.06\,ft$$

1-4 구조물에 작용하는 하중의 합력(크기, 방향)과 작용점을 구하시오.

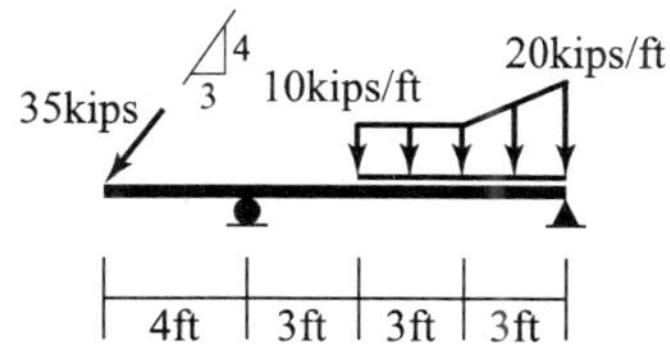

풀이

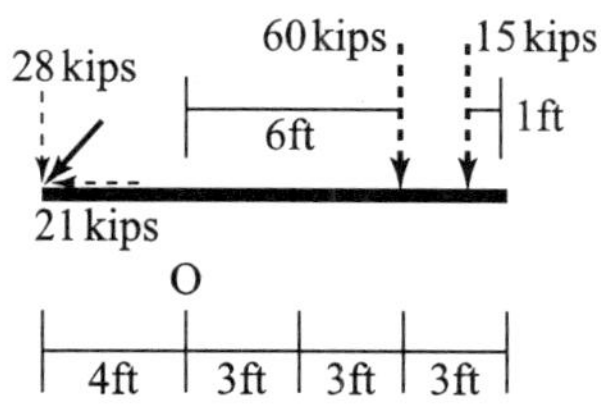

직각분력의 합(등가집중하중) : 사다리꼴을 포함한 분포하중은 직사각형과 삼각형 분포하중으로 구분하여 등가집중하중을 구할 수 있다.

$$R_x = \sum F_x = -21\,kips$$
$$R_y = \sum F_y = -28 - 10\times6 - 10\times3\times0.5 = -103\,(kips)$$

합력의 크기 :

$$R = \sqrt{R_x^2 + R_y^2} = \sqrt{(-21)^2 + (-103)^2} = 105.1\,(kips)$$

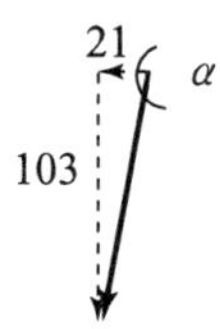

합력의 방향 :

$$\tan\alpha = \frac{103}{21} \quad ; \quad \alpha = 78.5^\circ$$
$$\theta = 180^\circ + 78.5^\circ = 258.5^\circ$$

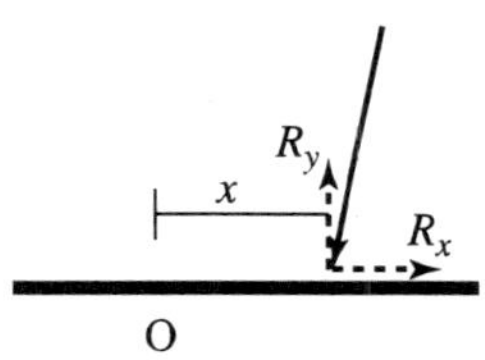

합력의 작용점 : 역계에 의한 O점의 모멘트와 합력에 의한 O점의 모멘트가 같아야 한다.

$$\sum^{O} M = 28\times4 - 60\times6 - 15\times8$$
$$= -368\,(kip\cdot ft) \quad ; \quad \text{반시계방향 양}$$

$$-368 = R_y \times x = -103\times x \quad ; \quad x = 3.57\,ft$$

1-5 구조물에 작용하는 하중의 합력(크기, 방향)과 작용점을 구하시오.

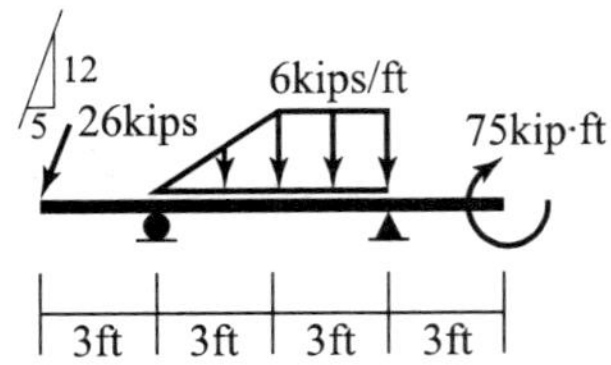

풀이

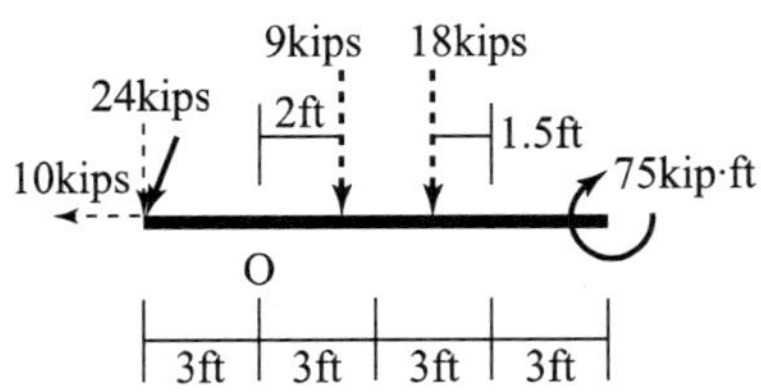

직각분력의 합(등가집중하중) :

$$R_x = \sum F_x = -10\,kips$$

$$R_y = \sum F_y = -24 - 6\times 3\times 0.5 - 6\times 3 = -51\,(kips)$$

합력의 크기 :

$$R = \sqrt{R_x^2 + R_y^2} = \sqrt{(-10)^2 + (-51)^2} = 52.0\,(kips)$$

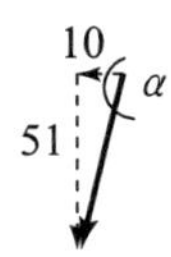

합력의 방향 :

$$\tan\alpha = \frac{51}{10} \quad ; \quad \alpha = 78.9^\circ$$

$$\theta = 180^\circ + 78.9^\circ = 258.9^\circ$$

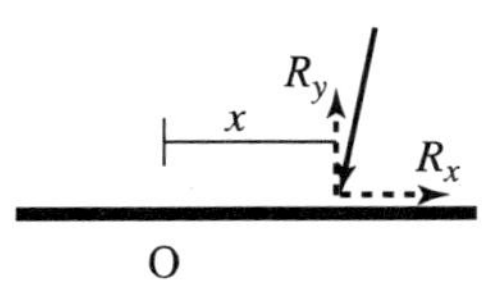

합력의 작용점(모멘트하중) : 모멘트하중을 포함하는 역계에 의한 O점의 모멘트와 합력에 의한 O점의 모멘트가 같아야 한다.

$$\sum^{O} M = -24\times 3 + 9\times 2 + 18\times 4.5 + 75 = 102\,(kip\cdot ft) \quad ; \quad \text{시계방향 양}$$

$$102 = -R_y \times x = -(-51)\times x \quad ; \quad x = 2ft$$

1-6 부재에 작용하는 하중의 합력(크기, 방향)과 작용점을 구하시오.

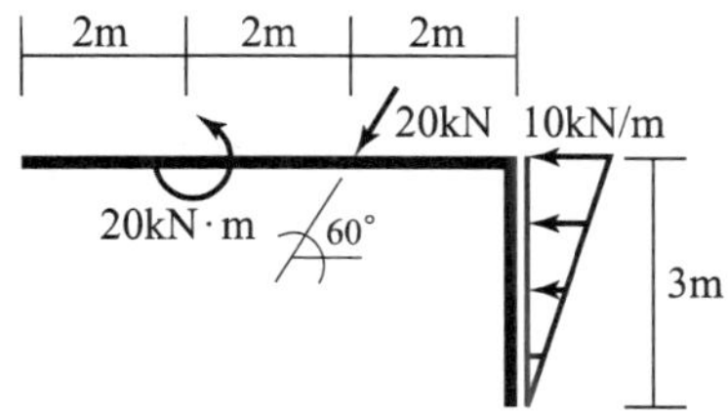

풀이

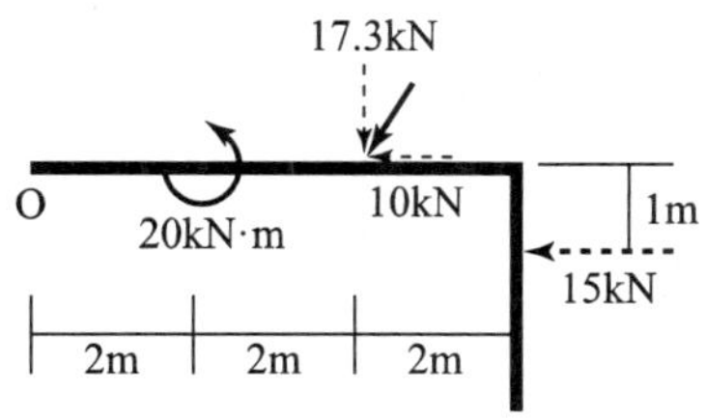

직각분력의 합(등가집중하중) :

$$R_x = \sum F_x = -10 - 10 \times 3 \times 0.5 = -25\,(kN)$$
$$R_y = \sum F_y = -17.3\,kN$$

합력의 크기 :

$$R = \sqrt{R_x^2 + R_y^2} = \sqrt{(-25)^2 + (-17.3)^2} = 30.4\,(kN)$$

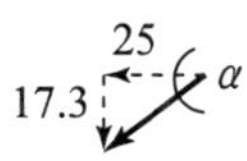

합력의 방향 :

$$\tan\alpha = \frac{17.3}{25} \quad ; \quad \alpha = 34.7°$$
$$\theta = 180° + 34.7° = 214.7°$$

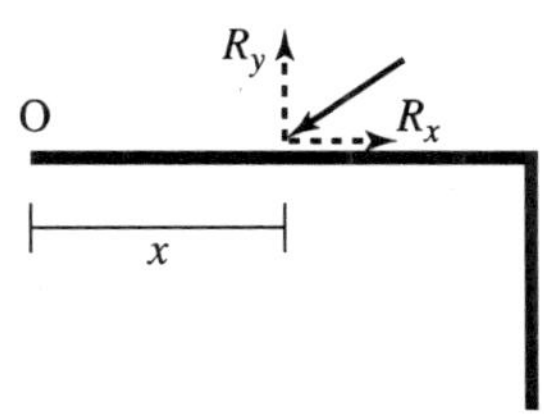

합력의 작용점(모멘트하중) : 모멘트하중을 포함하는 역계에 의한 O점의 모멘트와 합력에 의한 O점의 모멘트가 같아야 한다.

$$\sum^{O} M = 20 - 17.3 \times 4 - 15 \times 1 = -64.2\,(kN \cdot m) \quad ; \quad \text{반시계방향 양}$$

$$-64.2 = R_y \times x = -17.3 \times x \quad ; \quad x = 3.71\,m$$

1-7 구조물에 작용하는 하중의 합력(크기, 방향)과 작용점을 구하시오.

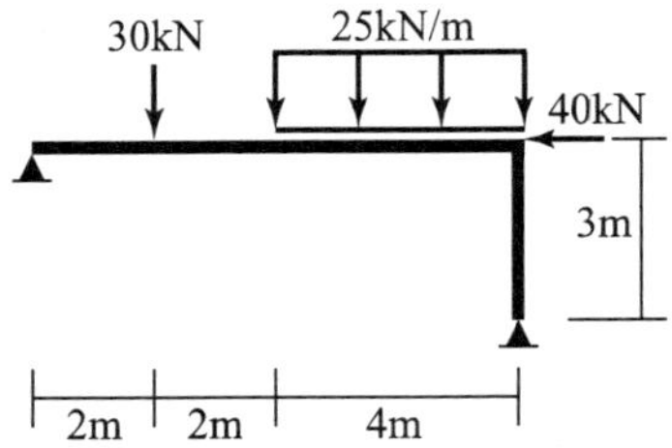

풀이

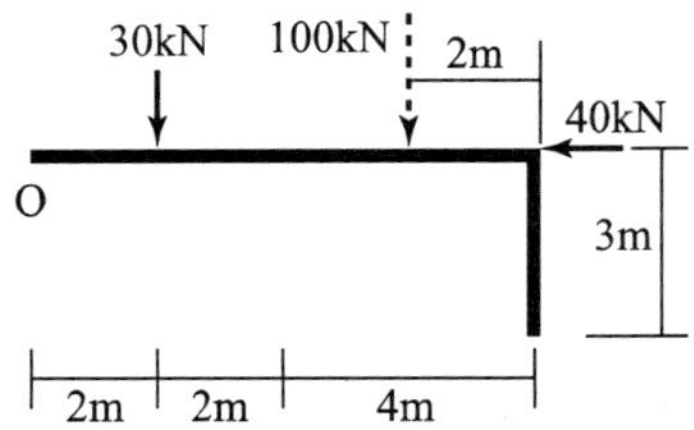

직각분력의 합(등가집중하중) :

$$R_x = \sum F_x = -40\,kN$$
$$R_y = \sum F_y = -30 - 100 = -130\,(kN)$$

합력의 크기 :

$$R = \sqrt{R_x^2 + R_y^2} = \sqrt{(-40)^2 + (-130)^2} = 136.0\,(kN)$$

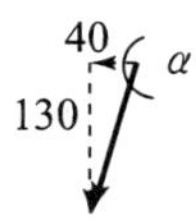

합력의 방향 :

$$\tan\alpha = \frac{130}{40} \quad ; \quad \alpha = 72.9^\circ$$

$$\theta = 180^\circ + 72.9^\circ = 252.9^\circ$$

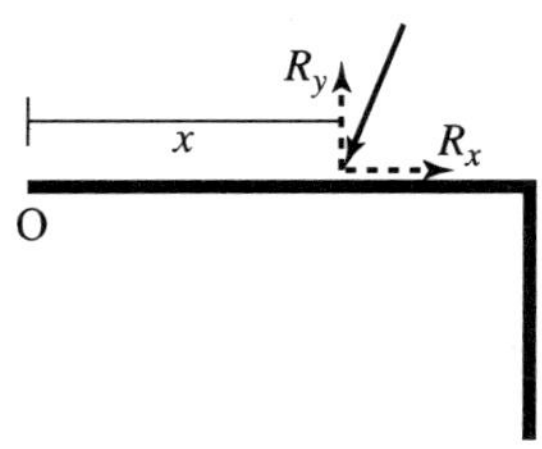

합력의 작용점 : 역계에 의한 O점의 모멘트와 합력에 의한 O점의 모멘트가 같아야 한다.

$$\sum^{O} M = 30 \times 2 + 100 \times 6 = 660\,(kN \cdot m) \quad ; \quad \text{시계방향 양}$$

$$660 = -R_y \times x = -(-130) \times x$$

$$x = 5.08\,m$$

1-8 구조물에 작용하는 하중의 합력(크기, 방향)과 작용점을 구하시오.

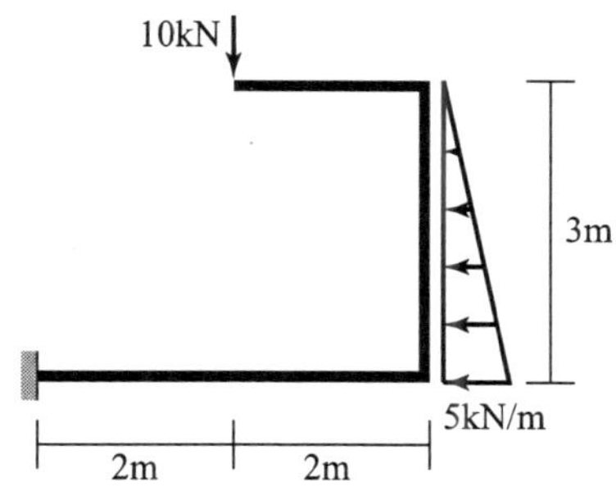

풀이

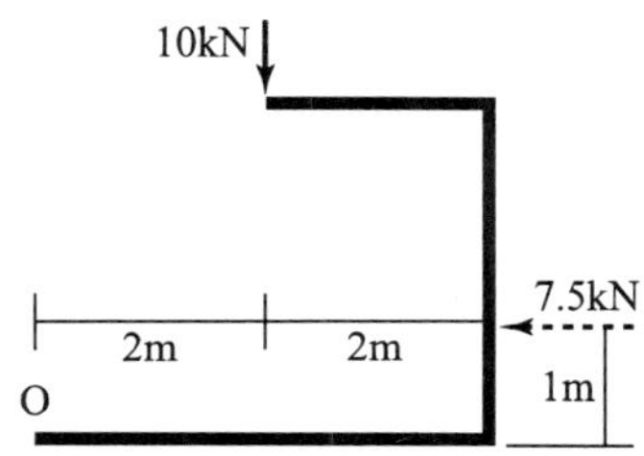

직각분력의 합(등가집중하중) :

$$R_x = \sum F_x = -7.5\,kN$$
$$R_y = \sum F_y = -10\,kN$$

합력의 크기 :

$$R = \sqrt{R_x^2 + R_y^2} = \sqrt{(-7.5)^2 + (-10)^2} = 12.5\,(kN)$$

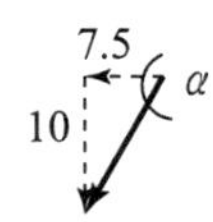

합력의 방향 :

$$\tan\alpha = \frac{10}{7.5} \quad ; \quad \alpha = 53.1^\circ$$

$$\theta = 180^\circ + 53.1^\circ = 233.1^\circ$$

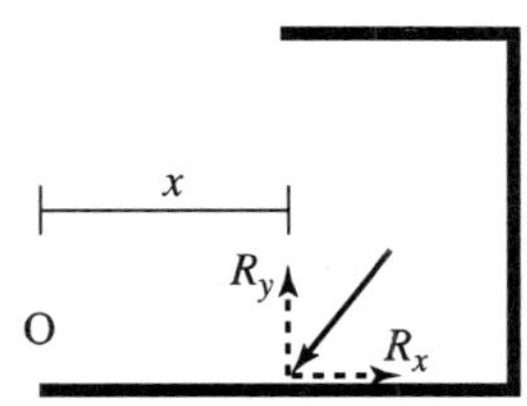

합력의 작용점 : 역계에 의한 O점의 모멘트와 합력에 의한 O점의 모멘트가 같아야 한다.

$$\sum^{O} M = 10\times 2 - 7.5\times 1$$
$$= 12.5\,(kN\cdot m) \quad ; \quad \text{시계방향 양}$$

$$12.5 = -R_y \times x = -(-10)\times x$$

$$x = 1.25\,m$$

1-9 구조물에 작용하는 하중의 합력(크기, 방향)과 작용점을 구하시오.

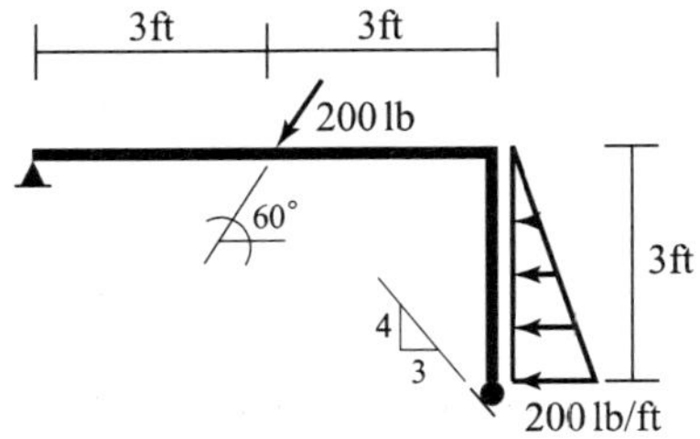

풀이

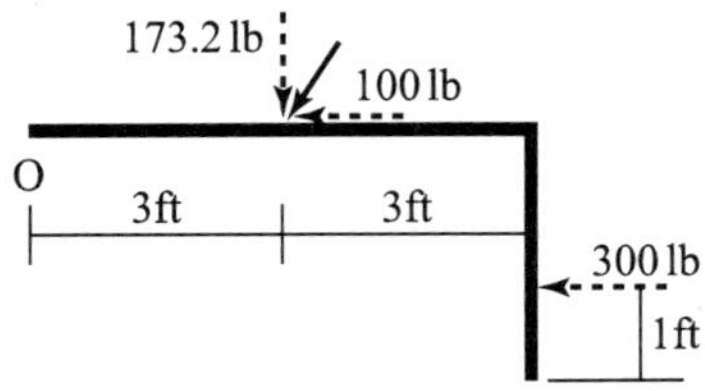

직각분력의 합(등가집중하중) :

$$R_x = \sum F_x = -100 - 200 \times 3 \times 0.5 = -400\,(lb)$$

$$R_y = \sum F_y = -173.2\,lb$$

합력의 크기 :

$$R = \sqrt{R_x^2 + R_y^2} = \sqrt{(-400)^2 + (-173.2)^2} = 435.9\,(lb)$$

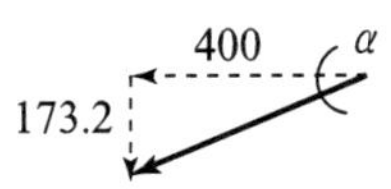

합력의 방향 :

$$\tan\alpha = \frac{173.2}{400} \quad ; \quad \alpha = 23.4°$$

$$\theta = 180° + 23.4° = 203.4°$$

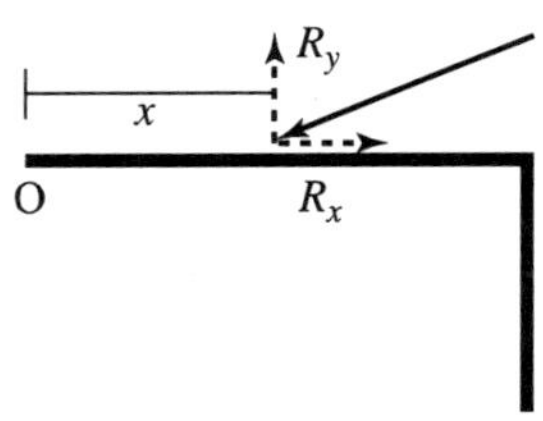

합력의 작용점 : 역계에 의한 O점의 모멘트와 합력에 의한 O점의 모멘트가 같아야 한다.

$$\sum^{O} M = 173.2 \times 3 + 300 \times 2 = 1119.6\,(lb \cdot ft) \quad ;\ \text{시계방향 양}$$

$$1119.6 = -R_y \times x = -(-173.2) \times x$$

$$x = 6.46\,ft$$

1-10 공간역계에 작용하는 두 힘의 합력(크기, 방향)을 구하시오.

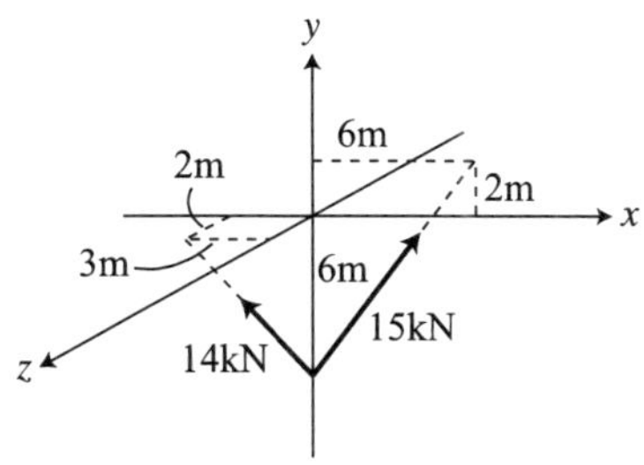

풀이

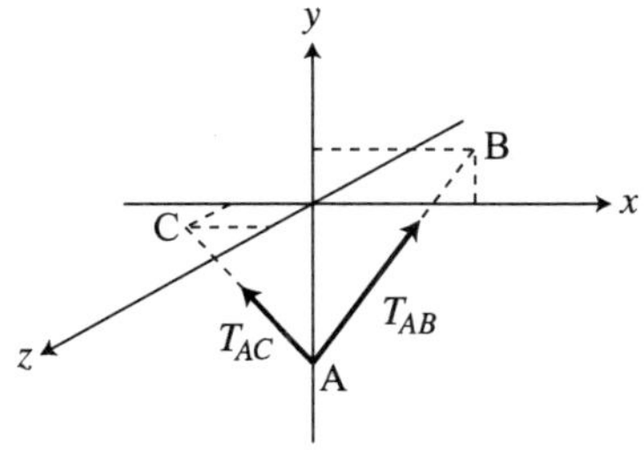

T_{AB}의 직각분력 : 하중벡터의 첨자는 시점 · 종점 순으로 표기한다.

$B\ (6, 2, 0)$; $A\ (0, -6, 0)$

$d_x = 6,\quad d_y = 8,\quad d_z = 0$

$d_{AB} = \sqrt{6^2 + 8^2 + 0^2} = 10(m)$

$$T_{AB,x} = \frac{6}{10} T_{AB} = \frac{3}{5} \times 15 = 9(kN)$$

$$T_{AB,y} = \frac{8}{10} T_{AB} = \frac{4}{5} \times 15 = 12(kN)$$

$$T_{AB,z} = \frac{0}{10} T_{AB} = 0$$

T_{AC}의 직각분력 :

$C\ (-3, 0, 2)$; $A\ (0, -6, 0)$;

$d_x = -3,\quad d_y = 6,\quad d_z = 2$

$d_{AC} = \sqrt{(-3)^2 + 6^2 + 2^2} = 7(m)$

$$T_{AC,x} = \frac{-3}{7} T_{AC} = \frac{-3}{7} \times 14 = -6(kN)$$

$$T_{AC,y} = \frac{6}{7} T_{AC} = \frac{6}{7} \times 14 = 12(kN)$$

$$T_{AC,z} = \frac{2}{7} T_{AC} = \frac{2}{7} \times 14 = 4(kN)$$

직각분력의 합 :

$$R_x = \sum F_x = T_{AB,x} + T_{AC,x} = 9 - 6 = 3(kN)$$

$$R_y = \sum F_y = T_{AB,y} + T_{AC,y} = 12 + 12 = 24(kN)$$

$$R_z = \sum F_z = T_{AB,z} + T_{AC,z} = 0 + 4 = 4(kN)$$

합력의 크기 :

$$R = \sqrt{R_x^2 + R_y^2 + R_z^2} = \sqrt{3^2 + 24^2 + 4^2} = 24.5(kN)$$

방향코싸인 :

$\cos\theta_x = \dfrac{R_x}{R} = \dfrac{3}{24.5}$; $\cos\theta_y = \dfrac{R_y}{R} = \dfrac{24}{24.5}$; $\cos\theta_z = \dfrac{R_z}{R} = \dfrac{4}{24.5}$

$\theta_x = 83.0°$; $\theta_y = 11.6°$; $\theta_z = 80.6°$

1-11 B점에 작용하는 인장력 $570\,lb$에 의해 A점에 발생하는 모멘트를 구하시오.

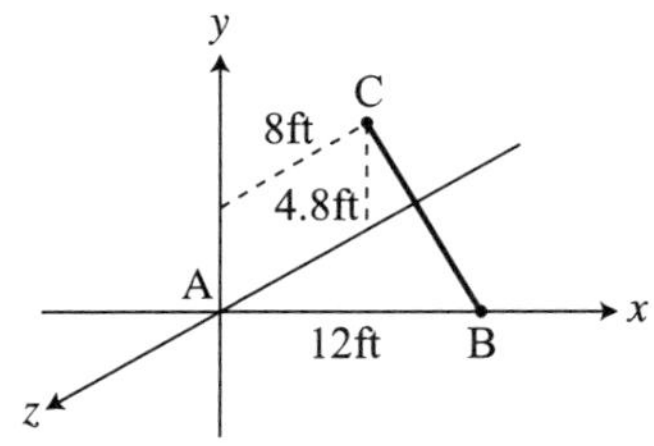

풀이

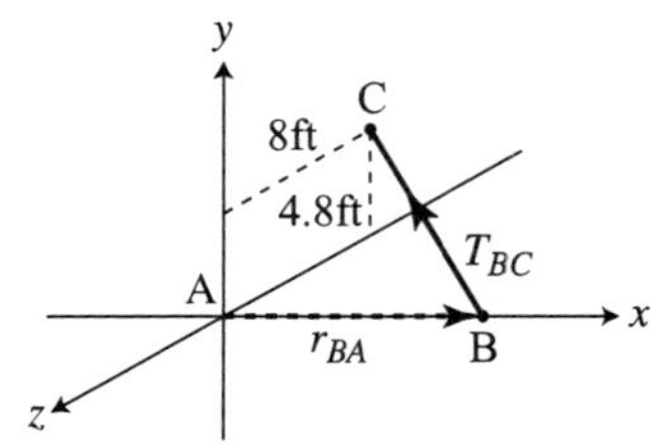

좌표 :

$C\ (0, 4.8, -8)\ ;\ B\ (12, 0, 0)$

위치벡터 BC : 위치벡터의 첨자는 종점 · 시점 순으로 표기한다.

$\vec{r}_{CB} = -12\bar{i} + 4.8\bar{j} - 8\bar{k}$

BC방향 단위벡터 :

$$\vec{\lambda}_{CB} = \frac{-12\bar{i} + 4.8\bar{j} - 8\bar{k}}{\sqrt{(-12)^2 + 4.8^2 + (-8)^2}} = -0.79\bar{i} + 0.315\bar{j} - 0.526\bar{k}$$

벡터 $\vec{T}_{BC}$:

$$\vec{T}_{BC} = 570(-0.79\bar{i} + 0.315\bar{j} - 0.526\bar{k}) = -450\bar{i} + 180\bar{j} - 300\bar{k}$$

모멘트 :

$$\vec{M}_A = \vec{r}_{BA} \times \vec{T}_{BC} = 12\bar{i} \times (-450\bar{i} + 180\bar{j} - 300\bar{k}) = 3600\bar{j} + 2160\bar{k} \quad (lb \cdot ft)$$

1-12 강선 BC의 C점에 작용하는 인장력 $900\,lb$에 의해 1) O점 및 2) D점에 발생하는 모멘트를 구하시오.

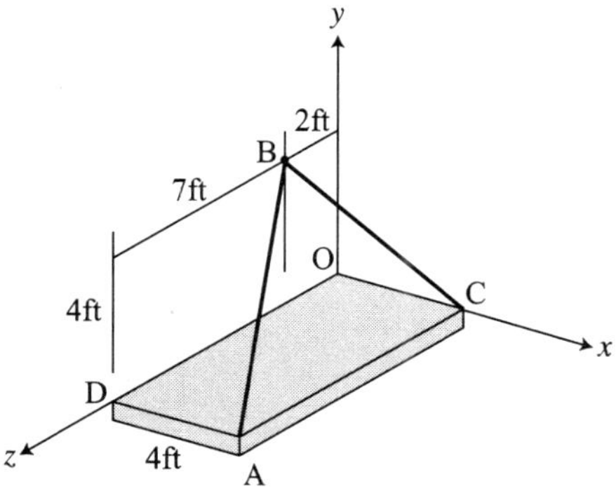

풀이

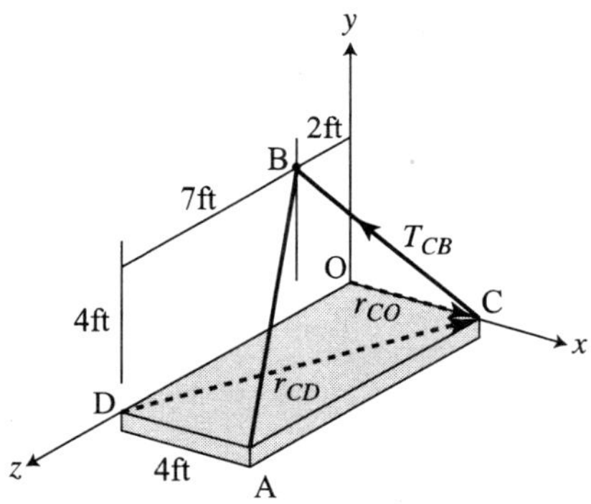

1) O점에 발생하는 모멘트 :

좌표 :

B $(0, 4, 2)$; C $(4, 0, 0)$

벡터 T_{CB} :

$$\overrightarrow{T_{CB}} = T_{CB} \times \frac{-4\bar{i}+4\bar{j}+2\bar{k}}{\sqrt{(-4)^2+4^2+2^2}}$$
$$= 900 \times \left(-\frac{2}{3}\bar{i}+\frac{2}{3}\bar{j}+\frac{1}{3}\bar{k}\right)$$
$$= -600\bar{i}+600\bar{j}+300\bar{k}$$

위치벡터 OC :

$$\vec{r}_{CO} = 4\bar{i}$$

모멘트 :

$$\overrightarrow{M_O} = \begin{vmatrix} \bar{i} & \bar{j} & \bar{k} \\ 4 & 0 & 0 \\ -600 & 600 & 300 \end{vmatrix}$$
$$= -1200\bar{j}+2400\bar{k}\ (lb \cdot ft)$$

2) D점에 발생하는 모멘트 :

좌표 :

D $(0, 0, 9)$; C $(4, 0, 0)$

위치벡터 DC :

$$\vec{r}_{CD} = 4\bar{i}-9\bar{k}$$

모멘트 :

$$\overrightarrow{M_D} = \begin{vmatrix} \bar{i} & \bar{j} & \bar{k} \\ 4 & 0 & -9 \\ -600 & 600 & 300 \end{vmatrix} = 5400\bar{i}+4200\bar{j}+2400\bar{k}\ (lb \cdot ft)$$

1-13 직육면체에 작용하는 힘(P)에 의한 1) A점의 모멘트 2) 변 AB의 모멘트 3) 대각선 AG의 모멘트를 구하시오.

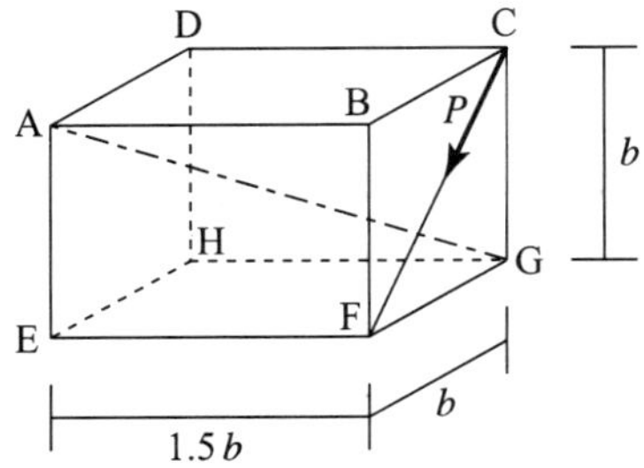

풀이

좌표축 설정 :

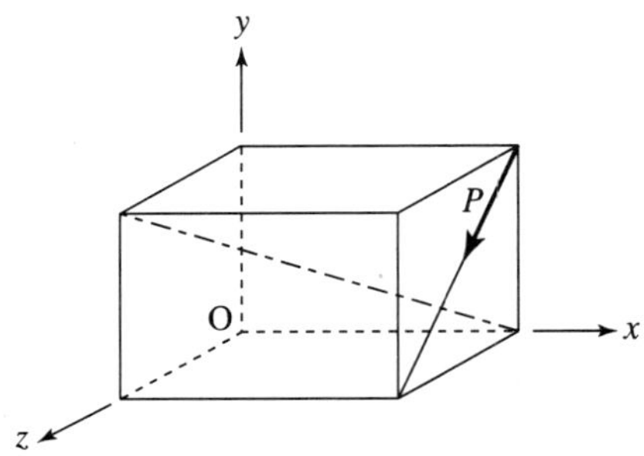

1) A점의 모멘트 :

$$\vec{r}_{CA} = 1.5b\bar{i} - b\bar{k} = b(1.5\bar{i} - \bar{k}),\ \vec{P} = \frac{P}{\sqrt{2}}(-\bar{j} + \bar{k})$$

$$\vec{M}_A = \vec{r}_{CA} \times \vec{P} = b(1.5\bar{i} - \bar{k}) \times \frac{P}{\sqrt{2}}(-\bar{j} + \bar{k}) = \frac{bP}{\sqrt{2}}(-\bar{i} - 1.5\bar{j} - 1.5\bar{k})$$

2) 변 AB의 모멘트 :

$$M_{AB} = \vec{i} \cdot \vec{M}_A = \vec{i} \cdot \frac{bP}{\sqrt{2}}(-\bar{i} - 1.5\bar{j} - 1.5\bar{k}) = -\frac{bP}{\sqrt{2}}$$

3) 대각선 AG의 모멘트 :

$$\vec{\lambda}_{AG} = \frac{1.5b\bar{i} - b\bar{j} - b\bar{k}}{\sqrt{(1.5b)^2 + b^2 + b^2}} = 0.728\bar{i} - 0.485\bar{j} - 0.485\bar{k}$$

$$\begin{aligned} M_{AG} &= \vec{\lambda}_{AG} \cdot \vec{M}_A \\ &= (0.728\bar{i} - 0.485\bar{j} - 0.485\bar{k}) \cdot \frac{bP}{\sqrt{2}}(-\bar{i} - 1.5\bar{j} - 1.5\bar{k}) \\ &= \frac{bP}{\sqrt{2}}(-0.728 + 0.485 \times 1.5 + 0.485 \times 1.5) \\ &= 0.514bP \end{aligned}$$

1-14 두 짝힘의 합과 등가인 모멘트의 성분을 구하시오.

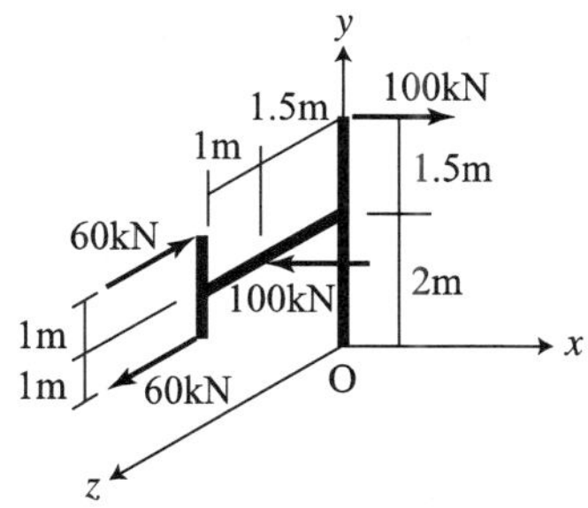

풀이 1

상쇄되는 두 힘($100\,kN$) 이용 :

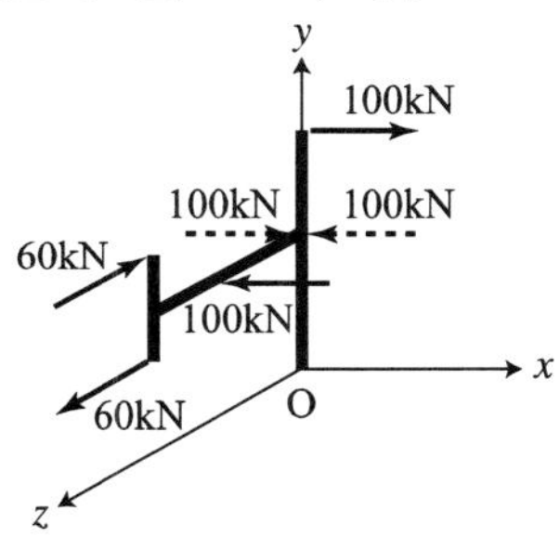

모멘트의 성분 :

$M_x = -60 \times 2 = -120\ (kN \cdot m)$

$M_y = -100 \times 1.5 = -150\ (kN \cdot m)$

$M_z = -100 \times 1.5 = -150\ (kN \cdot m)$

모멘트 :

$\overrightarrow{M} = -120\bar{i} - 150\bar{j} - 150\bar{k}\ (kN \cdot m)$

풀이 2

임의점(O)의 모멘트 : 회전력은 작용평면상 또는 작용평면과 평행한 평면으로 위치를 변경해도 물체에 미치는 효과는 동일하다.

$$\begin{aligned}\overrightarrow{M_O} &= 3.5\bar{j} \times 100\bar{i} + (2\bar{j} + 1.5\bar{k}) \times (-100\bar{i}) + (3\bar{j} + 2.5\bar{k}) \times (-60\bar{k}) + (\bar{j} + 2.5\bar{k}) \times (60\bar{k}) \\ &= (-350 + 200)\bar{k} - 150\bar{j} + (-180 + 60)\bar{i} \\ &= -120\bar{i} - 150\bar{j} - 150\bar{k}\ (kN \cdot m)\end{aligned}$$

2 강체의 평형

2.1 강체와 외력

실제 구조물은 변형체이나 정역학에서 구조물은 강체로 간주한다. 정역학에서 구하고자 하는 것은 평형을 이루는 힘이고, 이들 힘을 결정하는 과정에서 구조물의 미소한 변형은 영향이 없다고 간주한다(구조물의 변형은 재료역학에서 다룬다). 아래 그림과 같이 보의 처짐은 수평력과 같이 모멘트를 발생시키나 강체의 평형문제에서는 무시한다.

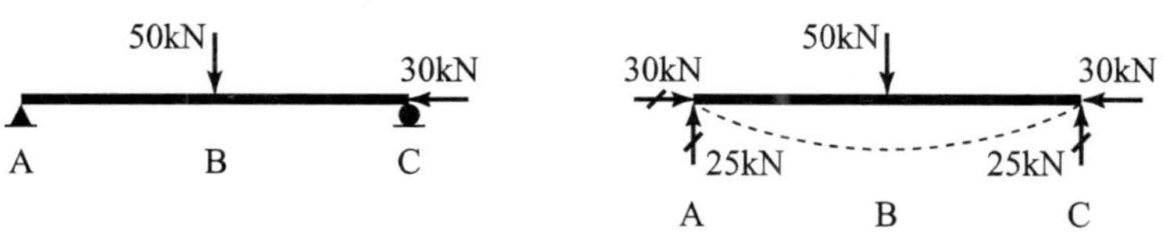

구조물의 외부에서 작용하는 힘을 외력이라 하고 강체의 평형문제는 외력만을 고려한다(외력과 상반되는 힘을 내력이라 한다. 내력은 구조물의 내부에서 전달되는 힘이고 구조물의 변형은 내력으로 결정한다). 외력은 하중(자중, 집중하중, 분포하중, 온도하중 등의 작용력)과 반력(지점, 타구조물에 의한 지지 등의 반작용력)으로 구분한다. 평형문제에서 하중은 주어진 값(기지력)이고 반력은 구하는 값(미지력)이다.

2.2 지점의 종류와 반력

지점 또는 타구조물에 의한 지지 등은 구조물의 움직임(자유도)을 구속하는 것이므로 반력은 움직임(자유도)을 구속하기 위한 힘(이동력과 회전력)이다. 평면역계에서 일반적으로 많이 사용되는 지점은 다음과 같다.

이동지점	회전지점	고정지점	링크지지	케이블지지
(반력 1개)	(반력 2개)	(반력 3개)	(반력 1개)	(반력 1개)

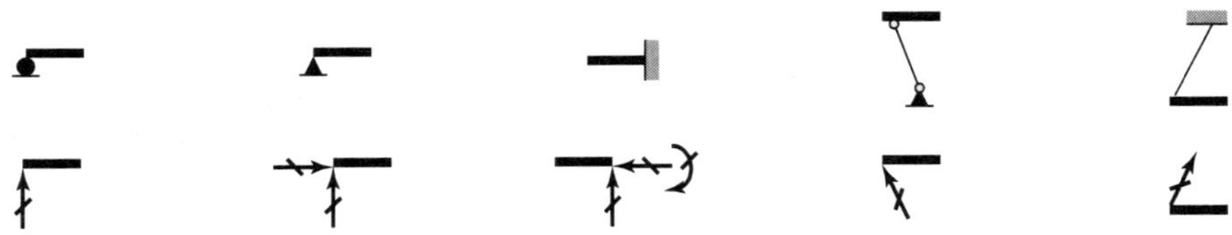

이동지점	회전지점	고정지점	링크지지	케이블지지
수직(지지면)	수평(지지면) 수직(지지면)	수평(지지면) 수직(지지면) 회전	링크 축방향	케이블 축방향 (케이블 인장력)

2.3 자유물체도와 평형조건식

반력을 결정하기 위해서는 지점 등에서의 구속력을 미지력으로 대체해야 하며 이를 자유물체도(구속된 상태가 아님을 의미)라 한다.

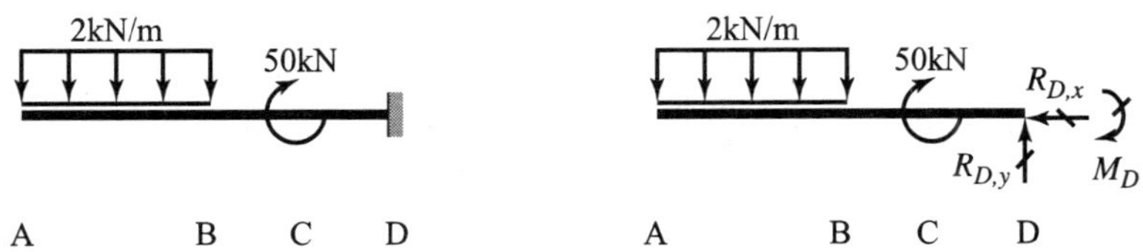

구조물은 정지상태(평형)이어야 하므로 반력은 평형조건식을 적용하여 결정한다. 즉, 평면역계 또는 공간역계의 각 자유도에 해당하는 힘들로 분류한 합력이 0이 되어야 한다는 것이다. 그러므로 평형조건식은 절점 평면역계 2개, 절점 공간역계 3개, 비절점 평면역계 3개, 비절점 공간역계 6개가 되고 각각 독립적이다. 즉, 모멘트하중은 회전에 대한 평형조건에만 포함되고, 이동에 대한 평형조건에는 포함할 수 없다.

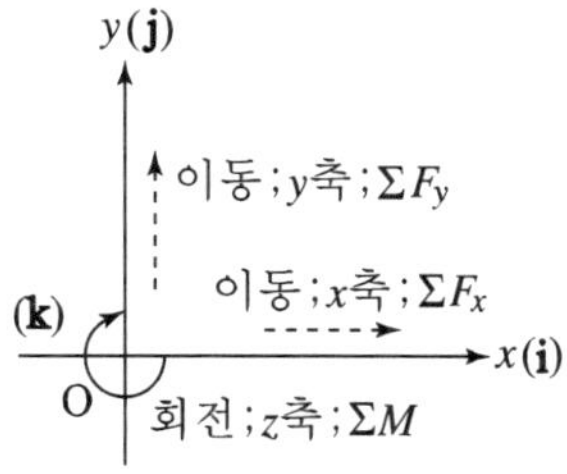

2차원 합력(이동력 2, 회전력 1) :

$$\mathbf{R} = \sum \mathbf{F} = (\sum F_x)\mathbf{i} + (\sum F_y)\mathbf{j}$$
$$= R_x\mathbf{i} + R_y\mathbf{j}$$
$$\sum \mathbf{M} = (\sum M_z)\mathbf{k}$$

2차원 평형조건식(이동 2, 회전 1) :

$$\sum F_x = 0 \quad ; \quad \sum F_y = 0$$
$$\sum M_z = 0$$

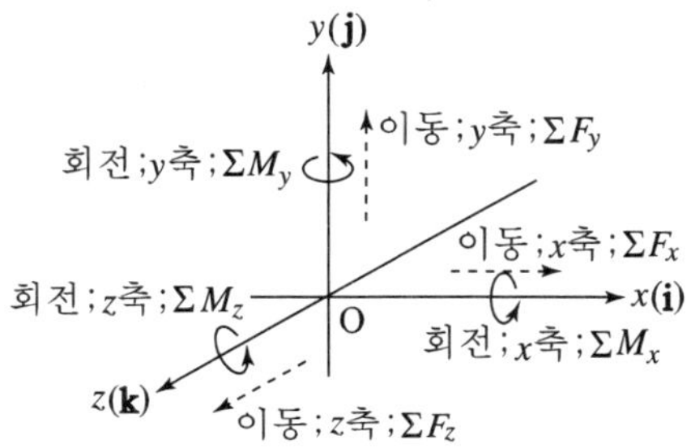

3차원 합력(이동력 3, 회전력 3) :

$$\mathbf{R} = \sum \mathbf{F} = (\sum F_x)\mathbf{i} + (\sum F_y)\mathbf{j} + (\sum F_z)\mathbf{k}$$
$$= R_x\mathbf{i} + R_y\mathbf{j} + R_z\mathbf{k}$$
$$\sum \mathbf{M} = (\sum M_x)\mathbf{i} + (\sum M_y)\mathbf{j} + (\sum M_z)\mathbf{k}$$

3차원 평형조건식(이동 3, 회전 3) :

$$\sum F_x = 0 \quad ; \quad \sum F_y = 0 \quad ; \quad \sum F_z = 0$$
$$\sum M_x = 0 \quad ; \quad \sum M_y = 0 \quad ; \quad \sum M_z = 0$$

분포하중을 등가집중하중으로 변경하는 것은 평형조건식을 적용하기 위한 것이므로 자유물체도 또는 부분자유물체도를 작성할 때는 분포하중을 변경할 수 없다. 평형조건식에서 힘의 부호는 항상 자유물체도에 주어진 힘의 화살촉방향으로 한다. 힘 자체가 음의 값인 경우는 괄호를 사용한다. 결과가 음의 값으로 산정되면 미지력의 방향을 반대로 가정했다는 의미가 된다.

2.4 뼈대구조물과 내력

뼈대구조물에서 부재와 부재를 연결하는 절점(핀) 또는 연결부분(이동지점)이 전달하는 힘은 내력이다. 외력과 마찬가지로 내력 또한 구조물의 각 자유도에 해당하는 수평력, 수직력, 회전력으로 구분한다. 구조부재를 연결하는 핀은 회전력을 전달할 수 없다(이동력만을 전달). 그림과 같이 4개의 반력(이동지점과 고정지점)을 포함하는 평면역계 문제는 3개의 평형조건식으로 해결할 수 없다. 그러나 핀은 회전력을 전달할 수 없다(이동력만을 전달)는 조건(하나의 조건식)으로 전체 자유물체도를 분리하여 두 개의 부분자유물체도를 작성하면 핀이 전달하는 이동력(내력)을 표기할 수 있고 왼쪽 자유물체도에서 이동지점의 반력과 핀이 전달하는 내력을 구하여 이를 오른쪽 자유물체도에 전달하면 고정지점의 반력 또한 결정할 수 있다. 하나의 자유물체도를 분리하여 두 개의 자유물체도를 작성하는 경우 양 부분자유물체도에 표기되는 내력의 방향은 반대라는 사실에 유의해야 한다(내력은 부분자유물체도를 다시 합하면 상쇄되어야 하기 때문이다).

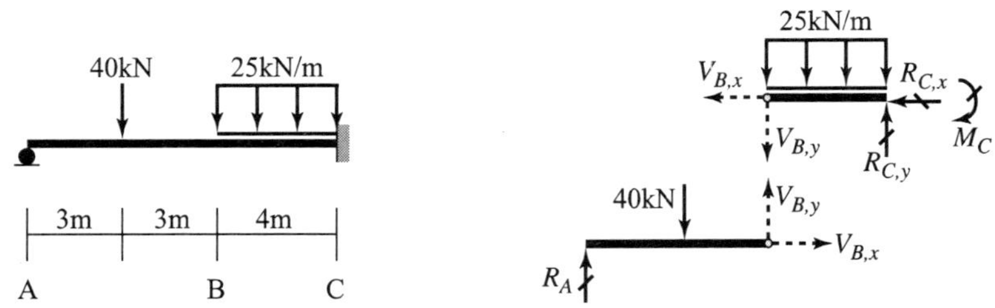

2.5 마찰력

마찰력은 물체가 이동하는 방향과 반대로 작용하는 힘이다. 최대정지마찰력의 크기는 물체와 접촉면 간의 정지마찰계수 μ_s 및 반력 N에 의해 결정된다.

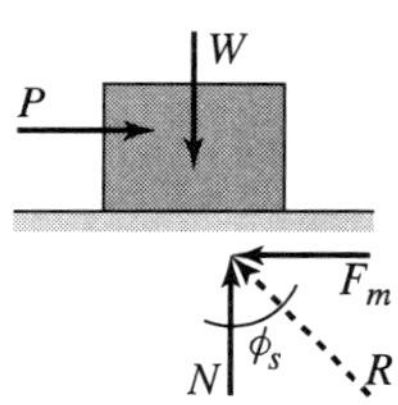

정지마찰계수 : $\tan\phi_s = \mu_s = \dfrac{F_m}{N}$

최대정지마찰력 : $F_m = \mu_s N$

평형조건식을 적용하기 위해서는 자유물체도에 마찰력의 방향을 정확하게 표기하는 것이 가장 중요한다. 물체가 하중의 크기에 의해 (a) 경사면 위로 이동하는 경우 마찰력은 아래로, (b) 아래로 이동하는 경우 마찰력은 위로 작용한다.

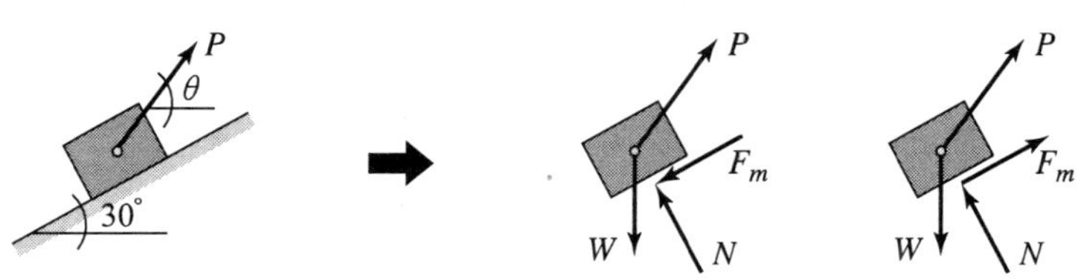

(a) (b)

2-1 절점 C에 작용하는 $660\,N$에 의해 케이블 AC 및 BC에 발생하는 인장력을 구하시오.

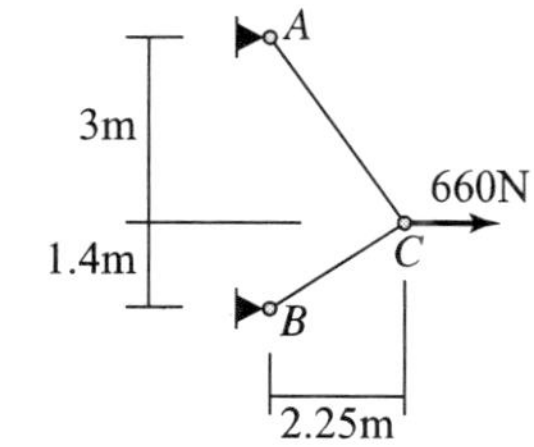

풀이

절점 C의 자유물체도 : 절점역계

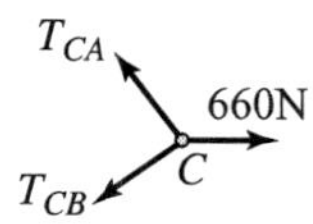

직각분력 :

$$T_{CA,x} = \frac{2.25}{3.75} T_{CA} \quad ; \quad T_{CA,y} = \frac{3}{3.75} T_{CA}$$

$$T_{CB,x} = \frac{2.25}{2.65} T_{CB} \quad ; \quad T_{CB,y} = \frac{1.4}{2.65} T_{CB}$$

케이블의 인장력(평형조건식) :

$$\sum F_x = 0 = T_{CA,x} + T_{CB,x} - 660 = \frac{2.25}{3.75} T_{CA} + \frac{2.25}{2.65} T_{CB} - 660$$

$$\sum F_y = 0 = T_{CA,y} - T_{CB,y} = \frac{3}{3.75} T_{CA} - \frac{1.4}{2.65} T_{CB} \quad \Rightarrow \quad T_{CB} = \frac{2.65}{1.4} \times \frac{3}{3.75} T_{CA}$$

$$\sum F_x = 0 = \frac{2.25}{3.75} T_{CA} + \frac{2.25}{2.65} \left\{ \frac{2.65}{1.4} \times \frac{3}{3.75} T_{CA} \right\} - 660 \quad ; \quad T_{CA} = 350\,N,\ T_{CB} = 530\,N$$

2-2 단순보의 지점반력을 구하시오.

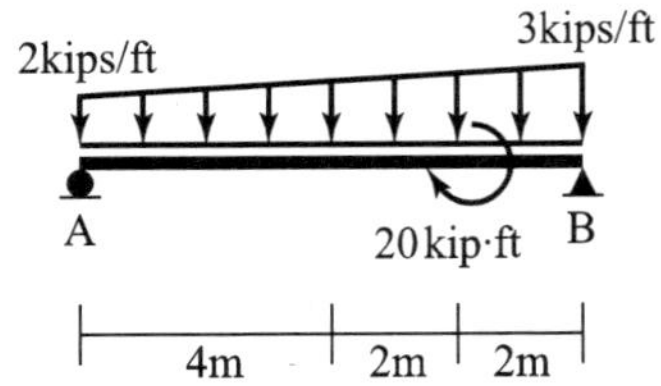

풀이

자유물체도(등가집중하중) : 사다리꼴 분포하중을 사각형과 삼각형 분포하중으로 구분한다.

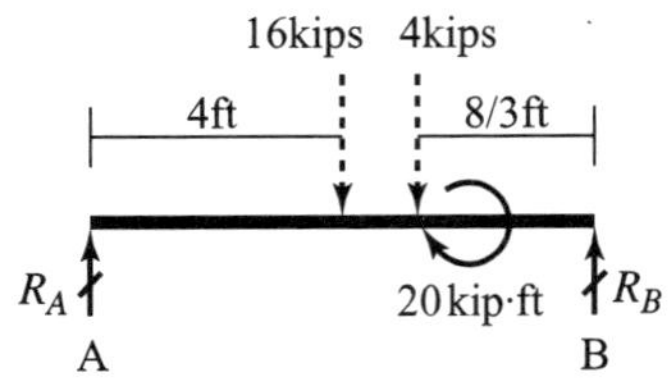

지점반력(평형조건식) : 평형조건식의 적용순서는 반력(미지력)의 수가 최소가 되는 식부터 적용한다. 단순보의 경우, 모멘트 평형조건식을 먼저 적용하여야 한다.

$$\sum^{B} M = 0 = R_A \times 8 - 16 \times 4 - 4 \times \frac{8}{3} + 20 \quad ; \quad R_A = 6.83\,kips$$

$$\sum F_y = 0 = R_A - 16 - 4 + R_B \quad ; \quad R_B = 13.17\,kips$$

2-3 외팔보의 지점반력을 구하시오.

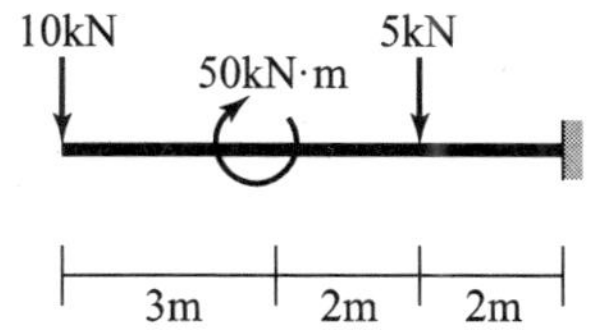

풀이

자유물체도 :

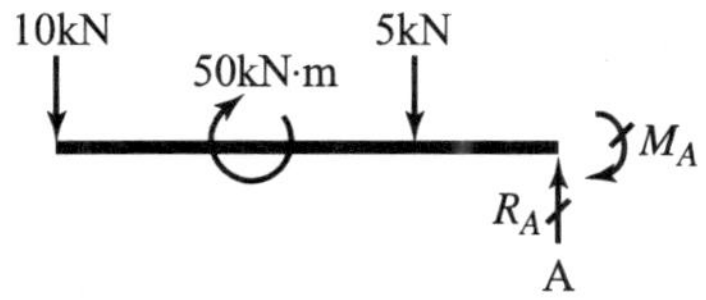

지점반력(평형조건식) : 외팔보의 경우는 계산이 단순한 평형조건식부터 적용한다.

$$\sum F_y = 0 = 10+5-R_A \quad ; \quad R_A = 15\,kN$$

$$\sum^{A} M = 0 = 10\times 7-50+5\times 2-M_A \quad ; \quad M_A = 30\,kN\cdot m$$

2-4 내민보의 지점반력을 구하시오.

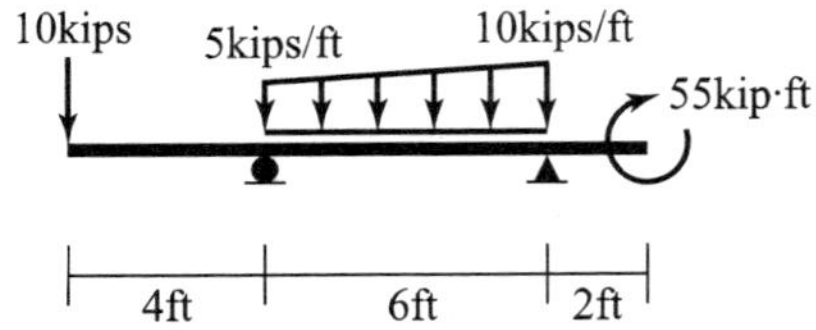

풀이

자유물체도(등가집중하중) : 사다리꼴 분포하중은 사각형과 삼각형 또는 두 개의 삼각형 분포하중으로 구분할 수 있다.

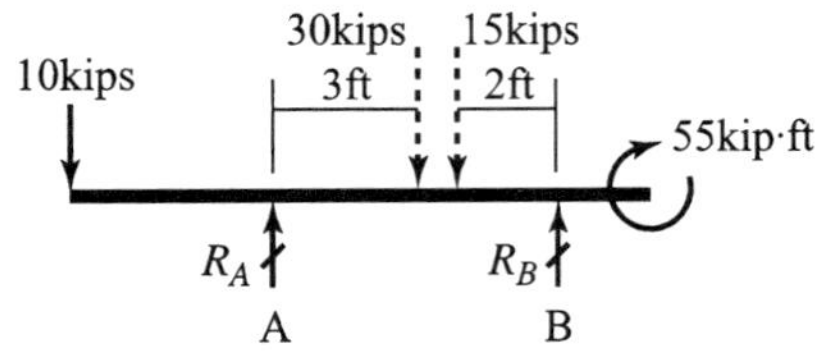

지점반력(평형조건식) : 내민보의 경우도 단순보와 마찬가지로 모멘트평형조건식을 먼저 적용한다.

$$\sum^{B} M = 0 = 10\times 10 - R_A \times 6 + 30\times 3 + 15\times 2 - 55 \quad ; \quad R_A = 27.5\,kips$$

$$\sum F_y = 0 = 10 - R_A + 30 + 15 - R_B \quad ; \quad R_B = 27.5\,kips$$

2-5 내민보의 지점반력을 구하시오.

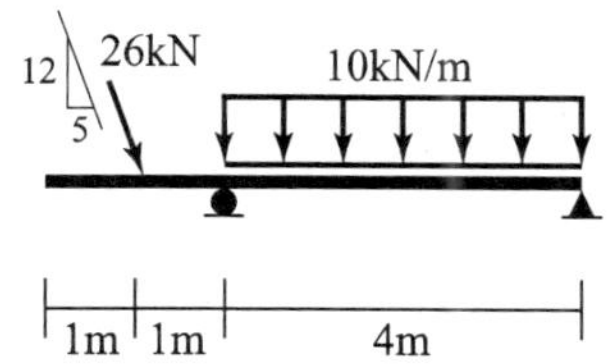

풀이

자유물체도(직각분력, 등가집중하중) :

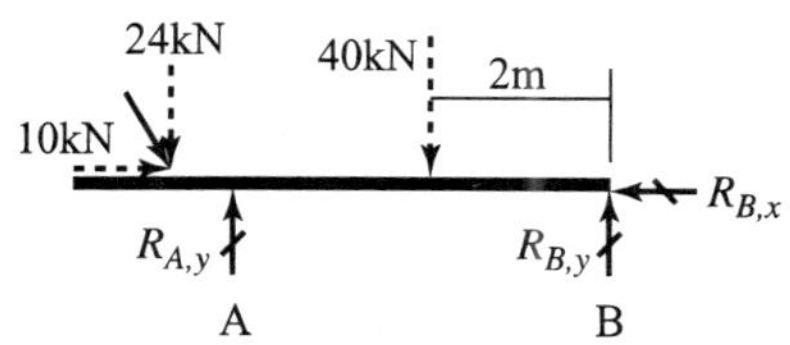

지점반력(평형조건식) : 이 문제와 같이 수평방향하중과 반력이 있는 경우도 식에 포함되는 미지력의 개수를 고려하여 평형조건식의 적용순서를 결정한다.

$$\sum F_x = 0 = 10 - R_{B,x} \quad ; \quad R_{B,x} = 10\,kN$$

$$\sum^{A} M = 0 = 24 \times 1 - 40 \times 2 + R_{B,y} \times 4 \quad ; \quad R_{B,y} = 14\,kN$$

$$\sum F_y = 0 = 24 - R_{A,y} + 40 - R_{B,y} \quad ; \quad R_{A,y} = 50\,kN$$

2-6 뼈대구조물의 지점반력을 구하시오.

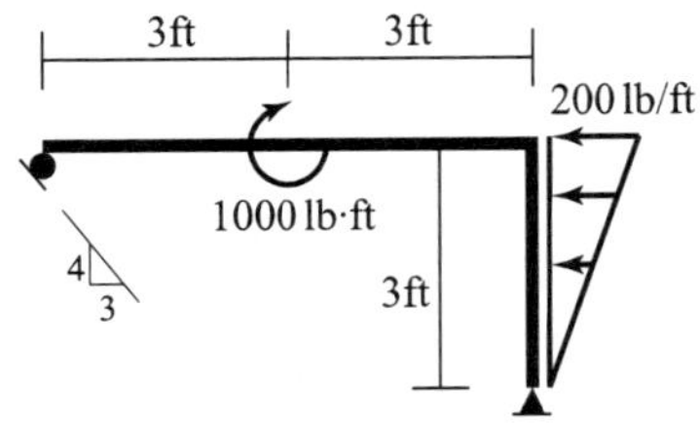

풀이

자유물체도(등가집중하중, 지지면 수직반력) : 이동지점의 반력은 지지면에 수직방향이다.

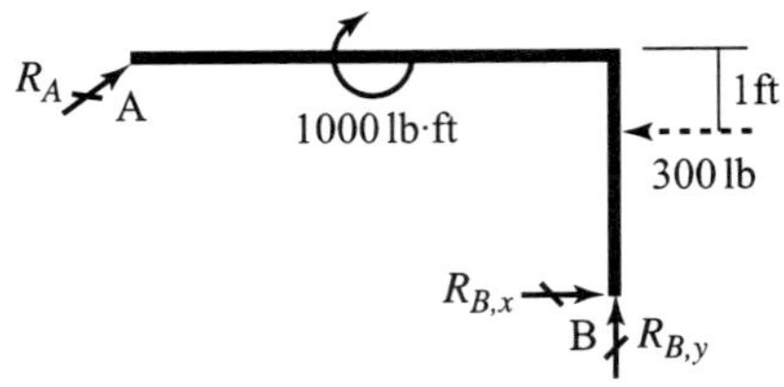

지점반력(평형조건식) : 계산결과가 음의 값이면 자유물체도에서 가정한 반력의 방향이 실제와 반대라는 것을 의미한다. 즉, 지점 A에서 66.7 lb는 구조물을 미는 방향이 아니고 잡아당기는 방향으로 작용한다. 그러나 자유물체도의 방향을 수정하면 평형조건식과 맞지 않게 되므로 수정하지 않아야 한다.

$$\sum^{B} M = 0 = 300 \times 2 - 1000 - R_A \times \frac{3}{5} \times 6 - R_A \times \frac{4}{5} \times 3 \quad ; \quad R_A = -66.7\ lb$$

$$\sum F_x = 0 = R_A \times \frac{4}{5} - 300 + R_{B,x} \quad ; \quad R_{B,x} = 353.3\ lb$$

$$\sum F_y = 0 = R_A \times \frac{3}{5} + R_{B,y} \quad ; \quad R_{B,y} = 40\ lb$$

2-7 뼈대구조물의 지점반력을 구하시오.

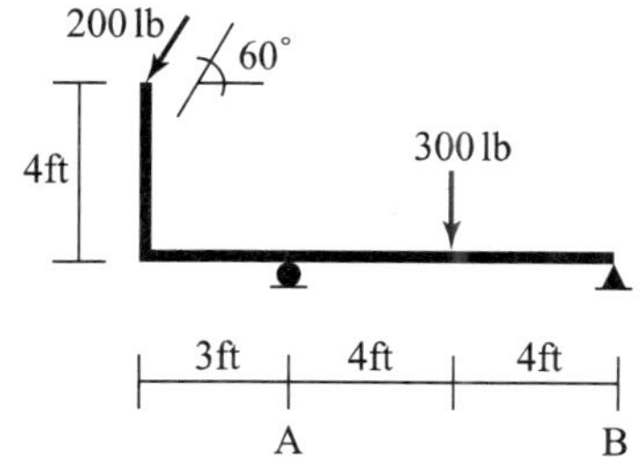

풀이

자유물체도(직각분력) :

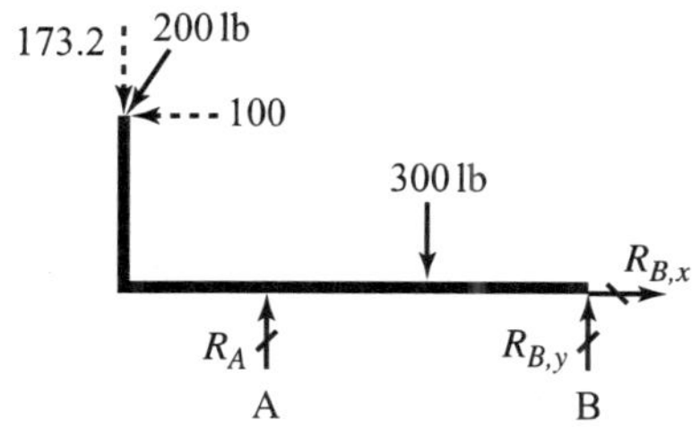

지점반력(평형조건식) : 뼈대구조물(비절점 평면역계)에서 평형조건식을 적용하는 순서도 식에 포함되는 미지력의 개수를 고려하여 결정한다.

$$\sum F_x = 0 = 200 \times \frac{1}{2} - R_{B,x} \quad ; \quad R_{B,x} = 100\,lb$$

$$\sum^{B} M = 0 = 200 \times \frac{\sqrt{3}}{2} \times 11 + 200 \times \frac{1}{2} \times 4 - R_A \times 8 + 300 \times 4 \quad ; \quad R_A = 438.2\,lb$$

$$\sum F_y = 0 = 200 \times \frac{\sqrt{3}}{2} - R_A + 300 - R_{B,y} \quad ; \quad R_{B,y} = 35.1\,lb$$

2-8 뼈대구조물의 지점반력을 구하시오.

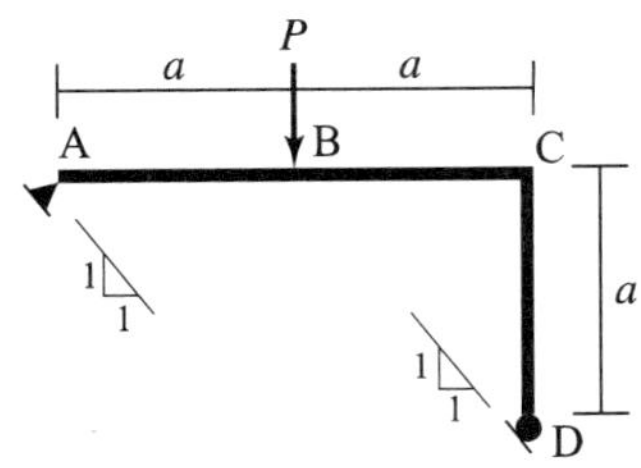

풀이

자유물체도(지지면 수평/수직 반력) : 평형조건식을 적용하기 위한 직각좌표축은 아래 자유물체도와 같이 반력의 방향으로 정할 수 있다. 직각좌표축의 방향은 식의 계산이 간편하도록 결정한다.

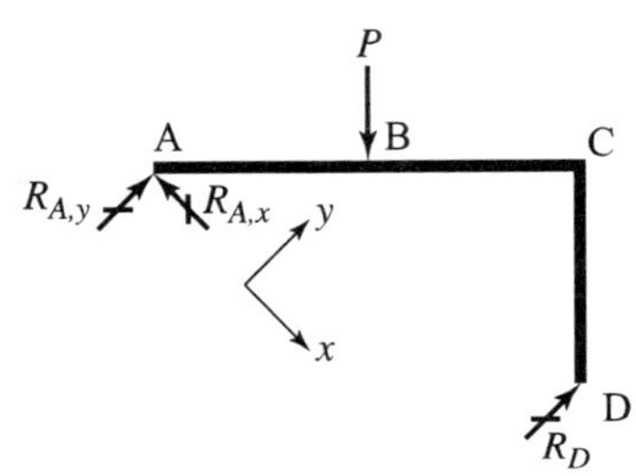

지점반력(평형조건식) :

$$\sum F_x = 0 = \frac{P}{\sqrt{2}} - R_{A,x} \quad ; \quad R_{A,x} = \frac{P}{\sqrt{2}}$$

$$\sum^{A} M = 0 = P \times a - \frac{R_D}{\sqrt{2}} \times (2a + a) \quad ; \quad R_D = \frac{\sqrt{2}\,P}{3}$$

$$\sum F_y = 0 = R_{A,y} + R_D - \frac{P}{\sqrt{2}} \quad ; \quad R_{A,y} = \frac{\sqrt{2}\,P}{6}$$

2-9 지점반력을 구하시오.

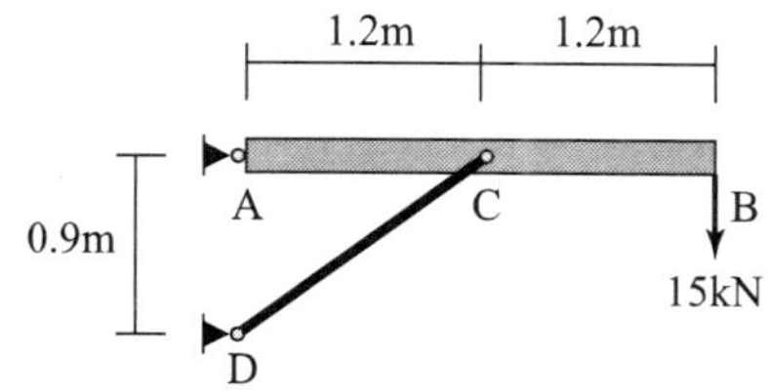

풀이

자유물체도(링크지지) : 링크지지의 반력은 링크축방향으로 작용한다.

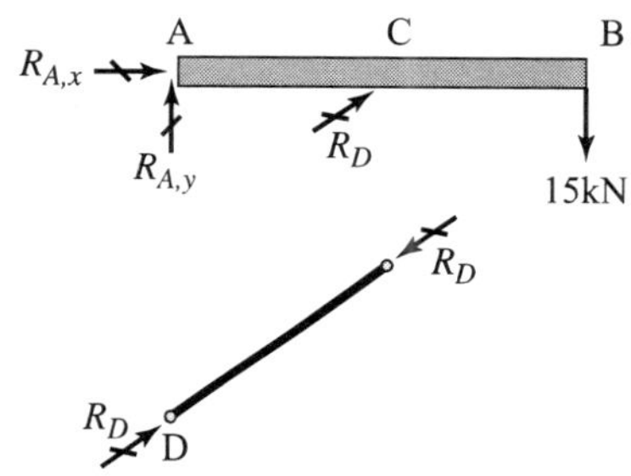

지점반력(평형조건식) :

$$\sum^{A} M = 0 = R_D \times \frac{3}{5} \times 1.2 - 15 \times 2.4 \quad ; \quad R_D = 50\,kN$$

$$\sum F_x = 0 = R_{A,x} + R_D \times \frac{4}{5} \quad ; \quad R_{A,x} = -40\,kN$$

$$\sum F_y = 0 = R_{A,y} + R_D \times \frac{3}{5} - 15 \quad ; \quad R_{A,y} = -15\,kN$$

2-10 뼈대구조물의 지점반력을 구하시오.

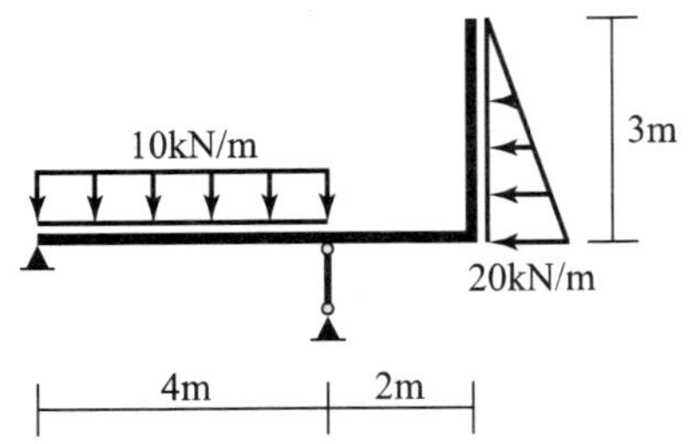

풀이

자유물체도(등가집중하중, 링크지지) : 링크지지의 반력은 링크축방향으로 작용한다.

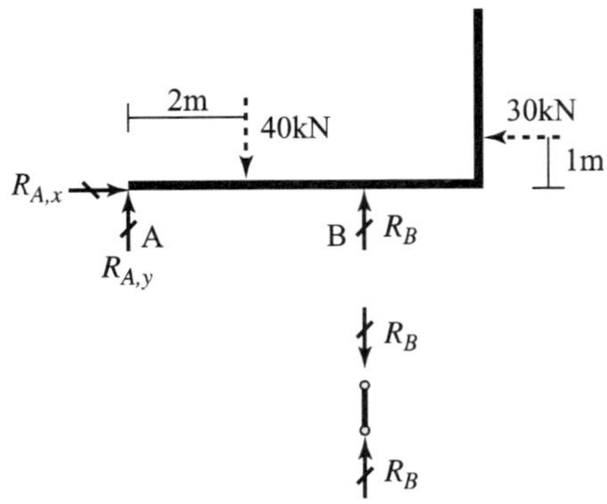

지점반력(평형조건식) :

$$\sum F_x = 0 = R_{A,x} - 30 \quad ; \quad R_{A,x} = 30\,kN$$

$$\sum^{A} M = 0 = -(40 \times 2) + (R_B \times 4) + (30 \times 1) \quad ; \quad R_B = 12.5\,kN$$

$$\sum F_y = 0 = -40 + 12.5 + R_{A,y} \quad ; \quad R_{A,y} = 27.5\,kN$$

2-11 트러스의 지점반력을 구하시오.

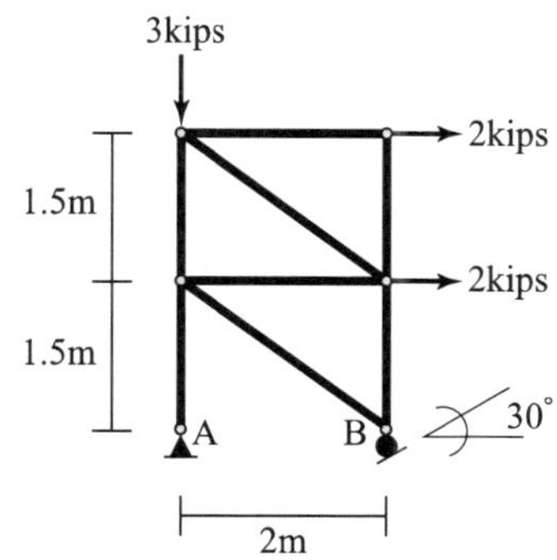

풀이

자유물체도(지지면 수직반력) : 이동지점의 반력은 지지면에 수직이다.

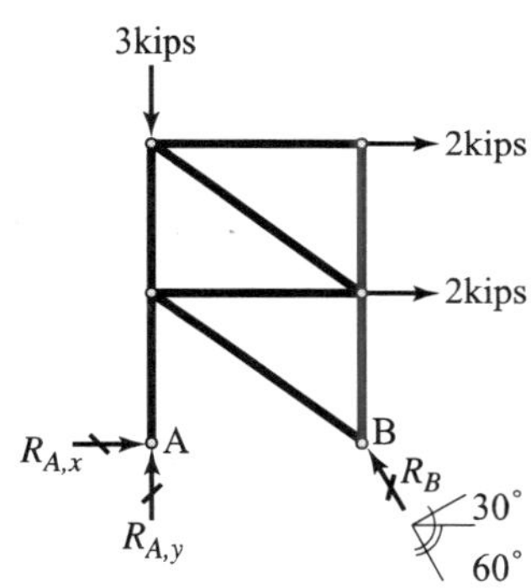

지점반력(평형조건식) :

$$\sum^{B} M = 0 = R_{A,y} \times 2 - 3 \times 2 + 2 \times 3 + 2 \times 1.5 \quad ; \quad R_{A,y} = -1.5\,kips$$

$$\sum F_y = 0 = R_{A,y} - 3 + R_B \times \frac{\sqrt{3}}{2} \quad ; \quad R_B = 5.2\,kips$$

$$\sum F_x = 0 = R_{A,x} + 2 + 2 - R_B \times \frac{1}{2} \quad ; \quad R_{A,x} = -1.4\,kips$$

2-12 롤러로 연결된 구조물에서 각 부재의 자유물체도를 작성하고 지점반력을 구하시오.

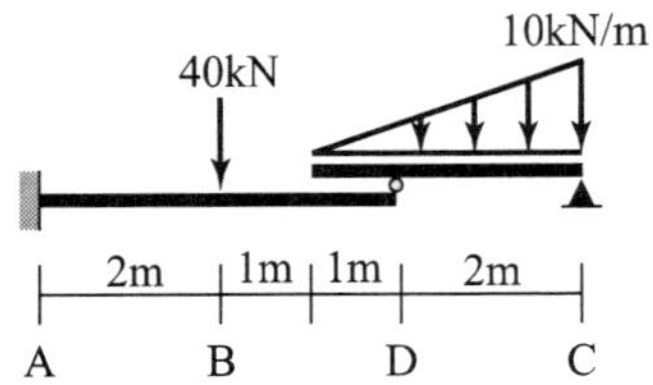

풀이

자유물체도(롤러지지 수직력 전달) : 롤러에서 전달되는 내력 V_D는 각 자유물체도에 크기는 같고 방향이 다르게 표기된다는 것에 유의한다.

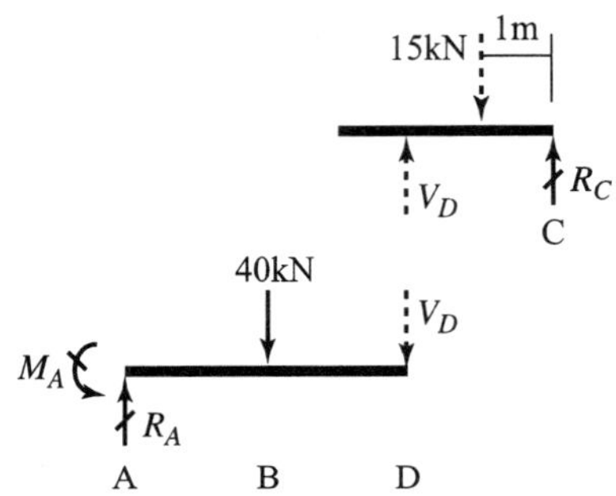

지점반력(평형조건식) : 미지반력을 결정할 수 있는 자유물체도에 우선 평형조건식을 적용한다.

부재 DC :

$$\sum^{C} M = 0 = V_D \times 2 - 15 \times 1 \quad ; \quad V_D = 7.5\,kN$$
$$\sum F_y = 0 = V_D - 15 + R_C \quad ; \quad R_C = 7.5\,kN$$

부재 AD :

$$\sum F_y = 0 = R_A - 40 - V_D \quad ; \quad R_A = 47.5\,kN$$
$$\sum^{A} M = 0 = M_A - 40 \times 2 - V_D \times 4 \quad ; \quad M_A = 110\,kN \cdot m$$

2-13 핀으로 연결된 구조물에서 각 부재의 자유물체도를 작성하고 지점반력을 구하시오.

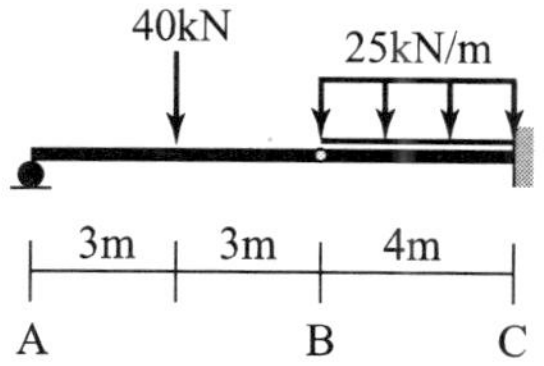

풀이

자유물체도(핀 수평력/수직력 전달) :

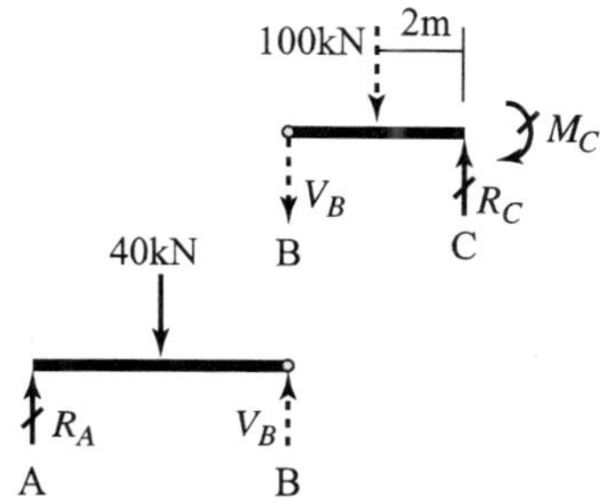

지점반력(평형조건식) :

부재 AB :

$$\sum^{B} M = 0 = R_A \times 6 - 40 \times 3 \quad ; \quad R_A = 20\,kN$$

$$\sum F_y = 0 = R_A - 40 + V_B \quad ; \quad V_B = 20\,kN$$

부재 BC :

$$\sum F_y = 0 = V_B + 100 - R_C \quad ; \quad R_C = 120\,kN$$

$$\sum^{C} M = 0 = V_B \times 4 + 100 \times 2 - M_C \quad ; \quad M_C = 280\,kN \cdot m$$

2-14 핀으로 연결된 구조물에서 각 부재의 자유물체도를 작성하고 지점반력을 구하시오.

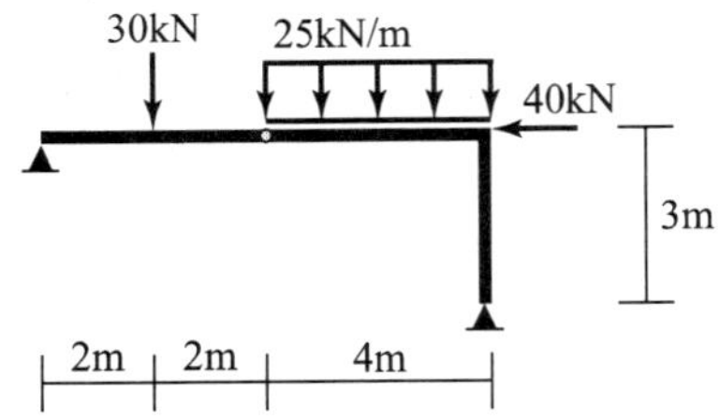

풀이

자유물체도(핀 수평력/수직력 전달) : 핀에서 전달되는 내력(이동력) 또한 각 자유물체도에서 크기는 같고 방향은 반대가 된다.

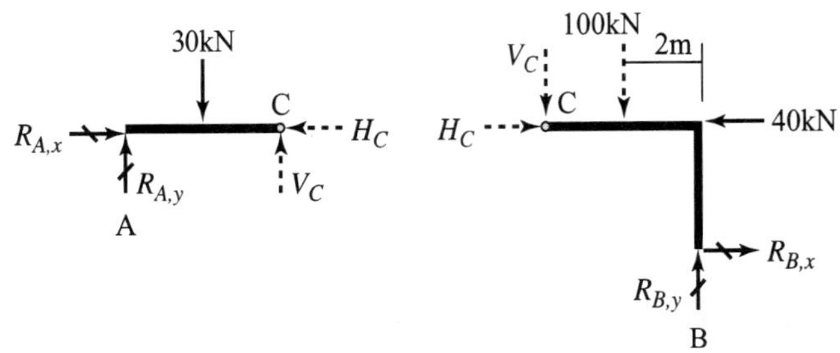

지점반력(평형조건식) : 이 문제와 같이 각 자유물체도가 4개의 미지반력을 포함하는 경우는 임의의 자유물체도에 평형조건식을 적용하여 구할 수 있는 반력 또는 내력을 결정하고 이를 상대 자유물체도에 전달하여 미지력을 구해 나간다.

부재 AC :

$$\sum^{C} M = 0 = R_{A,y} \times 4 - 30 \times 2 \quad ; \quad R_{A,y} = 15\,kN$$
$$\sum F_y = 0 = R_{A,y} - 30 + V_C \quad ; \quad V_C = 15\,kN$$

부재 BC :

$$\sum F_y = 0 = V_C + 100 - R_{B,y} \quad ; \quad R_{B,y} = 115\,kN$$
$$\sum^{C} M = 0 = 100 \times 2 - R_{B,x} \times 3 - R_{B,y} \times 4 \quad ; \quad R_{B,x} = -86.7\,kN$$
$$\sum F_x = 0 = H_C - 40 + R_{B,x} \quad ; \quad H_C = 126.7\,kN$$

부재 AC :

$$\sum F_x = 0 = R_{A,x} - H_C \quad ; \quad R_{A,x} = 126.7\,kN$$

2-15 뼈대구조물에서 각 부재의 자유물체도를 작성하고 지점반력을 구하시오.

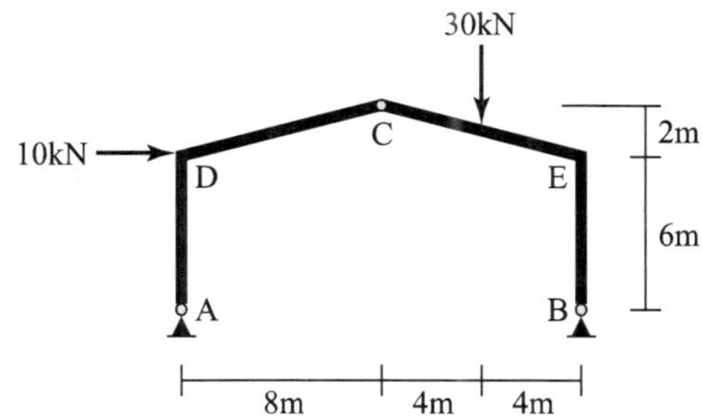

풀이

전체 자유물체도 :

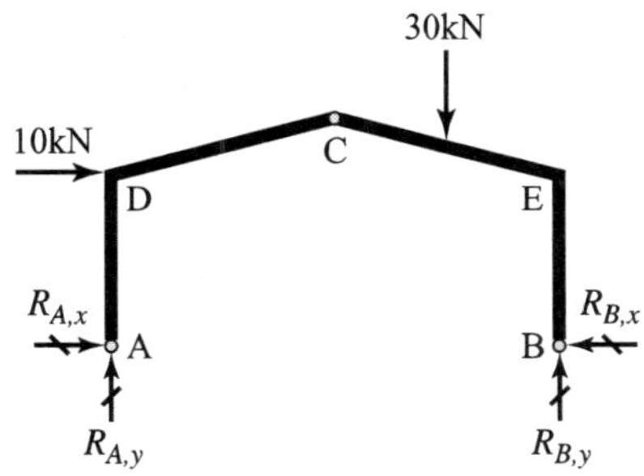

지점반력(평형조건식) : 이 경우와 같이 두 개의 수평반력이 일직선 상에 작용하면 전체 자유물체도에 평형조건식을 적용하여 수직반력을 결정할 수 있다.

$$\sum^{A} M = 0 = 10 \times 6 + 30 \times 12 - R_{B,y} \times 16$$
$$R_{B,y} = 26.25\,kN$$
$$\sum F_y = 0 = R_{A,y} - 30 + R_{B,y}$$
$$R_{A,y} = 3.75\,kN$$

부재 자유물체도(핀 수평력/수직력 전달) :

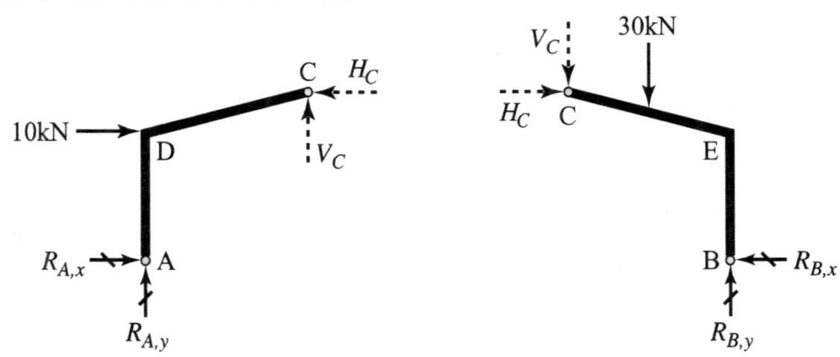

지점반력(평형조건식) :

부재 AC :

$$\sum^{C} M = 0 = R_{A,x} \times 8 - R_{A,y} \times 8 + 10 \times 2 \quad ; \quad R_{A,x} = 1.25\,kN$$

전체 자유물체도 :

$$\sum F_x = 0 = R_{A,x} + 10 - R_{B,x} \quad ; \quad R_{B,x} = 11.25\,kN$$

2-16 뼈대구조물에서 각 부재의 자유물체도를 작성하고 지점반력을 구하시오.

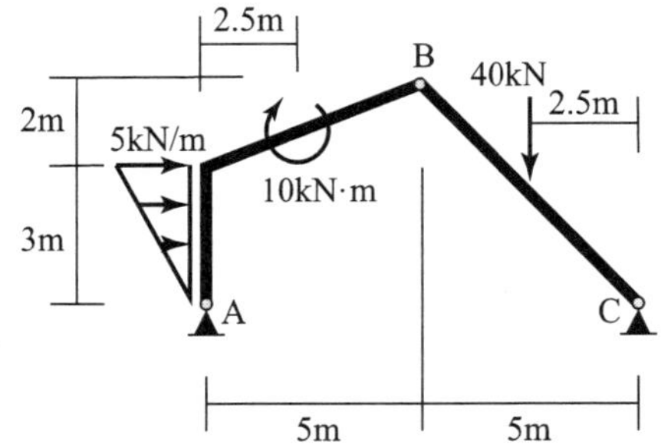

풀이

전체 자유물체도 :

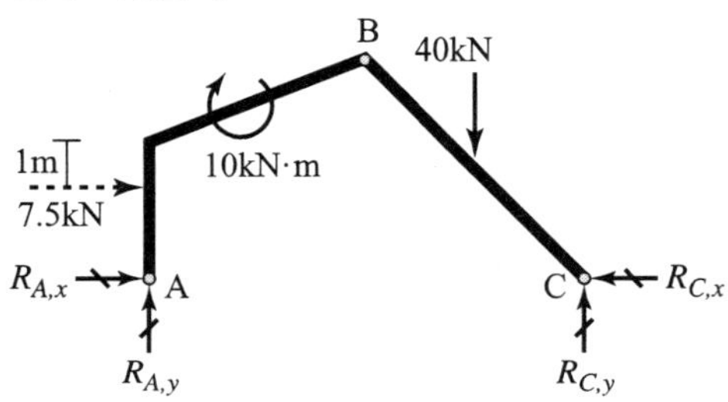

지점반력(평형조건식) : 이 경우와 같이 두 개의 수평반력이 일직선 상에 작용하면 전체 자유물체도에 평형조건식을 적용하여 수직반력을 결정할 수 있다.

$$\sum^{A} M = 0$$
$$= 7.5\times2+10+40\times7.5-R_{C,y}\times10$$
$$R_{C,y} = 32.5\,kN$$

$$\sum F_x = 0$$
$$= R_{A,y}+32.5-40 \ ; \ R_{A,y}=7.5\,kN$$

부재 자유물체도(핀 수평력/수직력 전달) :

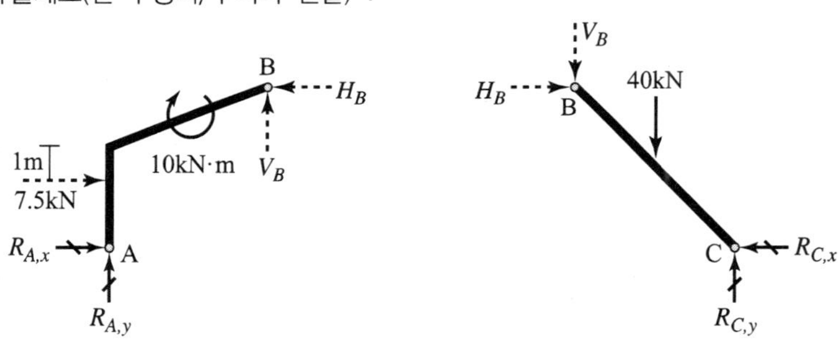

지점반력(평형조건식) :

부재 BC :

$$\sum^{B} M = 0 = 40\times2.5+R_{C,x}\times5-R_{C,y}\times5 \quad ; \quad R_{C,x} = 12.5\,kN$$

전체 자유물체도 :

$$\sum F_x = 0 = R_{A,x}+7.5-R_{C,x} \quad ; \quad R_{A,x} = 5\,kN$$

2-17 아치구조물에서 각 부재의 자유물체도를 작성하고 지점반력을 구하시오.

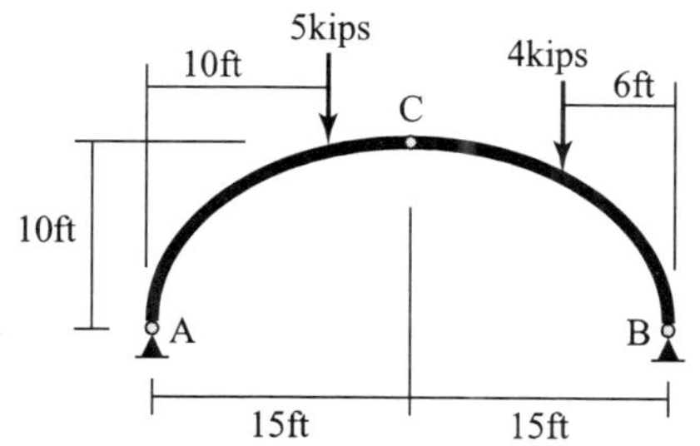

풀이

전체 자유물체도 :

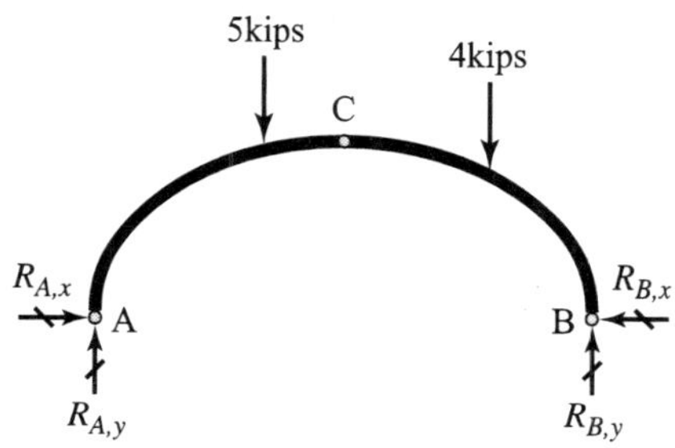

지점반력(평형조건식) : 이 경우와 같이 두 개의 수평반력이 일직선 상에 작용하면 전체 자유물체도에 평형조건식을 적용하여 수직반력을 결정할 수 있다.

$$\sum^{A} M = 0 = 5\times 10 + 4\times 24 - R_{B,y}\times 30$$
$$R_{B,y} = 4.87\,kips$$
$$\sum F_y = 0 = R_{A,y} - 5 - 4 + R_{B,y}$$
$$R_{A,y} = 4.13\,kips$$

부재 자유물체도(핀 수평력/수직력 전달) :

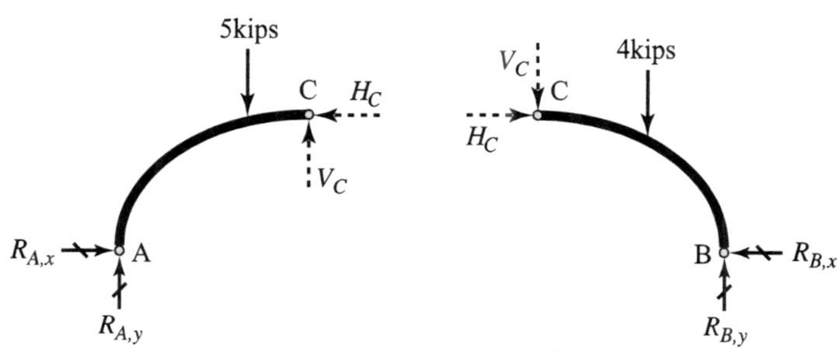

지점반력(평형조건식) :

부재 AC :

$$\sum^{C} M = 0 = R_{A,x}\times 10 - R_{A,y}\times 15 + 5\times 5 \quad ; \quad R_{A,x} = 3.70\,kips$$

전체 자유물체도 :

$$\sum F_x = 0 = R_{A,x} - R_{B,x} \quad ; \quad R_{B,x} = 3.70\,kips$$

2-18 뼈대구조물에서 각 부재의 자유물체도를 작성하고 지점반력을 구하시오.

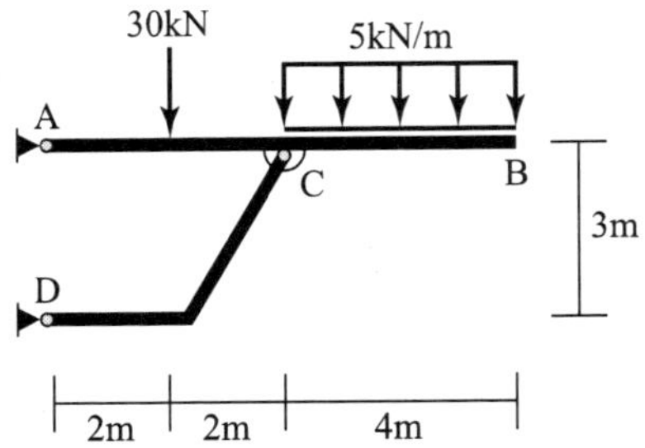

풀이 1

전체 자유물체도(링크지지 이력부재 CD) : CD 부재는 직선부재가 아니지만 부재 양단의 C, D에만 이동력이 작용하여 평행조건을 만족하려면 그 하중은 $C \sim D$를 연결하는 직선방향이어야 한다.

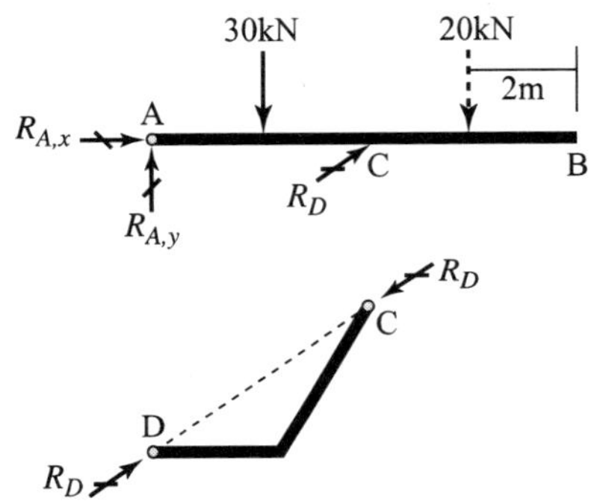

지점반력(평형조건식) :

$$\sum^{A} M = 0 = 30 \times 2 - R_D \times \frac{3}{5} \times 4 + 20 \times 6 \quad ; \quad R_D = 75\,kN$$

$$\sum F_x = 0 = R_{A,x} + R_D \times \frac{4}{5} \quad ; \quad R_{A,x} = -60\,kN$$

$$\sum F_y = 0 = R_{A,y} - 30 + R_D \times \frac{3}{5} - 20 \quad ; \quad R_{A,y} = 5\,kN$$

풀이 2 CD가 이력부재라는 것을 알지 못하는 경우, 다음과 같이 뼈대구조물의 해석방법으로 반력을 결정할 수 있다.

전체 자유물체도 :

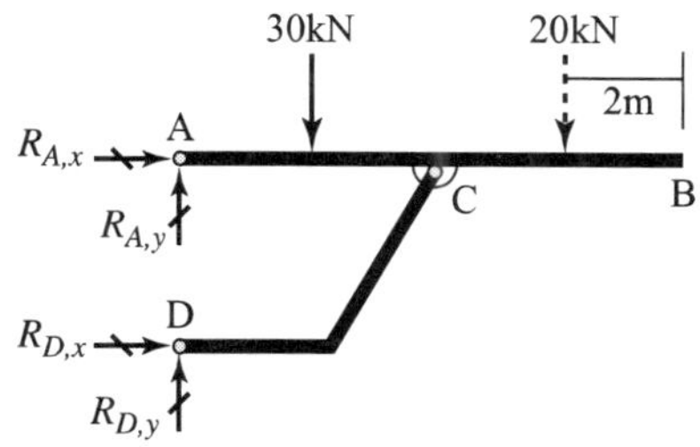

부재 자유물체도(핀 수평력/수직력 전달) :

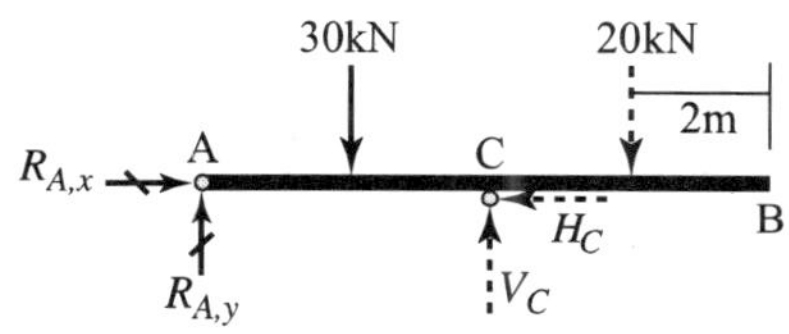

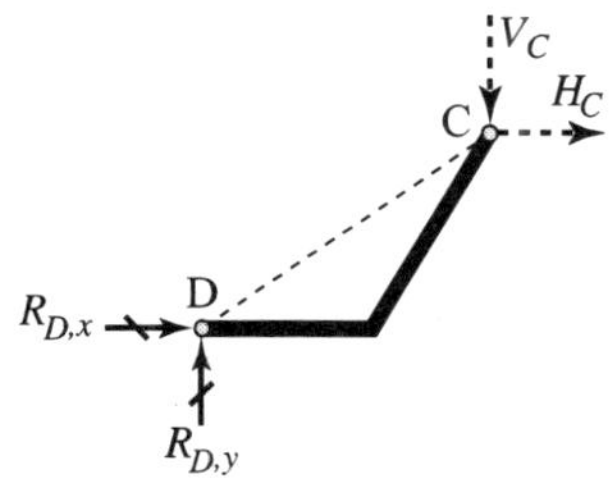

지점반력(평형조건식) :

부재 AB :

$$\sum^{C} M = 0 = R_{A,y} \times 4 - 30 \times 2 + 20 \times 2 \quad ; \quad R_{A,y} = 5\,kN$$

전체 자유물체도 :

$$\sum F_y = 0 = R_{A,y} - 30 - 20 + R_{D,y} \quad ; \quad R_{D,y} = 45\,kN$$

부재 CD :

$$\sum^{C} M = 0 = R_{D,x} \times 3 - R_{D,y} \times 4 \quad ; \quad R_{D,x} = 60\,kN$$

전체 자유물체도 :

$$\sum F_x = 0 = R_{A,x} + R_{D,x} \quad ; \quad R_{A,x} = -60\,kN$$

$$R_D = \sqrt{R_{D,x}^2 + R_{D,y}^2} = \sqrt{60^2 + 45^2} = 75\,kN$$

2-19 음의 x축 방향으로 작용하는 수평력($20\,kN$)을 지지하고 있는 강봉 AB의 압축력과 강선 BC, BD의 인장력을 구하시오.

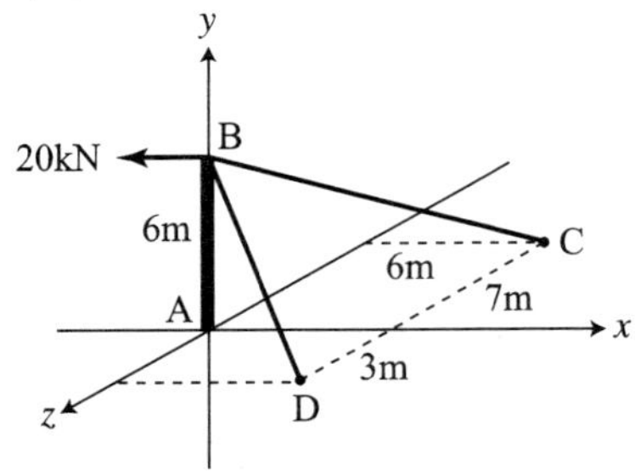

풀이

절점(B)의 자유물체도 :

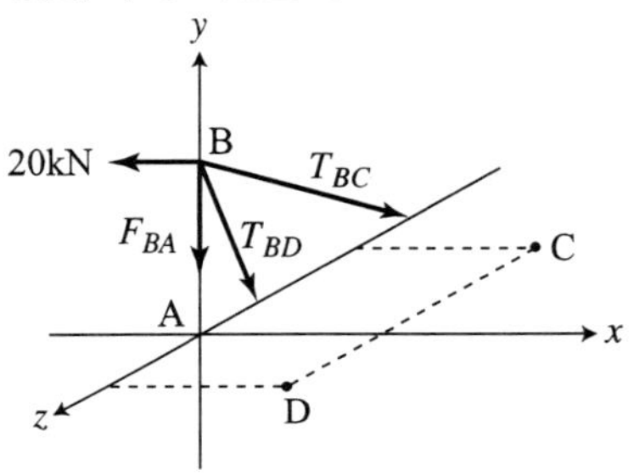

직각분력 F_{BA} :

$A\ (0, 0, 0)$; $B\ (0, 6, 0)$

$d_x = 0$, $d_y = -6$, $d_z = 0$

$d_{AB} = \sqrt{0^2 + (-6)^2 + 0^2} = 6(m)$

$$F_{BA,x} = \frac{0}{6}F_{BA} = 0 = F_{BA,z}$$

$$F_{BA,y} = \frac{-6}{6} = -F_{BA}$$

직각분력 T_{BC} :

$C\ (6, 0, -7)$; $B\ (0, 6, 0)$; $T_{BC,x} = \frac{6}{11}T_{BC}$; $T_{BC,y} = \frac{-6}{11}T_{BC}$

$d_x = 6$, $d_y = -6$, $d_z = -7$

$d_{BC} = \sqrt{6^2 + (-6)^2 + (-7)^2} = 11(m)$ $\quad T_{BC,z} = \frac{-7}{11}T_{BC}$

직각분력 T_{BD} :

$D\ (6, 0, 3)$; $B\ (0, 6, 0)$; $T_{BD,x} = \frac{6}{9}T_{BD} = \frac{2}{3}T_{BD}$

$d_x = 6$, $d_y = -6$, $d_z = 3$

$d_{BD} = \sqrt{6^2 + (-6)^2 + 3^2} = 9(m)$ $\quad T_{BD,y} = \frac{-6}{9}T_{BD} = \frac{-2}{3}T_{BD}$

$$T_{BD,z} = \frac{3}{9}T_{BD} = \frac{1}{3}T_{BD}$$

부재력(평형조건식) :

$$\sum F_x = 0 = -20 + 0 + \frac{2}{3}T_{BD} + \frac{6}{11}T_{BC} \quad \cdots (1)$$

$$\sum F_y = 0 = -F_{BA} - \frac{2}{3}T_{BD} - \frac{6}{11}T_{BC} \quad \cdots (2)$$

$$\sum F_z = 0 = 0 + \frac{1}{3}T_{BD} - \frac{7}{11}T_{BC} \quad \cdots (3)$$

(1), (3)식에서 $T_{BC} = 11\,kN$

(3)식에서 $T_{BD} = 21\,kN$

(2)식에서 $F_{BA} = -20\,kN$ (압축력 $20\,kN$)

2-20 추가 매달려 있는 부재 AB가 회전지점 A와 케이블 BC, BD에 의해 지지되어 있고 케이블 BD의 인장력이 $7\,kN$이다. 케이블 BC의 인장력, AB의 부재력 및 추의 무게(W)를 구하시오.

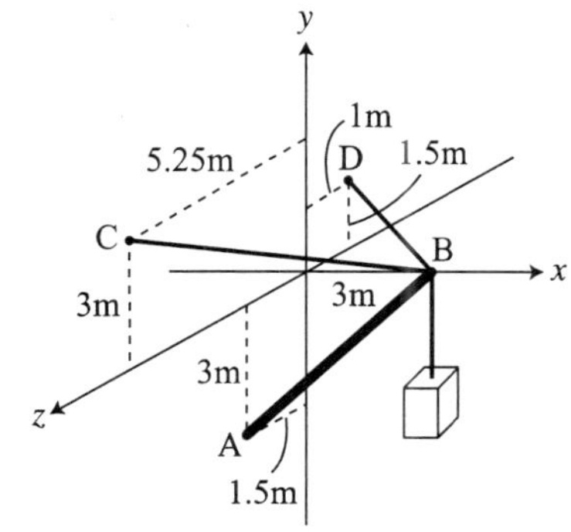

풀이

절점(B)의 자유물체도 : 절점 공간역계

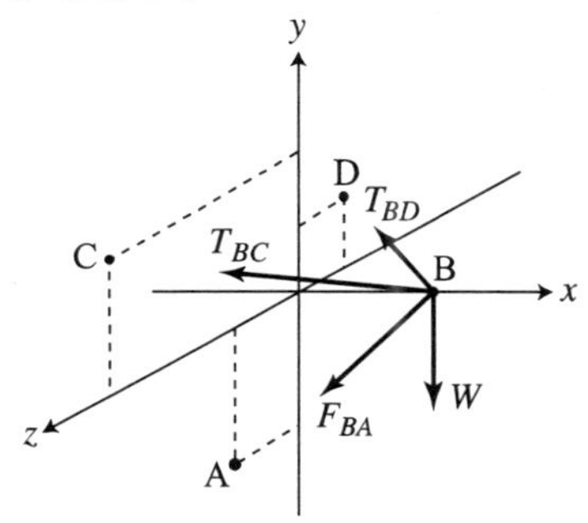

직각분력 F_{BA} :

$A\ (0, -3, 1.5)$; $B\ (3, 0, 0)$

$d_x = -3,\quad d_y = -3,\quad d_z = 1.5$

$d_{AB} = \sqrt{(-3)^2 + (-3)^2 + 1.5^2} = 4.5\,(m)$

$$; F_{BA,x} = \frac{-3}{4.5}F_{BA} = \frac{-2}{3}F_{BA}$$

$$F_{BA,y} = \frac{-3}{4.5}F_{BA} = \frac{-2}{3}F_{BA}$$

$$F_{BA,z} = \frac{1.5}{4.5}F_{BA} = \frac{1}{3}F_{BA}$$

직각분력 $T_{BD}(7\,kN)$:

$D\,(0, 1.5, -1)$; $B\,(3, 0, 0)$

$d_x = -3,\ d_y = 1.5,\ d_z = -1$

$d_{BD} = \sqrt{(-3)^2 + (1.5)^2 + (-1)^2} = 3.5\,(m)$

$$; T_{BD,x} = \frac{-3}{3.5}T_{BD} = \frac{-3}{3.5}\times 7 = -6\,(kN)$$

$$T_{BD,y} = \frac{1.5}{3.5}T_{BD} = \frac{1.5}{3.5}\times 7 = 3\,(kN)$$

$$T_{BD,z} = \frac{-1}{3.5}T_{BD} = \frac{-1}{3.5}\times 7 = -2\,(kN)$$

직각분력 T_{BC} :

$C(0,3,5.25)$; $B(3,0,0)$
$d_x = -3,\quad d_y = 3,\quad d_z = 5.25$
$d_{BC} = \sqrt{(-3)^2+(3)^2+5.25^2} = 6.75(m)$

; $T_{BC,x} = \dfrac{-3}{6.75}T_{BC} = \dfrac{-4}{9}T_{BC}$

$T_{BC,y} = \dfrac{3}{6.75}T_{BC} = \dfrac{4}{9}T_{BC}$

$T_{BC,z} = \dfrac{5.25}{6.75}T_{BC} = \dfrac{7}{9}T_{BC}$

부재력(평형조건식) :

$$\sum F_x = 0 = -\frac{2}{3}F_{AB} - 6 - \frac{4}{9}T_{BC} \quad \cdots(1)$$

$$\sum F_y = 0 = -\frac{2}{3}F_{AB} + 3 + \frac{4}{9}T_{BC} - W \quad \cdots(2)$$

$$\sum F_z = 0 = \frac{1}{3}F_{AB} - 2 + \frac{7}{9}T_{BC} \quad \cdots(3)$$

(1), (3)식에서 $T_{BC} = 9kN \quad \cdots(4)$

(1), (4)식에서 $F_{AB} = -15kN$

(2)식에서 $W = 17kN$

2-21 $50\,kg$의 물체가 경사면 위로 움직이게 하는 최소힘 P의 방향과 크기를 구하시오(정지마찰계수 $\mu_s = 0.25$).

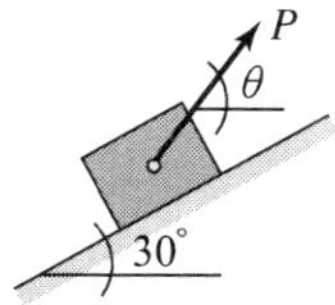

풀이

자유물체도 및 힘의 삼각형 : 마찰력의 방향이 경사면의 아랫방향이라는 것을 고려하여 힘의 삼각형을 작도한다. 마찰력의 방향을 지점반력을 구하는 경우와 같이 임의로 가정하는 것으로는 문제에서 원하는 해를 구할 수 없으므로 마찰력의 방향을 파악하는 것이 가장 중요하다.

최소힘 : 직각삼각형 경우 P가 최소

$W = 50 \times 9.81 = 491\,(N)$; $\Phi_s = \tan^{-1}\mu_s = \tan^{-1}0.25 = 14^\circ \Rightarrow \theta = 44^\circ$

싸인법칙 :

$$\frac{P}{\sin 44^\circ} = \frac{W}{\sin 90^\circ} \quad ; \quad P = 341\,N$$

2-22 경사면의 물체가 이동하지 않는 추의 최대무게를 구하시오(정지마찰계수 $\mu_s = 0.25$).

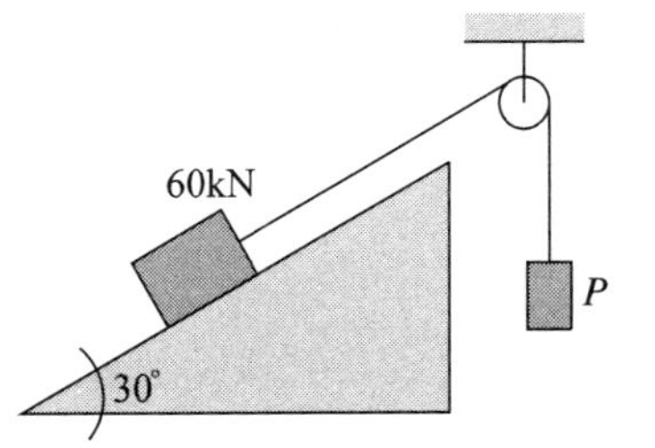

풀이 1

자유물체도 : 추의 최대무게는 물체가 경사면 위로 이동하지 않는 한계를 의미하므로 마찰력의 방향은 경사면의 아랫방향이 된다.

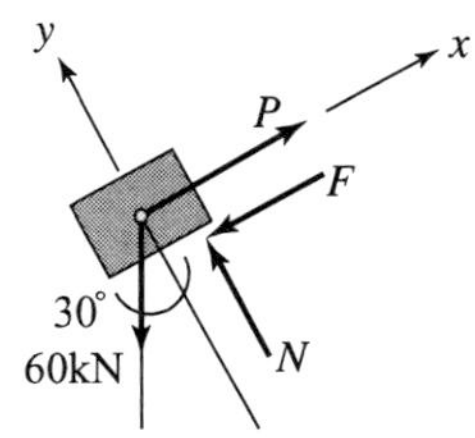

평형조건 : 직각분력의 합

$\sum F_y = 0 = -60\cos 30^\circ + N \quad ; \quad N = 52.0\,kN$

마찰력 :

$F = \mu_s N = 13\,kN$

평형조건식 : 직각분력의 합

$\sum F_x = 0 = P - F - 60\sin 30^\circ \quad ; \quad P = 43.0\,kN$

풀이 2

자유물체도 :

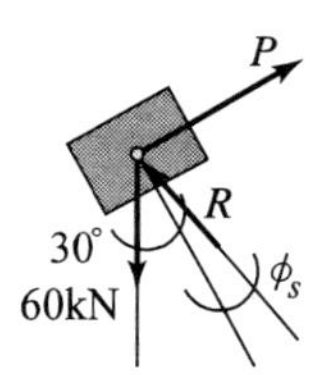

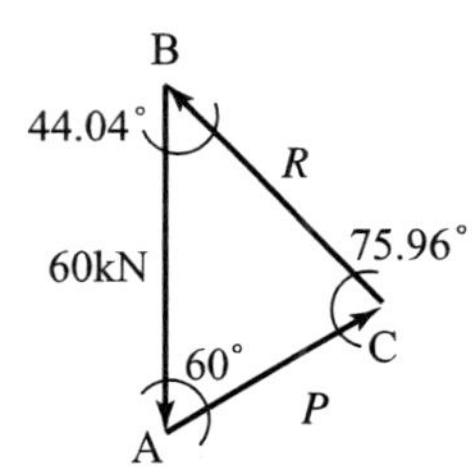

힘의 삼각형 :

$\Phi_s = \tan^{-1}\mu_s = \tan^{-1}0.25 = 14.04^\circ$

$\angle A = 90^\circ - 30^\circ = 60^\circ$

$\angle B = 30^\circ + \Phi_s = 30^\circ + 14.04^\circ = 44.04^\circ$

$\angle C = 180^\circ - 60^\circ - 44.04^\circ = 75.96^\circ$

싸인법칙 :

$$\frac{P}{\sin 44.04^\circ} = \frac{60}{\sin 75.96^\circ} \quad ; \quad P = 43.0\,kN$$

2-23 쐐기(무게는 무시)가 아래로 움직이게 하는 최소힘 P를 구하시오(정지마찰계수 $\mu_s = 0.30$).

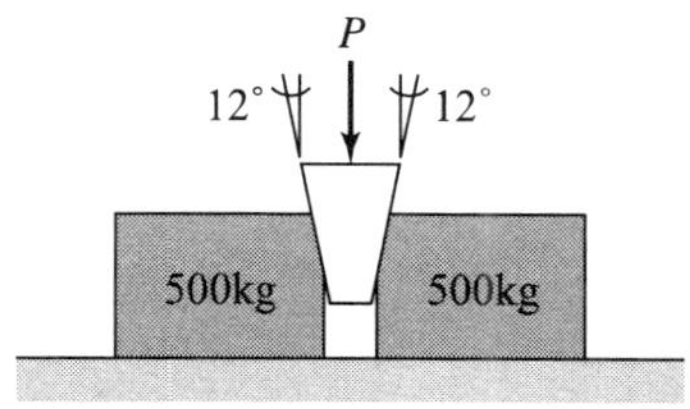

풀이 1

자유물체도 : 물체와 쐐기의 자유물체도가 평형이 되는 힘 P를 구한다.

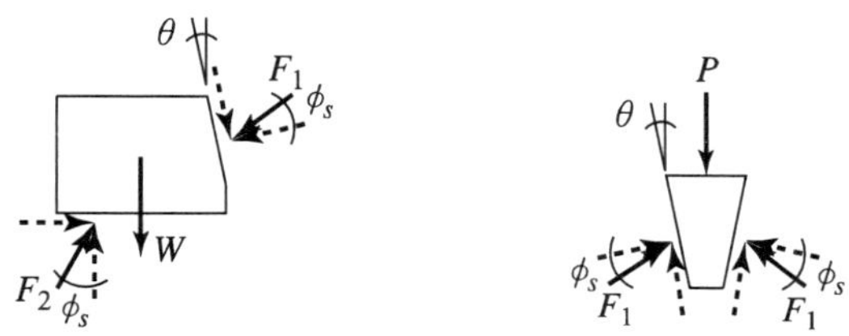

힘의 삼각형(왼편 물체) :

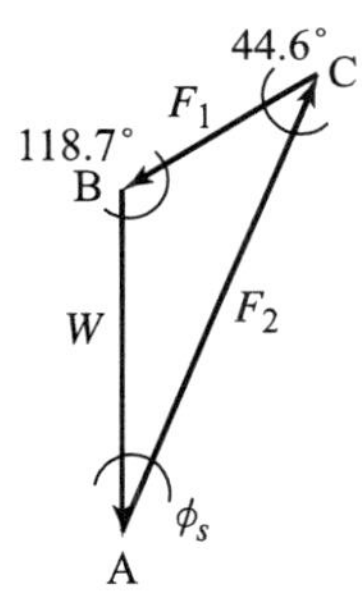

물체/쐐기 접촉력 F_1 :

$W = 500 \times 9.81 = 4905\,(N)$

$\Phi_s = \tan^{-1}\mu_s = \tan^{-1}0.3 = 16.7^\circ$

$\angle A = \Phi_s = 16.7^\circ$

$\angle B = 90^\circ + \theta + \Phi_s = 90^\circ + 12^\circ + 16.7^\circ = 118.7^\circ$

$\angle C = 180^\circ - 16.7^\circ - 118.7^\circ = 44.6^\circ$

싸인법칙 :

$$\frac{F_1}{\sin 16.7^\circ} = \frac{W}{\sin 44.6^\circ} \quad ; \quad F_1 = 2007\,N$$

힘의 삼각형(쐐기) :

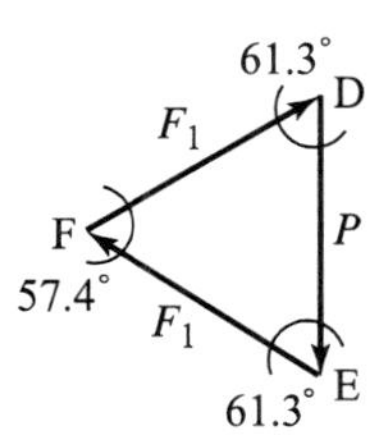

최소힘 P :

$\angle D = 180^\circ - 118.7^\circ = 61.3^\circ = \angle E$

$\angle F = 180^\circ - 2 \times 61.3^\circ = 57.4^\circ$

싸인법칙 :

$$\frac{F_1}{\sin 61.3^\circ} = \frac{P}{\sin 57.4^\circ} \quad ; \quad P = 1928\,N$$

3 트러스의 해석

3.1 트러스 부재

트러스 구조물은 타구조물에 비해 가늘고 긴 부재를 연결하여 하중을 지지하도록 설계한 구조물이다. 하중은 부재와 부재를 연결하는 절점(핀)에만 작용하고 자중은 부재 양단의 절점에 작용하는 것으로 간주한다. 핀과 같이 회전을 허용하는 절점(A, D)은 이동력만을 전달하고, 부재의 절점에 작용하는 이동력의 합력은 양 절점을 연결하는 부재축 방향이어야만 평형조건(A점 또는 D점에서의 회전력의 합이 0)을 만족하므로 이력부재라고 한다.

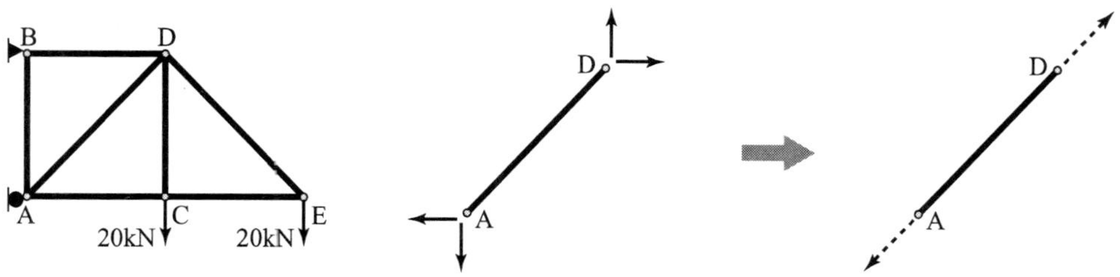

내력 또한 외력과 마찬가지로 구조물의 각 자유도에 해당하는 수평력, 수직력, 회전력으로

구분하고 평면역계($x-y$ 좌표축)에서 x축이 부재축인 보의 내력은 x축의 축력(P), y축의 전단력(V_y), z축의 휨모멘트(M_z)가 발생할 수 있다. 그러므로 트러스의 이력부재는 축력만 내력으로 전달한다. 축력의 부호규약은 인장력이 양, 압축력이 음이다.

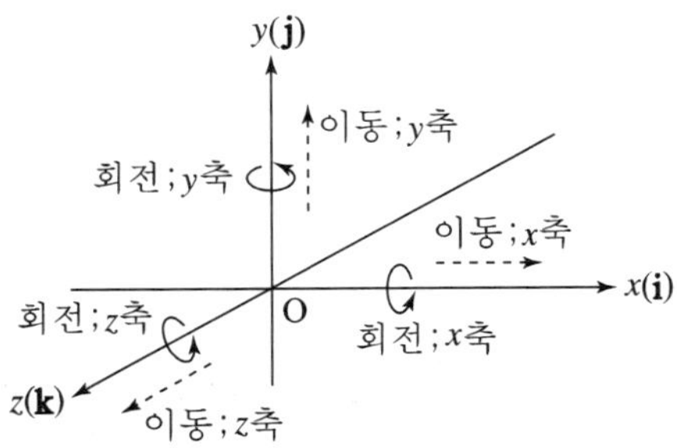

자유도	좌표축	부재축 x
이동	x	축력 P
	y	전단력 V_y
	z	전단력 V_z
회전	x	비틂모멘트 T_x
	y	휨모멘트 M_y
	z	휨모멘트 M_z

3.2 절점법

트러스 구조물에서 절점의 자유물체도를 이용하여 부재력을 산정하는 방법이 절점법이다. 각 절점의 자유물체도는 트러스 모양으로 배치하고 부재에 의해 절점에 작용하는 힘(부재력)은 모두 인장력으로 간주하여 표기한다. 절점 평면역계의 평형조건식은 2개이므로 각 절점 자유물체도의 개수(n)에 의해 전체 평형조건식은 $2n$개가 되고 미지력(반력과 내력)은 지점 반력 3개(정정구조물)와 부재의 개수 m을 합하여 $m+3$개가 된다. 그림과 같이 $n=5$, $m=7$이면 평형조건식과 미지력의 개수가 일치하므로 모든 미지력을 산정할 수 있다. 절점의 자유물체도에 2개의 미지력이 포함된 절점(E)부터 부재력을 결정해 나갈 수 있으며, 전체 트러스의 자유물체도로부터 반력을 먼저 구하면 B절점 또한 2개의 미지력을 갖게 되므로 B절점부터 시작할 수 있다.

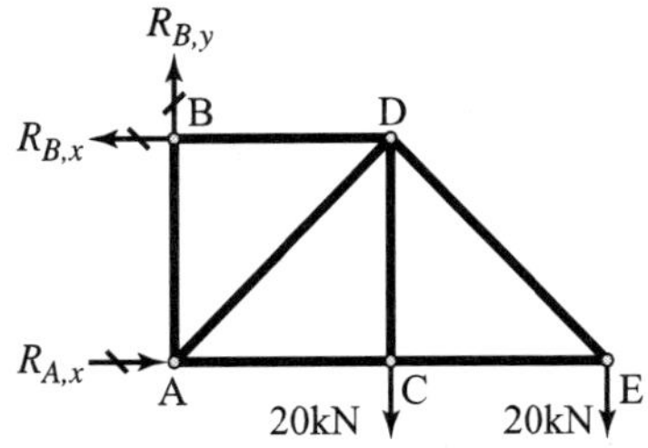

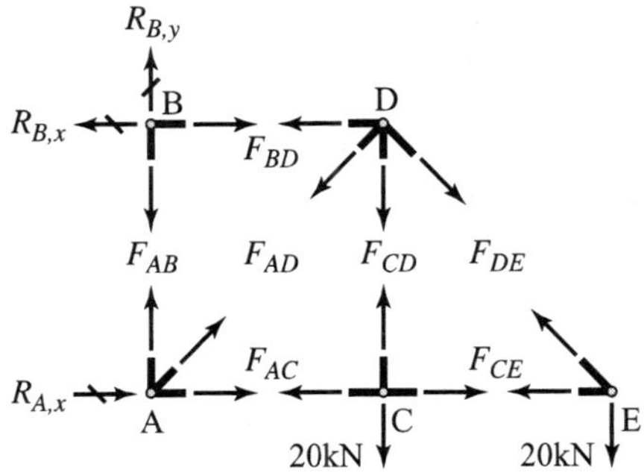

부재력이 음의 값으로 산정되면 부재가 압축력을 받는 것이므로 부호규약에 맞는 결과가 된다. 또한 부재력이 음의 값이어도 자유물체도에서 힘의 방향을 변경하지 않는다. 평형조건식에서 힘의 부호는 항상 자유물체도에 주어진 힘의 화살촉방향으로 정하고 음의 값을 갖는 부재력은 괄호를 사용하여 반영한다. 무부하부재는 부재력이 0인 부재로 하중이 재하되지 않은 절점의 자유물체도에 평형조건식을 적용하면 쉽게 찾아낼 수 있다.

3.3 단면법

트러스 구조물에서 특정한 몇 개 부재의 부재력만을 구하고자 하는 경우 단면법을 사용한다. 절점법 또한 절점에 연결된 부재들에 단면법을 적용한 것과 같다. 즉, 내력을 구하는 기본적인 방법은 자유물체도를 분리하는 단면법이다. 비절점 평면역계의 평형조건식은 3개이므로 트러스에 단면법을 적용한 자유물체도에 표기되는 미지력의 개수 또한 3개가 되도록 한다. 지점반력에 의해 미지력의 수가 3개보다 많으면 전체 자유물체도에서 지점반력을 우선 구한다.

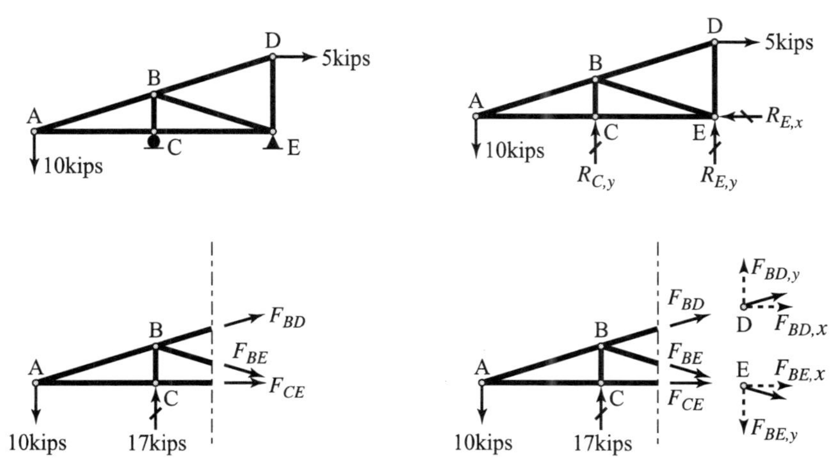

임의점에 대한 이동력의 모멘트는 이동력의 작용점 위치와는 무관하고 또한 직각분력을 사용할 수 있으므로 트러스의 좌표를 이용하면 모멘트계산을 용이하게 할 수 있다. 3개보다 많은 부재력이 단면법에 의해 미지력으로 표기되는 경우 보조단면으로 부재력을 구하여 미지력의 개수를 줄여 나갈 수 있다. 아래 그림과 같이 단면법에서 미지력이 5개이므로 A 지점의 반력을 구하고 보조단면에서 F_{BC} 또는 F_{HI}를 구해야 한다.

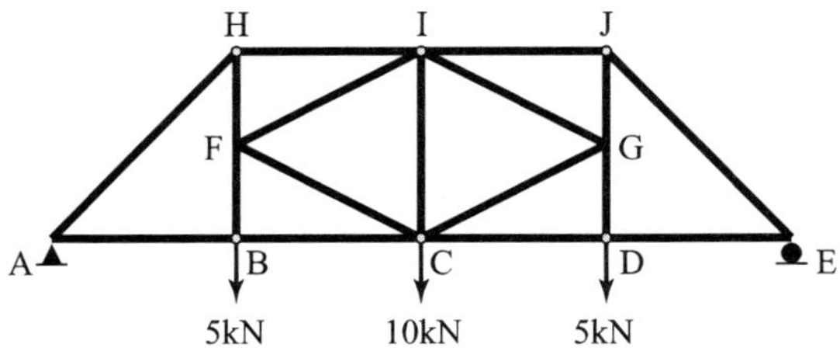

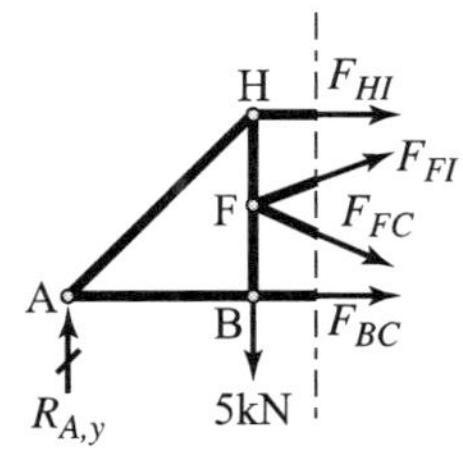

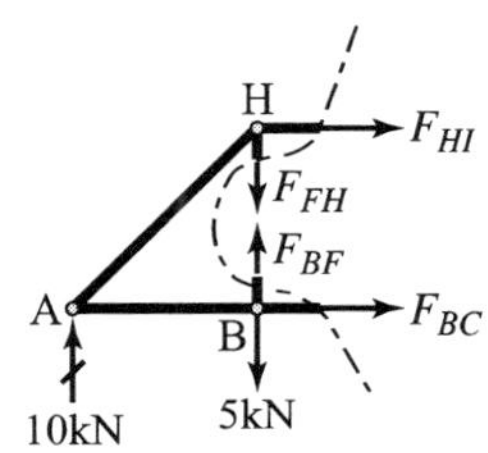

3-1 트러스의 부재력을 절점법으로 구하시오.

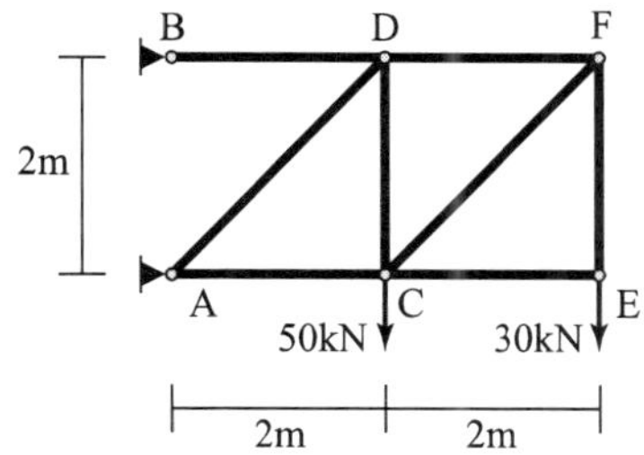

풀이

자유물체도 : 트러스부재는 이력부재이므로 부재 BD는 링크지지로 본다.

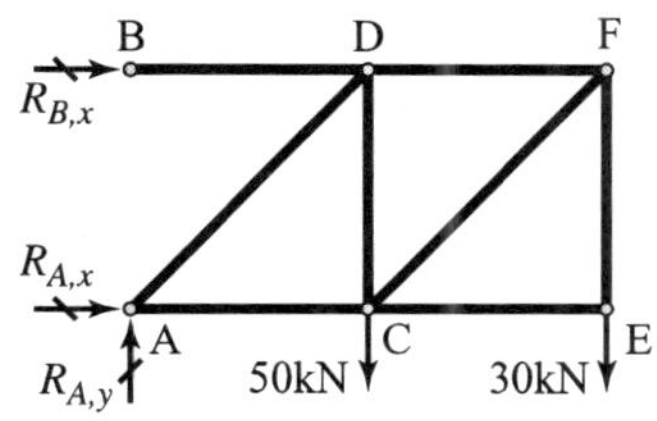

지점반력(평형조건식) :

$$\sum^{A} M = 0 = R_{B,x} \times 2 + 50 \times 2 + 30 \times 4$$
$$R_{B,x} = -110\,kN$$

$$\sum F_x = 0 = R_{B,x} + R_{A,x} \quad ; \quad R_{A,x} = 110\,kN$$

$$\sum F_y = 0 = R_{A,y} - 50 - 30 \quad ; \quad R_{A,y} = 80\,kN$$

절점의 자유물체도 : 인장부재 가정, 트러스 모양 배치

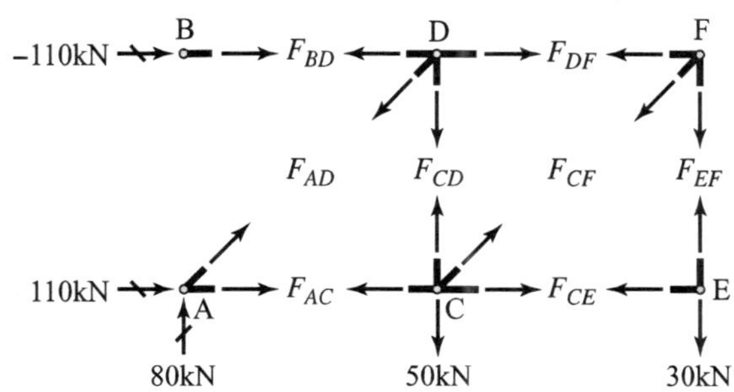

절점 B :

$$\sum F_x = 0 = (-110) + F_{BD} \quad ; \quad F_{BD} = 110\,kN$$

절점 E :

$$\sum F_x = 0 = F_{CE}$$
$$\sum F_y = 0 = F_{EF} - 30 \quad ; \quad F_{EF} = 30\,kN$$

절점 F :

$$\sum F_y = 0 = F_{EF} + F_{CF} \times 0.707 \quad ; \quad F_{CF} = -42.43\,kN$$
$$\sum F_x = 0 = F_{DF} + F_{CF} \times 0.707 \quad ; \quad F_{DF} = 30\,kN$$

절점 D :

$$\sum F_x = 0 = F_{BD} + F_{AD} \times 0.707 - F_{DF} = 110 + F_{AD} \times 0.707 - 30$$
$$F_{AD} = -113.2\,kN$$
$$\sum F_y = 0 = F_{AD} \times 0.707 + F_{CD} \quad ; \quad F_{CD} = 80\,kN$$

절점 A :

$$\sum F_x = 0 = 110 + F_{AD} \times 0.707 + F_{AC} \quad ; \quad F_{AC} = -30\,kN$$

인장부재 : BD, EF, DF, CD

압축부재 : CF, AD, AC

무부하부재 : CE

3-2 트러스의 부재력을 절점법으로 구하시오.

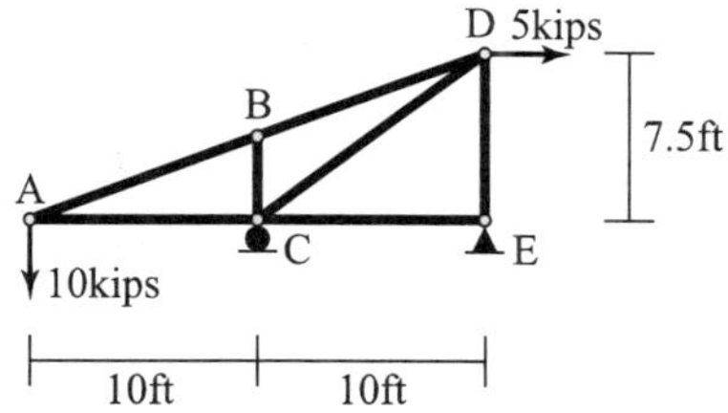

풀이

자유물체도 :

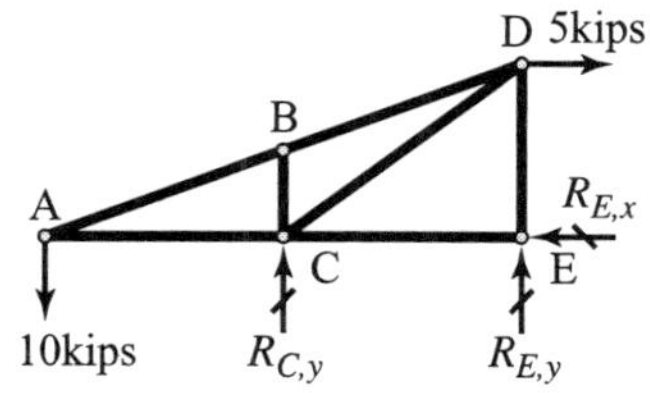

지점반력(평형조건식) :

$$\sum^{E} M = 0 = 10\times 20 - R_{C,y}\times 10 - 5\times 7.5$$
$$R_{C,y} = 16.25\,kips$$
$$\sum F_x = 0 = 5 - R_{E,x} \quad ; \quad R_{E,x} = 5\,kips$$
$$\sum F_y = 0 = 10 - R_{C,y} - R_{E,y} \quad ; \quad R_{E,y} = -6.25\,kips$$

절점의 자유물체도 : 인장부재 가정, 트러스 모양 배치

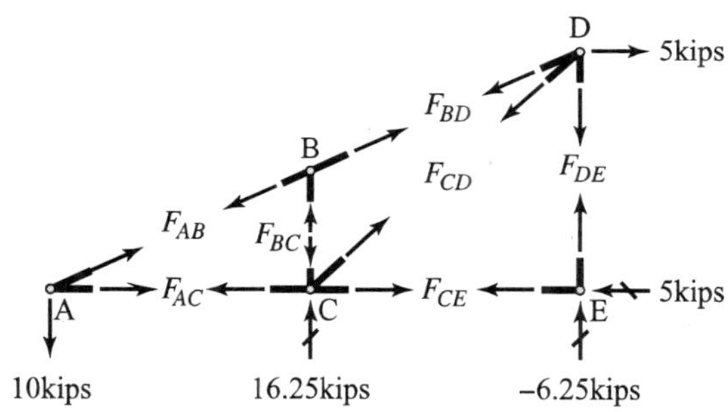

절점 B, E :

$F_{BC} = 0$, $F_{DE} = 6.25\,kips$, $F_{CE} = -5\,kips$

절점 A :

$$\sum F_y = 0 = F_{AB}\times\frac{3.75}{\sqrt{114}} - 10 \quad ; \quad F_{AB} = 28.47\,kips = F_{BD}$$
$$\sum F_x = 0 = F_{AB}\times\frac{10}{\sqrt{114}} + F_{AC} \quad ; \quad F_{AC} = -26.67\,kips$$

절점 C :

$$\sum F_y = 0 = F_{CD}\times\frac{3}{5} + 16.25 \quad ; \quad F_{CD} = -27.08\,kips$$
$$\sum F_x = 0 = F_{CD}\times\frac{4}{5} + F_{CE} - F_{AC}$$
$$F_{CE} = (-26.67) - (-27.08)\times\frac{4}{5} = -5.00\,(kips)$$

인장부재 : AB, BD, DE 압축부재 : AC, CE, CD 무부하부재 : BC

3-3 트러스의 부재 BD, CD, CE의 부재력을 단면법으로 구하시오.

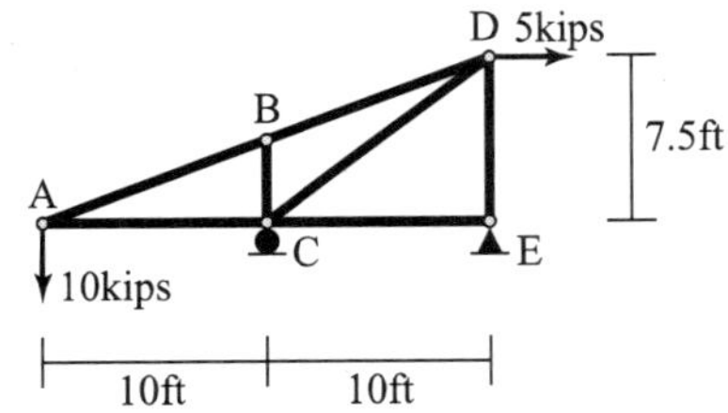

풀이

자유물체도 :

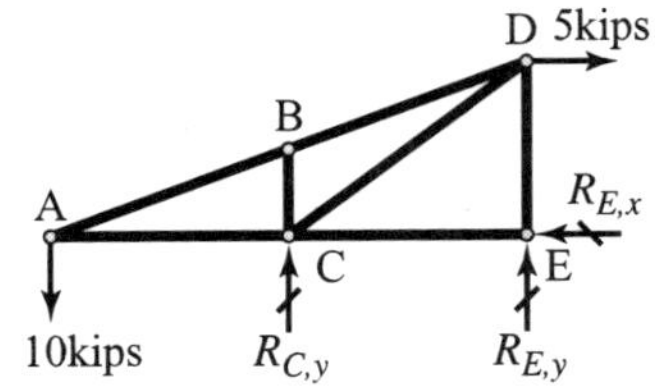

지점반력(평형조건식) :

$$\sum^{E} M = 0 = 10\times 20 - R_{C,y}\times 10 - 5\times 7.5$$
$$R_{C,y} = 16.25\,kips$$
$$\sum F_x = 0 = 5 - R_{E,x} \quad ; \quad R_{E,x} = 5\,kips$$
$$\sum F_y = 0 = 10 - R_{C,y} - R_{E,y} \quad ; \quad R_{E,y} = -6.25\,kips$$

자유물체도(단면법, 인장부재 가정) : 부재력은 인장으로 가정하고, 결과가 음의 값인 경우는 압축부재인 것을 의미한다(절점법과 동일).

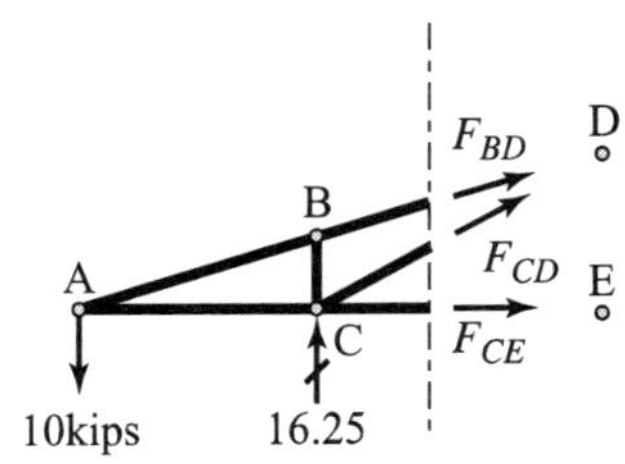

부재력(평형조건식) :

$$\sum^{C} M = 0 = 10\times 10 - F_{BD}\frac{10}{\sqrt{114}}\times 3.75$$
$$F_{BD} = 28.5\,kips$$
$$\sum^{D} M = 0 = 10\times 20 - 16.25\times 10 + F_{CE}\times 7.5$$
$$F_{CE} = -5\,kips$$
$$\sum F_x = 0 = F_{BD}\frac{10}{\sqrt{114}} + F_{CD}\times\frac{4}{5} + F_{CE}$$
$$F_{CD} = -27.1\,kips$$

3-4 트러스의 부재 FG, FC, BC의 부재력을 단면법으로 구하시오.

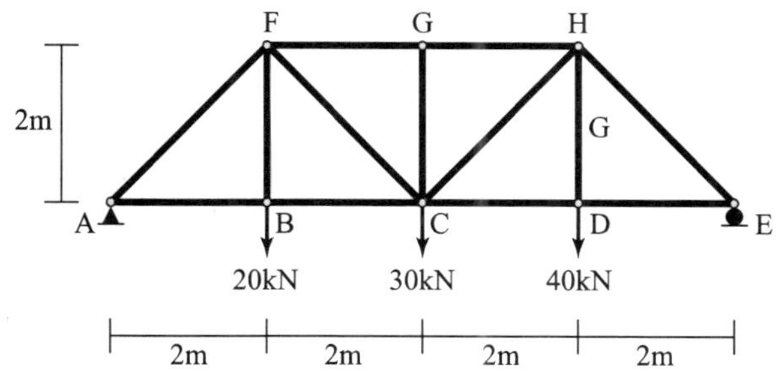

풀이

자유물체도 :

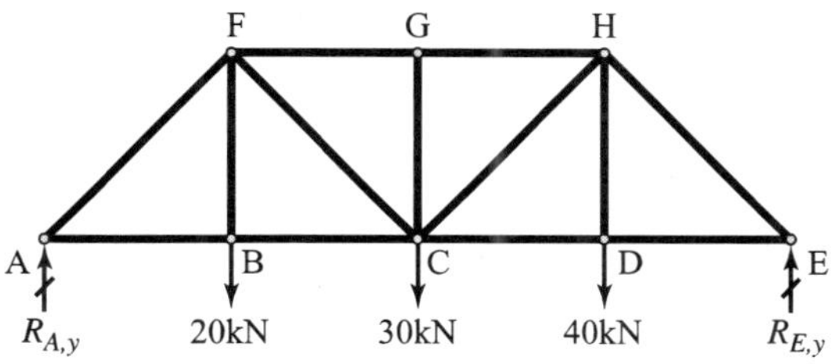

지점반력(평형조건식) :

$$\sum^{E} M = 0 = R_{A,y} \times 8 - 20 \times 6 - 30 \times 4 - 40 \times 2 \quad ; \quad R_{A,y} = 40\,kN$$
$$\sum F_y = 0 = R_{A,y} - 20 - 30 - 40 + R_{E,y} \quad ; \quad R_{E,y} = 50\,kN$$

자유물체도(단면법, 인장부재 가정) :

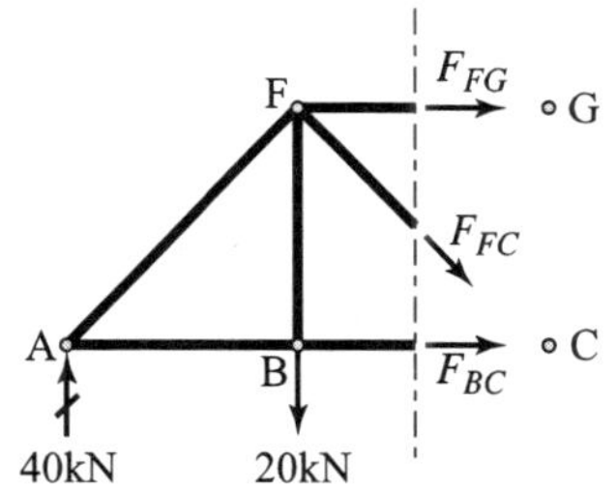

부재력(평형조건식) :

$$\sum^{C} M = 0 = 40 \times 4 - 20 \times 2 + F_{FG} \times 2$$
$$F_{FG} = -60\,kN$$
$$\sum^{F} M = 0 = 40 \times 2 - F_{BC} \times 2$$
$$F_{BC} = 40\,kN$$

$$\sum F_y = 0 = 40 - 20 - F_{FC} \times 0.707$$
$$F_{FC} = 28.3\,kN$$

3-5 트러스의 지점반력을 구하고 부재 BC, AC, AD의 부재력을 단면법으로 구하시오.

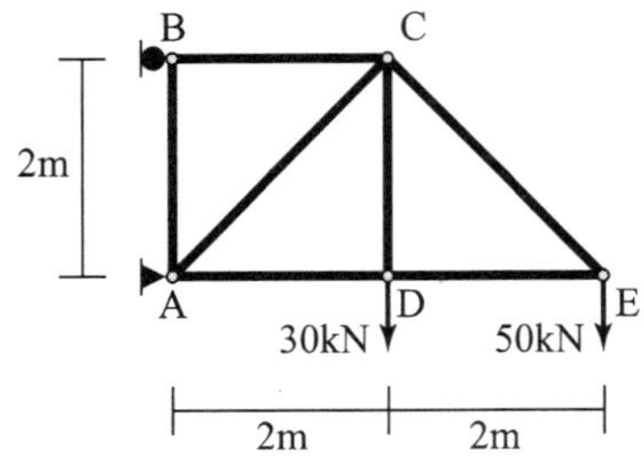

풀이

자유물체도 :

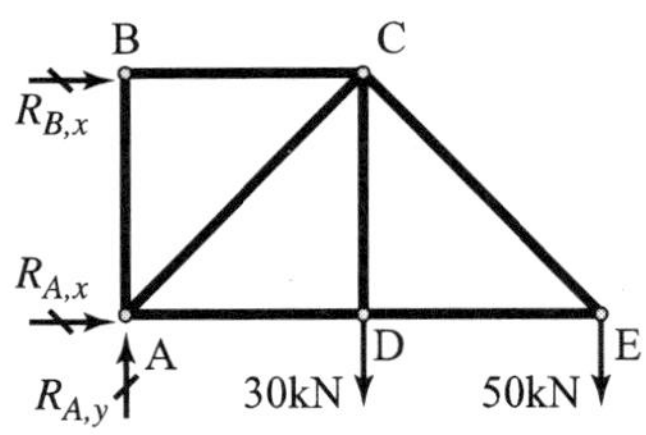

지점반력(평형조건식) :

$$\sum^{A} M = 0 = R_{B,x} \times 2 + 30 \times 2 + 50 \times 4$$
$$R_{B,x} = -130\,kN$$
$$\sum F_x = 0 = R_{B,x} + R_{A,x} \quad ; \quad R_{A,x} = 130\,kN$$
$$\sum F_y = 0 = R_{A,y} - 30 - 50 \quad ; \quad R_{A,y} = 80\,kN$$

1) 왼편 자유물체도
(단면법, 인장부재 가정) :

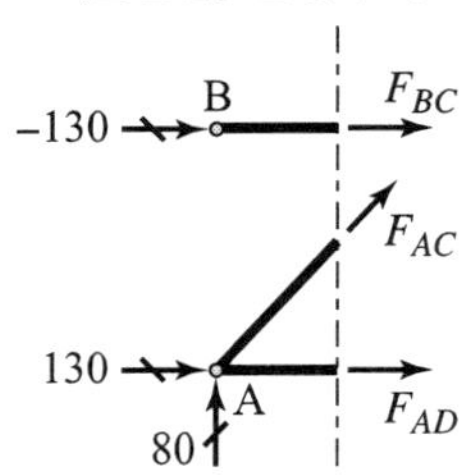

부재력(평형조건식) :

$$\sum F_y = 0 = 80 + F_{AC}/\sqrt{2}$$
$$F_{AC} = -80\sqrt{2} = -113.1\,kN$$
$$\sum^{A} M = 0 = (-130) \times 2 + F_{BC} \times 2$$
$$F_{BC} = 130\,kN$$
$$\sum F_x = 0 = (-130) + 130 + F_{BC} + F_{AC}/\sqrt{2} + F_{AD}$$
$$= (-130) + 130 + 130 + (-80) + F_{AD}$$
$$F_{AD} = -50\,kN$$

2) 오른편 자유물체도(단면법, 인장부재 가정) : 이 문제의 경우, 아래와 같이 오른편 자유물체도를 택하면 지점반력이 포함되지 않으므로 지점반력을 구하지 않아도 부재력을 산정할 수 있다.

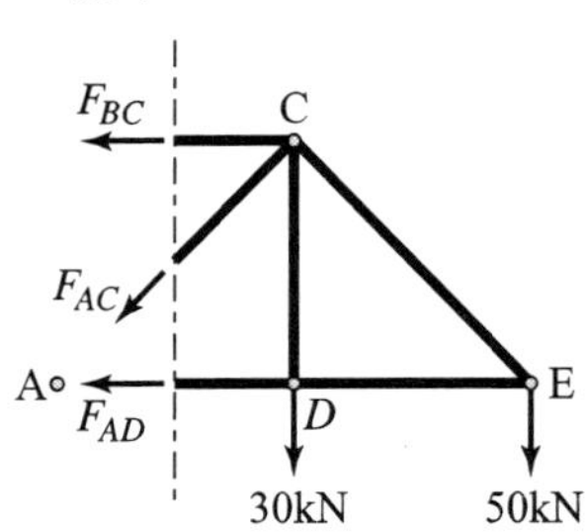

$$\sum^{C} M = 0 = F_{AD} \times 2 + 50 \times 2 \quad ; \quad F_{AD} = -50\,kN$$
$$\sum^{A} M = 0 = F_{BC} \times 2 - 30 \times 2 - 50 \times 4$$
$$F_{BC} = 130\,kN$$
$$\sum F_y = 0 = F_{AC} \times \frac{1}{\sqrt{2}} + 30 + 50$$
$$F_{AC} = -113.1\,kN$$

3-6 트러스의 부재 BC, BD, BE의 부재력을 구하시오.

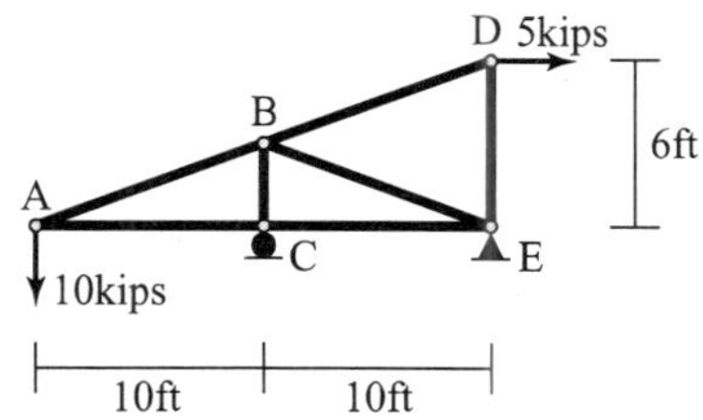

풀이

자유물체도 :

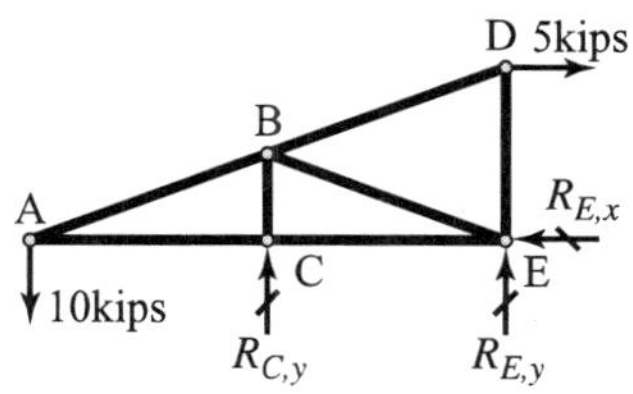

지점반력(평형조건식) :

$$\sum^{E} M = 0 = 10 \times 20 - R_{C,y} \times 10 - 5 \times 6$$

$$R_{C,y} = 17\,kips$$

$$\sum F_x = 0 = 5 - R_{E,x} \quad ; \quad R_{E,x} = 5\,kips$$

$$\sum F_y = 0 = 10 - R_{C,y} - R_{E,y} \quad ; \quad R_{E,y} = -7\,kips$$

자유물체도(절점법, 인장부재 가정) :

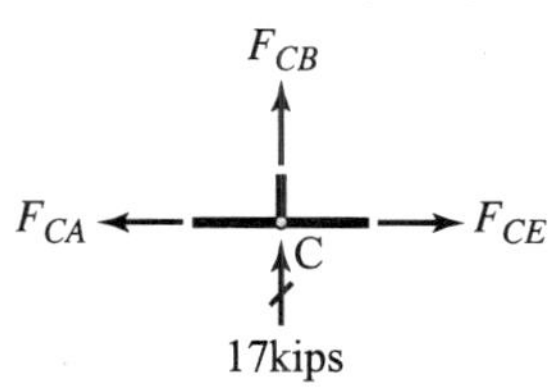

부재력(평형조건식) :

$$\sum^{C} F_y = 0 = F_{CB} + 17 \quad ; \quad F_{CB} = -17\,kips$$

자유물체도(단면법, 인장부재 가정) :

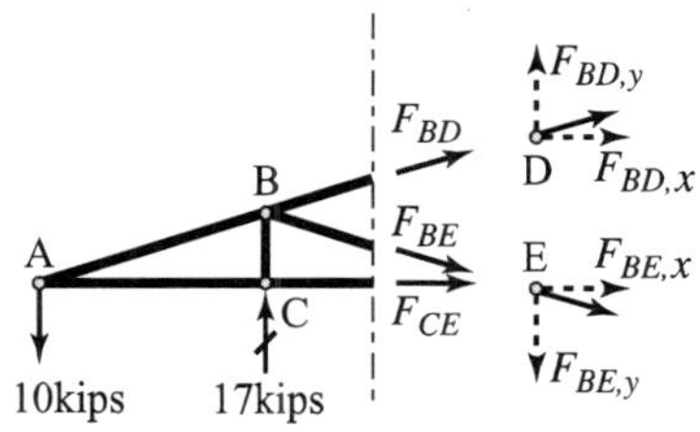

부재력(평형조건식) :

$$\sum^{E} M = 0 = 10 \times 20 - 17 \times 10 - F_{BD,x} \times 6$$

$$F_{BD,x} = 5\,kips$$

$$F_{BD,x} = F_{BD} \times \frac{10}{\sqrt{109}} \quad ; \quad F_{BD} = 5.22\,kips$$

$$\sum^{A} M = 0 = 17 \times 10 - F_{BE,y} \times 20 \quad ; \quad F_{BE,y} = 8.5\,kips$$

$$F_{BE,y} = F_{BE} \times \frac{3}{\sqrt{109}} \quad ; \quad F_{BE} = 29.6\,kips$$

3-7 트러스의 부재 BD, BE, CE, CF의 부재력을 단면법으로 구하시오.

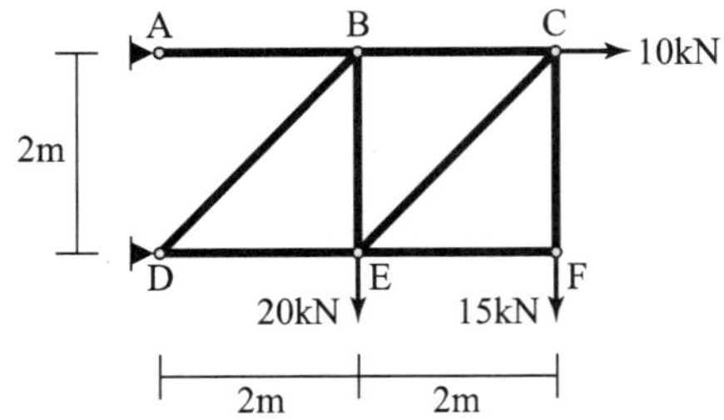

풀이

자유물체도 :

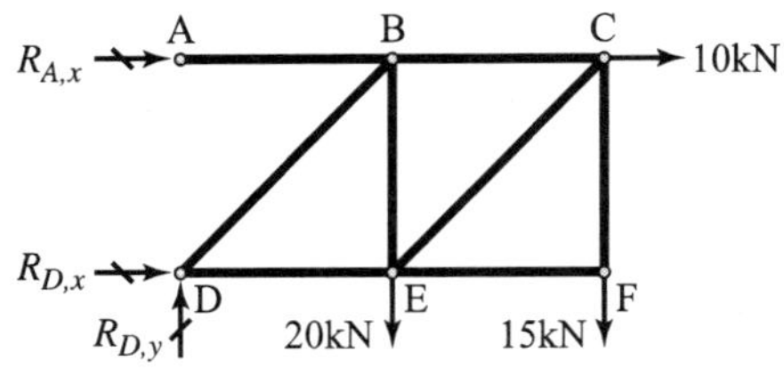

지점반력(평형조건식) :

$$\sum^{D} M = 0 = R_{A,x} \times 2 + 10 \times 2 + 15 \times 4 + 20 \times 2 \quad ; \quad R_{A,x} = -60\,kN$$
$$\sum F_x = 0 = R_{A,x} + 10 + R_{D,x} \quad ; \quad R_{D,x} = 50\,kN$$
$$\sum F_y = 0 = R_{D,y} - 20 - 15 \quad ; \quad R_{D,y} = 35\,kN$$

자유물체도(보조단면, 인장부재 가정) :

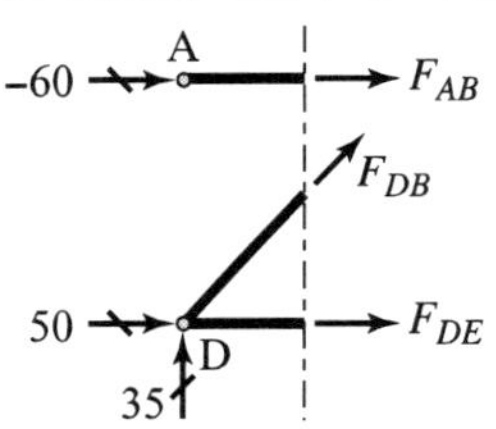

부재력(평형조건식) :

$$\sum F_y = 0 = 35 + F_{BD}/\sqrt{2}$$
$$F_{BD} = -35\sqrt{2} = -49.5\,kN$$

자유물체도(단면법, 인장부재 가정) :

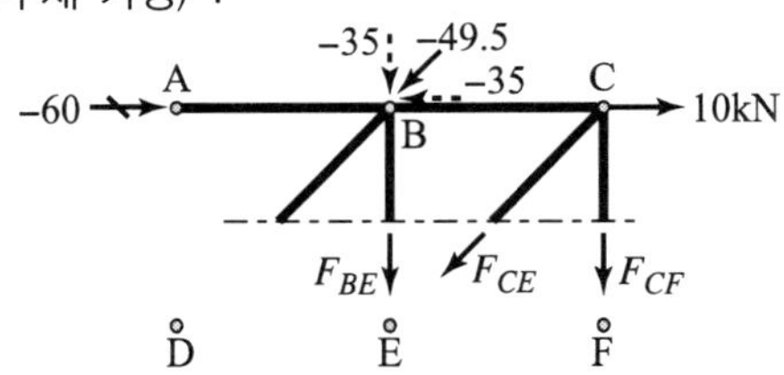

부재력(평형조건식) :

$$\sum^{C} M = 0 = (-35) \times 2 + F_{BE} \times 2 \quad ; \quad F_{BE} = 35\,kN$$
$$\sum^{E} M = 0 = (-60) \times 2 - (-35) \times 2 + 10 \times 2 + F_{CF} \times 2 \quad ; \quad F_{CF} = 15\,kN$$
$$\sum F_y = 0 = (-35) + F_{BE} + F_{CE}/\sqrt{2} + F_{CF}$$
$$= (-35) + 35 + F_{CE}/\sqrt{2} + 15 \quad ; \quad F_{CE} = -15\sqrt{2} = -21.2\,(kN)$$

3-8 트러스의 부재 BC, FC의 부재력을 구하시오.

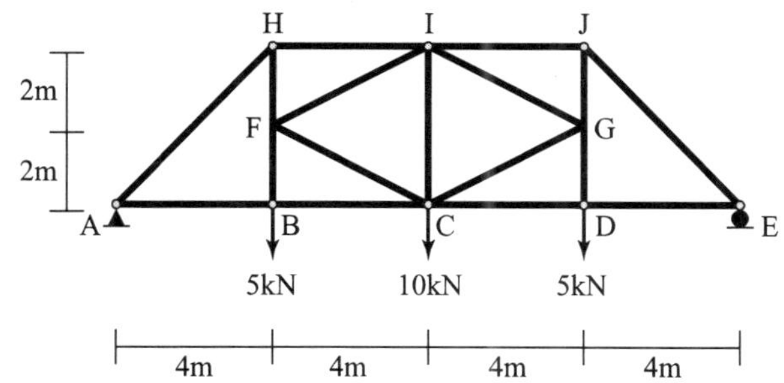

풀이

자유물체도 :

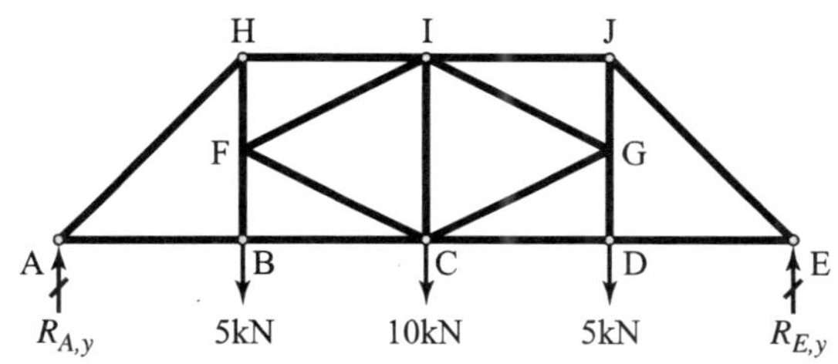

지점반력(평형조건식) : 구조물과 하중이 대칭이므로 반력도 대칭이다.

$$\sum F_y = 0 = R_{A,y} - 5 - 10 - 5 + R_{E,y} \quad ; \quad R_{A,y} = 10\,kN = R_{E,y}$$

자유물체도(단면법, 인장부재 가정) :

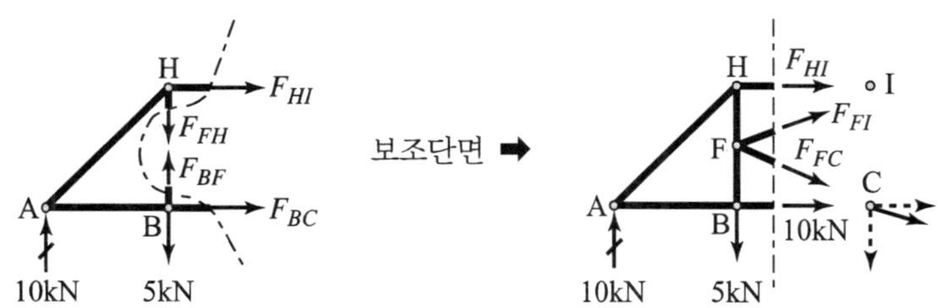

부재력(평형조건식, 보조단면) :

$$\sum^{H} M = 0 = 10 \times 4 - F_{BC} \times 4 \quad ; \quad F_{BC} = 10\,kN$$

$$\sum^{I} M = 0 = 10 \times 8 - 5 \times 4 - 10 \times 4 - F_{FC} \times \frac{4}{\sqrt{20}} \times 4 \quad ; \quad F_{FC} = 5.59\,kN$$

4 도심과 단면2차모멘트

4.1 무게중심과 도심

물체에 작용하는 이동력은 작용선이 물체의 무게중심과 일치하는 경우 이동만을 발생하나 그렇지 않은 경우는 작용선이 물체의 무게중심과 일치하도록 물체를 회전한다. 그림과 같이 판을 케이블로 매달아 판이 회전하지 않는 서로 다른 두 축의 교점이 도심 C가 된다. 균질한 구조부재는 부재축 방향으로 두께가 균일한 판의 연속체이므로 판의 무게중심은 부재축에 수직한 단면의 도심과 일치한다.

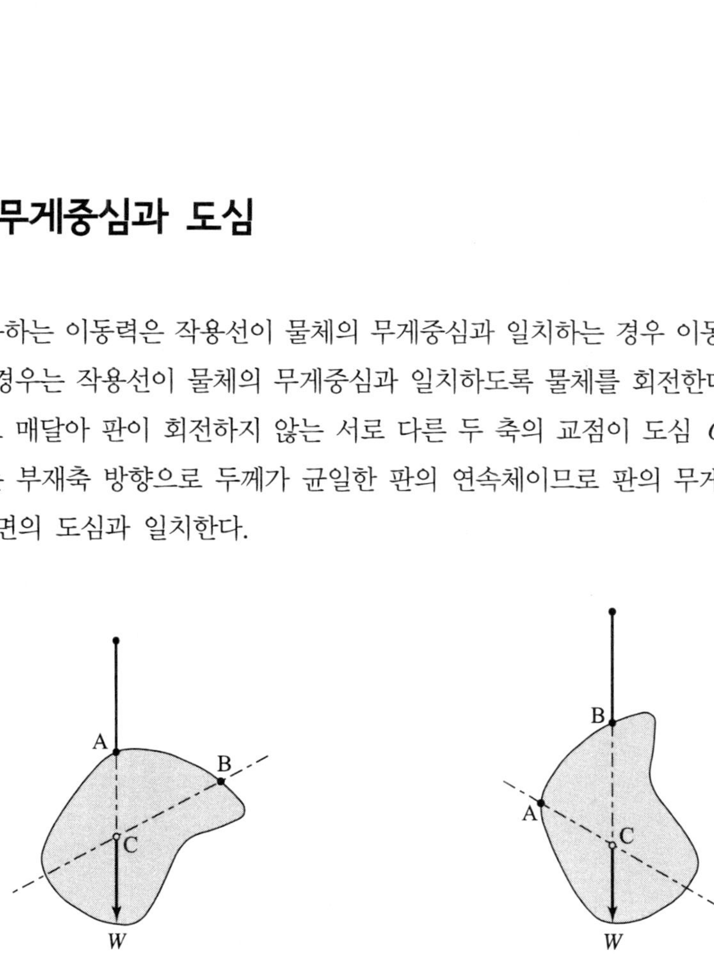

4.2 도심축과 단면1차모멘트

단면이 회전하지 않는 도심축은 단면1차모멘트를 사용하여 결정한다. 단면적 A는 미소면적 ΔA의 총합이므로 ΔA의 단면1차모멘트 총합과 A의 단면1차모멘트가 동일해야 한다는 조건에 의해 도심의 좌표를 결정한다.

$$\text{도심의 } x\text{좌표 } \bar{x} \ : \ \sum_i x_i \Delta A_i = \bar{x} A = \bar{x} \sum_i A_i \quad \Rightarrow \quad \bar{x} = \frac{\sum_i x_i \Delta A_i}{\sum_i A_i}$$

$$\text{도심의 } y\text{좌표 } \bar{y} \ : \ \sum_i y_i \Delta A_i = \bar{y} A = \bar{y} \sum_i A_i \quad \Rightarrow \quad \bar{y} = \frac{\sum_i y_i \Delta A_i}{\sum_i A_i}$$

도심축을 기준으로 단면은 회전하지 않으므로 단면1차모멘트는 0이다. 대칭축은 도심을 포함하므로 단면에 두 개의 대칭축이 있다면 그 교점이 도심이다. 구조부재의 단면이 도심을 알고 있는 기본도형(사각형, 삼각형, 원 등)의 조합으로 구성되어 있는 경우는 기본도형을 미소면적으로 간주하여 도심축을 구한다.

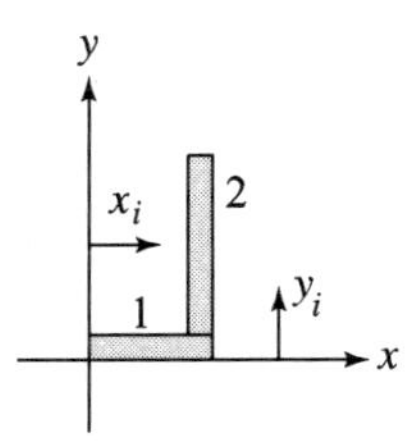

$$x\text{축(기준축)과 평행한 도심축 위치 : } \bar{y} = \frac{\sum_i A_i y_i}{\sum_i A_i} = \frac{A_1 y_1 + A_2 y_2}{A_1 + A_2}$$

$$y\text{축(기준축)과 평행한 도심축 위치 : } \bar{x} = \frac{\sum_i A_i x_i}{\sum_i A_i} = \frac{A_1 x_1 + A_2 x_2}{A_1 + A_2}$$

4.3 임의축에 대한 단면2차모멘트

단면2차모멘트(면적관성모멘트, 극관성모멘트) 및 회전반경은 단면의 기준축 주위의 분산 정도에 의해 좌우된다. 단면2차모멘트가 크면 회전력에 대한 저항이 크다.

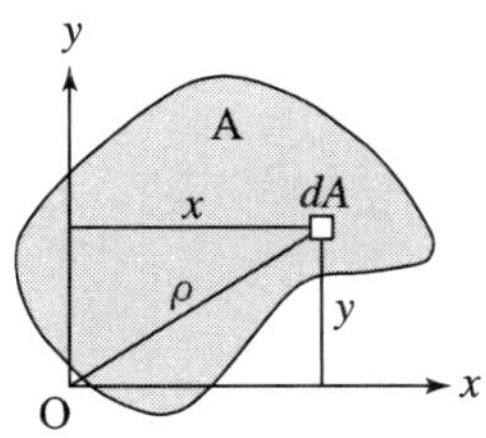

x축, y축에 대한 면적관성모멘트(회전반경) :

$$I_x = \int y^2\, dA \quad \left(r_x = \sqrt{\frac{I_x}{A}} \right)$$

$$I_y = \int x^2\, dA \quad \left(r_y = \sqrt{\frac{I_y}{A}} \right)$$

O점(z축)에 대한 극관성모멘트(회전반경) :

$$J_O = \int \rho^2\, dA = \int (x^2 + y^2)\, dA$$

$$J_O = I_x + I_y \quad \left(r_O = \sqrt{\frac{J_O}{A}} \right)$$

4.4 평행축정리

도심축과 평행한 축 AA의 단면2차모멘트 I_{AA}는 도심축 BB에 대한 단면2차모멘트 I_{BB}로부터 평행축정리를 적용하여 구한다. 즉, 도심축에 대한 단면2차모멘트가 최소값이다.

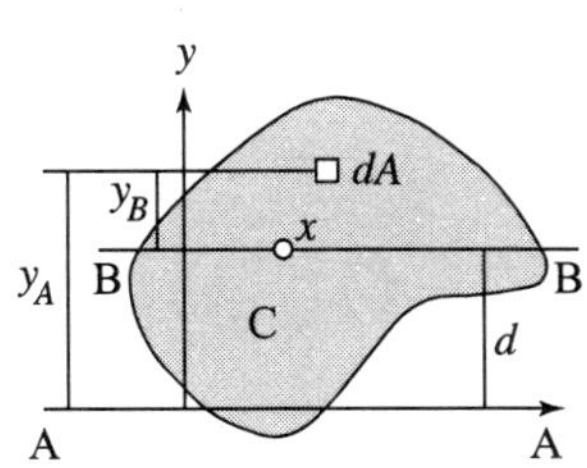

$$\begin{aligned} I_{AA} &= \int y_A^2\, dA = \int (d + y_B)^2\, dA \\ &= \int \left(d^2 + 2d\,y_B + y_B^2\right) dA \\ &= d^2 \int dA + 2d \int y_B\, dA + \int y_B^2\, dA \\ &= d^2 A + 0 + I_{BB} \end{aligned}$$

$$\left(\int dA = A\,,\ \int y_B\, dA = 0 \right)$$

구조부재의 단면이 기본도형(사각형, 삼각형, 원 등)의 조합으로 구성되어 있는 경우는 기본도형의 도심, 단면2차모멘트 및 단면1차모멘트, 평행축정리를 사용하여 전체단면의 도심과 단면2차모멘트를 구하며 다음과 같은 표를 사용한다.

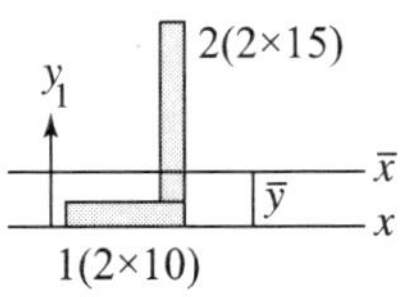

구분	A_i	y_i	$A_i\,y_i$	$\bar{y}-y_i$	$A_i\left(\bar{y}-y_i\right)^2$	$I_{x,i}$
1	20	1.00	20	5.1	502.2	6.7
2	30	9.50	285	−3.4	346.8	562.5
Σ	50		305		867.0	569.2

$$\bar{y} = \frac{\sum_i A_i y_i}{\sum_i A_i} \quad ; \quad I_{\bar{x}} = \sum_i I_{x,i} + \sum_i A_i\left(\bar{y}-y_i\right)^2$$

4-1 삼각형의 수평도심축에 대한 단면2차모멘트를 구하시오.

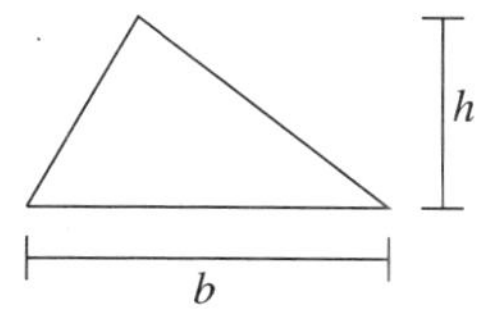

풀이

직사각형 미소요소 :

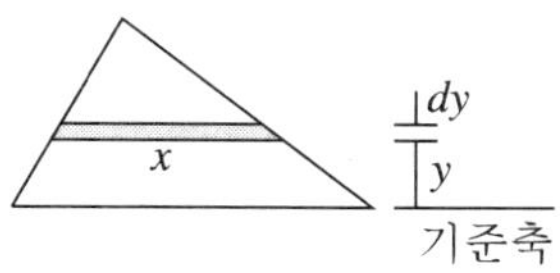

단면적 및 미소요소 면적 :

$$A = \frac{bh}{2}$$

$$dA = x\,dy = \frac{b}{h}(h-y)\,dy$$

$$\left\{x : (h-y) = b : h \;\Rightarrow\; x = \frac{b(h-y)}{h}\right\}$$

기준축에 대한 단면1차모멘트 :

$$\int_0^h y\,dA = \int_0^h y\frac{b}{h}(h-y)\,dy = \frac{b}{h}\int_0^h (hy-y^2)\,dy = \frac{b}{h}\left[\frac{h}{2}y^2 - \frac{1}{3}y^3\right]_0^h = \frac{bh^2}{6}$$

수평도심축 :

$$\bar{y} = \frac{\int_0^h y\,dA}{A} = \frac{bh^2/6}{bh/2} = \frac{h}{3}$$

기준축에 대한 단면2차모멘트 I :

$$I = \int_0^h y^2\,dA = \int_0^h y^2\frac{b}{h}(h-y)\,dy = \frac{b}{h}\int_0^h (hy^2-y^3)\,dy = \frac{b}{h}\left[\frac{h}{3}y^3 - \frac{1}{4}y^4\right]_0^h = \frac{bh^3}{12}$$

수평도심축에 대한 단면2차모멘트 $\bar{I}$ (평행축정리) :

$$I = \bar{I} + \frac{bh}{2}\times\left(\frac{h}{3}\right)^2 = \frac{bh^3}{12} \quad ; \quad \bar{I} = \frac{bh^3}{12} - \frac{bh}{2}\times\left(\frac{h}{3}\right)^2 = \frac{bh^3}{36}$$

4-2 사각형 단면의 O점에 대한 극관성모멘트 및 회전반경을 구하시오(단면2차모멘트 이용).

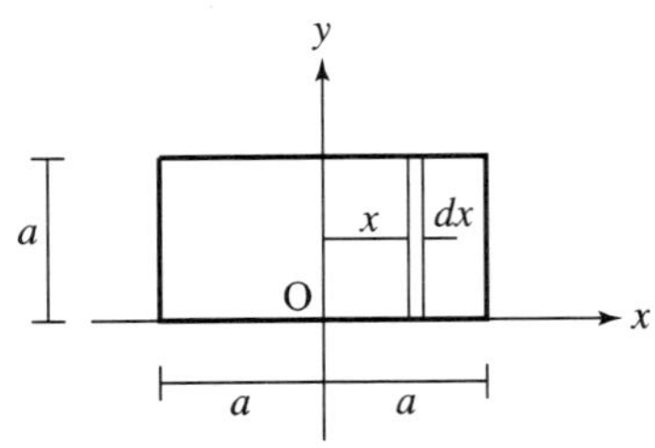

풀이

직사각형 미소요소의 y축에 대한 단면2차모멘트 : 미소요소의 수직도심축에 대한 단면2차모멘트는 무시하고 평행축 정리를 적용한다.

$$dI_y = a\times dx\times x^2$$

y축에 대한 단면2차모멘트(평행축 정리) :

$$I_y = \int_{-a}^{a} ax^2 dx = \left[\frac{a}{3}x^3\right]_{-a}^{a} = \frac{a^4}{3}+\frac{a^4}{3} = \frac{2}{3}a^4 \quad ; \quad \left(\frac{bh^3}{12} \Rightarrow \frac{a\times(2a)^3}{12} = \frac{8}{12}a^4 = \frac{2}{3}a^4\right)$$

직사각형 미소요소의 x축에 대한 단면2차모멘트(평행축 정리) :

$$dI_x = \frac{dx\times a^3}{12} + a\times dx\times\left(\frac{a}{2}\right)^2 = \left(\frac{a^3}{12}+\frac{a^3}{4}\right)dx = \frac{a^3}{3}dx$$

x축에 대한 단면2차모멘트 :

$$I_x = \int_{-a}^{a}\frac{a^3}{3}dx = \left[\frac{a^3}{3}x\right]_{-a}^{a} = \frac{a^3}{3}\times 2a = \frac{2}{3}a^4 \quad ; \quad \left(\frac{bh^3}{3} \Rightarrow \frac{2a\times a^3}{3} = \frac{2}{3}a^4\right)$$

극관성모멘트 I_O 및 회전반경 r_O :

$$I_O = I_x + I_y = \frac{2}{3}a^4\times 2 = \frac{4}{3}a^4 \quad ; \quad r_O = \sqrt{\frac{I_O}{A}} = \sqrt{\frac{4/3\,a^4}{2a^2}} = \sqrt{\frac{2}{3}}\,a$$

4-3 반원의 수평도심축($\bar{x}$)에 대한 단면2차모멘트를 구하시오.

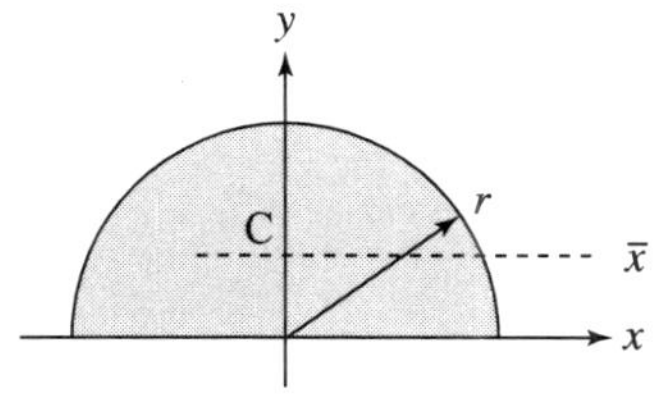

풀이 1

직사각형 미소요소 :

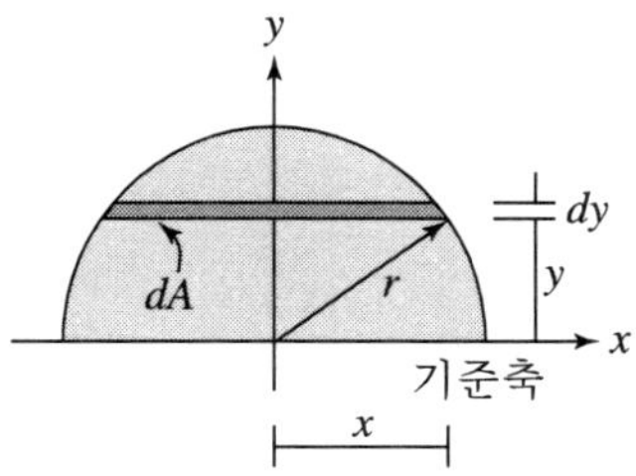

단면적 및 미소요소 면적 :

$$A = \frac{\pi r^2}{2}$$

$$dA = 2x\,dy = 2\sqrt{r^2 - y^2}\,dy \quad ; \quad \left\{x = \sqrt{r^2 - y^2}\right\}$$

기준축에 대한 단면1차모멘트 :

$$\int_0^r y\,dA = \int_0^r y \times \left(2\sqrt{r^2 - y^2}\right) dy$$

$$\begin{cases} r^2 - y^2 = u & \Rightarrow & -2y\,dy = du \\ y = 0 & \Rightarrow & u = r^2 \\ y = r & \Rightarrow & u = 0 \end{cases}$$

$$\int_0^r y\,dA = \int_0^r y \times \left(2\sqrt{r^2 - y^2}\right) dy$$

$$= \int_{r^2}^0 \sqrt{u}\,(-du) = \left[-\frac{2}{3}u^{3/2}\right]_{r^2}^0 = \frac{2}{3}r^3$$

수평도심축 :

$$\bar{y} = \frac{\displaystyle\int_0^r y\,dA}{A} = \frac{2r^3/3}{\pi r^2/2} = \frac{4r}{3\pi}$$

기준축에 대한 단면2차모멘트 I_x :

$$I_x = \int_0^r y^2\,dA = \int_0^r y^2 \times \left(2\sqrt{r^2 - y^2}\right) dy = \frac{\pi r^4}{8}$$

$$\left\{\int y^2\sqrt{r^2 - y^2}\,dy = -\frac{y(r^2 - y^2)^{3/2}}{4} + \frac{r^2 y\sqrt{r^2 - y^2}}{8} + \frac{r^4}{8}\sin^{-1}\frac{y}{|r|} + C\right\}$$

수평도심축($\bar{x}$)에 대한 단면2차모멘트 $I_{\bar{x}}$ (평행축정리) :

$$I_x = I_{\bar{x}} + \frac{\pi r^2}{2} \times \left(\frac{4r}{3\pi}\right)^2 \quad \Rightarrow \quad I_{\bar{x}} = I_x - \frac{\pi r^2}{2} \times \left(\frac{4r}{3\pi}\right)^2 = \frac{\pi r^4}{8} - \frac{8r^4}{9\pi} = 0.1098\,r^4$$

풀이 2 : 풀이 1의 단면2차모멘트 I_x는 다음과 같이 구할 수 있다.

반원형 미소요소 :

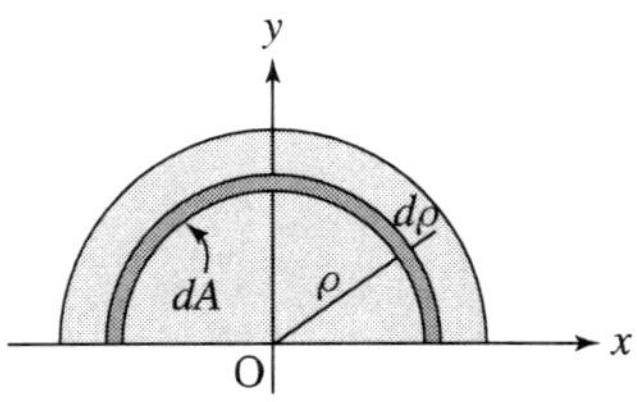

미소요소 면적 :

$$dA = \pi\rho\, d\rho$$

O점에 대한 극관성모멘트 :

$$\int_0^r \rho^2\, dA = \int_0^r \rho^2\, \pi\rho\, d\rho = \pi\int_0^r \rho^3\, d\rho = \pi\left[\frac{1}{4}\rho^4\right]_0^\gamma = \frac{\pi r^4}{4}$$

극관성모멘트(x축, y축 단면2차모멘트의 합) :

$$I_O = \frac{\pi r^4}{4} = I_x + I_y = 2I_x \quad ; \quad \{I_x = I_y\} \quad \Rightarrow \quad I_x = \frac{\pi r^4}{8}$$

수평도심축에 대한 단면2차모멘트 $I_{\bar{x}}$ (평행축정리) : 풀이 1의 수평도심축 이용

$$I_x = I_{\bar{x}} + \frac{\pi r^2}{2}\times\left(\frac{4r}{3\pi}\right)^2 \quad \Rightarrow \quad I_{\bar{x}} = I_x - \frac{\pi r^2}{2}\times\left(\frac{4r}{3\pi}\right)^2 = \frac{\pi r^4}{8} - \frac{8r^4}{9\pi} = 0.1098\, r^4$$

4-4 사분원의 x축에 대한 단면2차모멘트를 구하시오.

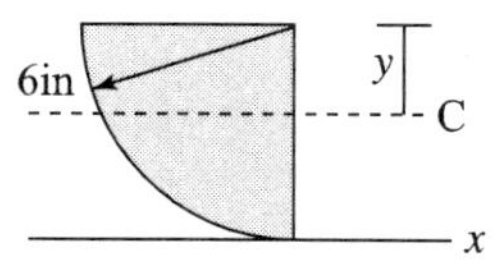

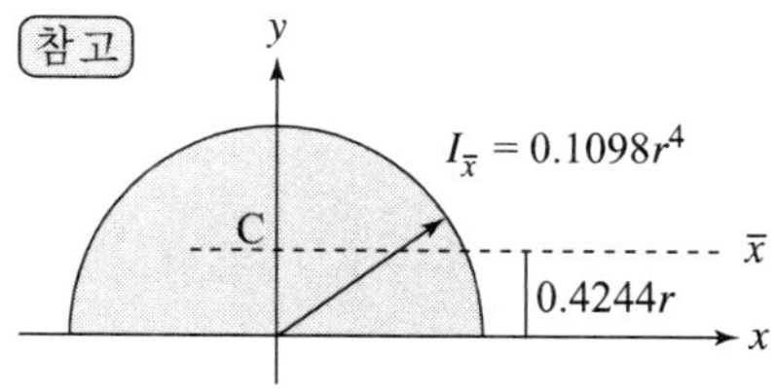

풀이

단면적 및 y : 사분원의 수평도심축 위치는 반원과 동일하다.

$$A = \frac{\pi r_1^2}{4} = \frac{\pi \times 6^2}{4} = 28.27(in^2) \quad ; \quad y = 0.4244\, r$$

x축에 대한 단면2차모멘트(평행축 정리) : 사분원의 임의축에 대한 단면2차모멘트는 반원의 1/2이다.

$$I_C = 0.5 \times 0.1098\, \gamma^4$$

$$I_x = I_C + \frac{\pi r^2}{4} \times (r - 0.4244\, r)^2$$

$$= 0.0549 \times 6^4 + \frac{\pi \times 6^2}{4} \times (6 - 0.4244 \times 6)^2 = 71.2 + 337.2 = 408.4(in^4)$$

4-5 수평도심축에 대한 단면2차모멘트를 구하시오(단위 : cm).

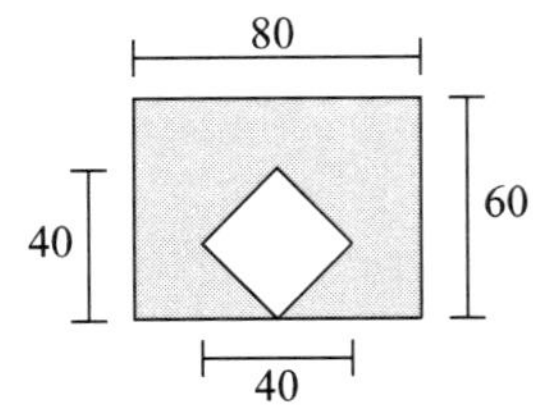

풀이

개별요소 : 전체 사각형에서 제외되는 마름모꼴의 단면적 및 단면2차모멘트는 음의 값으로 처리한다.

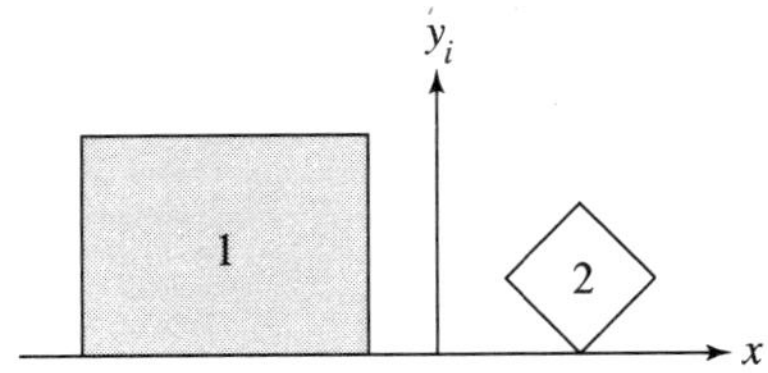

삼각형요소($b\times h = 40\times 20$)의 밑변에 대한 단면2차모멘트(평행축정리) : 마름모를 2개의 삼각형으로 나누어 계산한다.

$$I_x = \frac{bh^3}{36}+\frac{bh}{2}\times\left(\frac{h}{3}\right)^2 = \frac{40\times 20^3}{36}+\frac{40\times 20}{2}\times\left(\frac{20}{3}\right)^2 = 26667\,(cm^4)$$

도심축 및 단면2차모멘트(개별요소, 평행축정리) : 기준축 x

$$I_1 = \frac{bh^3}{12} = \frac{80\times 60^3}{12} = 1440000\,(cm^4) \quad ; \quad I_2 = 2\times 26667 = 53334\,(cm^4)$$

구분	A_i	y_i	$A_i\,y_i$	$\bar{y}-y_i$	$A_i\left(\bar{y}-y_i\right)^2$	$I_{x,i}$
1	4800	30	144000	2	19200	1440000
2	−800	20	−16000	12	−115200	−53334
Σ	4000		128000		−96000	1386666

수평도심축 :

$$\bar{y} = \frac{\sum A_i y_i}{\sum A_i} = \frac{128000}{4000} = 32\,(cm)$$

수평도심축에 대한 단면2차모멘트 :

$$I_{\bar{x}} = -96000+1386666 = 129.1\times 10^4\,(cm^4) = 0.01291\,(m^4)$$

4-6 수평도심축에 대한 단면2차모멘트를 구하시오(단위 : in).

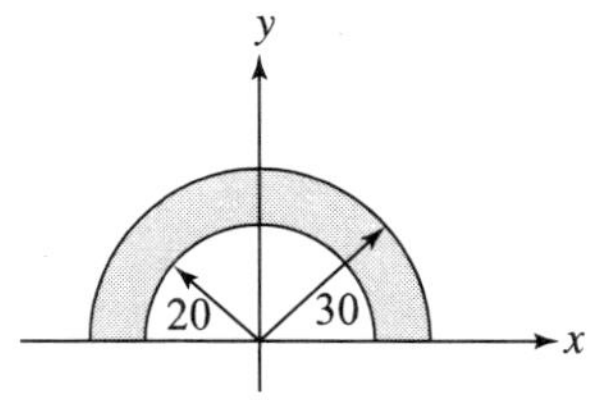

참고

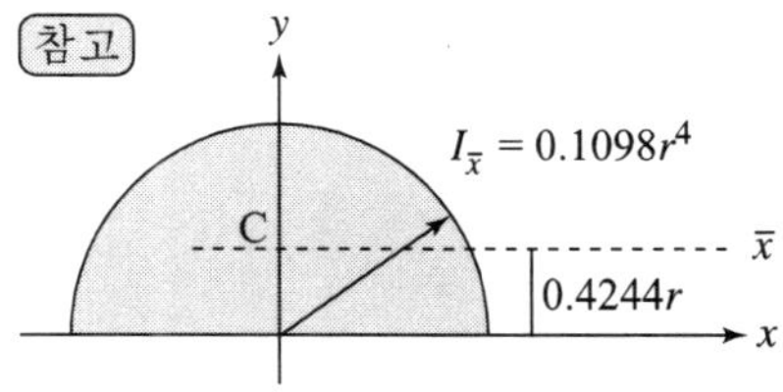

풀이

개별요소 : 두 개의 반원으로 구분하고 반원 2의 단면적 및 단면2차모멘트는 음의 값으로 처리한다.

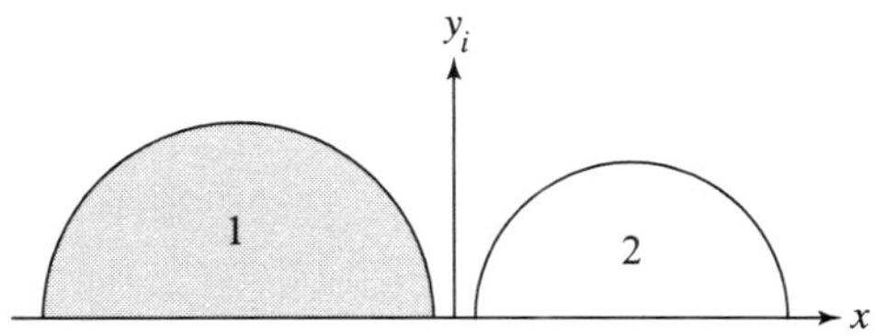

단면적 및 도심위치(개별요소) :

$$A_1 = \frac{\pi r_1^2}{2} = \frac{\pi \times 30^2}{2} = 1413.7\,(in^2) \quad ; \quad y_1 = 0.4244 r_1 = 0.4244 \times 30 = 12.7\,(in)$$

$$A_2 = \frac{\pi r_2^2}{2} = \frac{\pi \times 20^2}{2} = 628.3\,(in^2) \quad ; \quad y_2 = 0.4244 r_2 = 0.4244 \times 20 = 8.5\,(in)$$

도심축 및 단면2차모멘트(개별요소, 평행축정리) : 기준축 x

$I_1 = 0.1098\, r_1^4 = 0.1098 \times 30^4 = 88938\,(in^4)$

$I_2 = 0.1098\, r_2^4 = 0.1098 \times 20^4 = 17568\,(in^4)$

구분	A_i	y_i	$A_i\,y_i$	$\bar{y} - y_i$	$A_i\left(\bar{y} - y_i\right)^2$	$I_{x,i}$
1	1413.7	12.7	17954	3.4	16342	88938
2	−628.3	8.5	−5341	7.6	−36291	−17568
Σ	785.4		12613		−19949	71370

수평도심축 :

$$\bar{y} = \frac{\sum A_i y_i}{\sum A_i} = \frac{12613}{785.4} = 16.1\,(in)$$

수평도심축에 대한 단면2차모멘트 :

$$I_{\bar{x}} = -19949 + 71370 = 51421\,(in^4)$$

4-7 수평도심축에 대한 단면2차모멘트를 구하시오(단위 : cm).

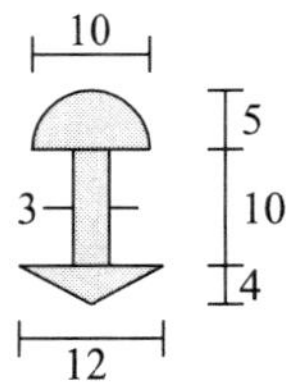

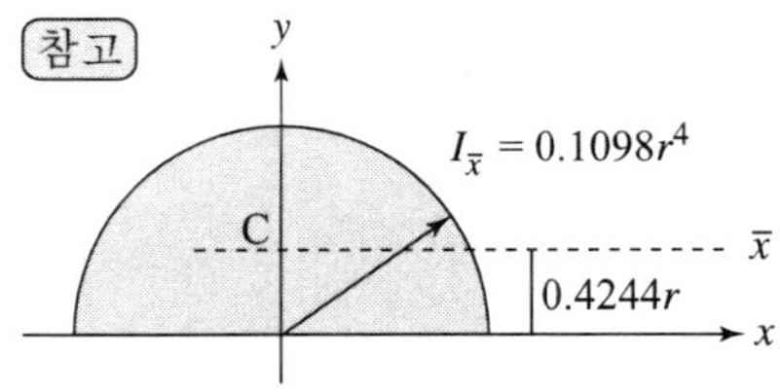

풀이

개별요소 :

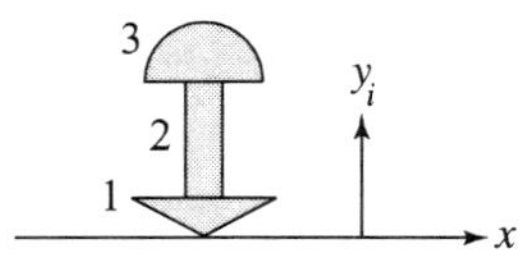

단면2차모멘트(개별요소) :

$$I_1 = \frac{bh^3}{36} = \frac{12 \times 4^3}{36} = 21.3\,(cm^4)$$

$$I_2 = \frac{bh^3}{12} = \frac{3 \times 10^3}{12} = 250\,(cm^4)$$

$$I_3 = 0.1098\,r^4 = 0.1098 \times 5^4 = 68.6\,(cm^4)$$

도심축 및 단면2차모멘트(개별요소, 평행축정리) : 기준축 x

구분	A_i	y_i	$A_i\,y_i$	$\bar{y}-y_i$	$A_i\left(\bar{y}-y_i\right)^2$	$I_{x,i}$
1	24.0	2.67	64	7.69	1419.3	21.3
2	30.0	9.00	270	1.36	55.5	250.0
3	39.3	16.12	633	−5.76	1303.9	68.6
Σ	93.3		967		2778.7	339.9

수평도심축 :

$$\bar{y} = \frac{\sum A_i y_i}{\sum A_i} = \frac{967}{93.3} = 10.36\,(cm)$$

수평도심축에 대한 단면2차모멘트 :

$$I_{\bar{x}} = 2778.7 + 339.9 = 3119\,(cm^4)$$

4-8 수평도심축에 대한 단면2차모멘트를 구하시오(단위 : cm).

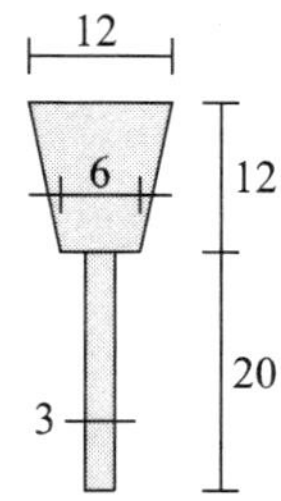

풀이

개별요소 :

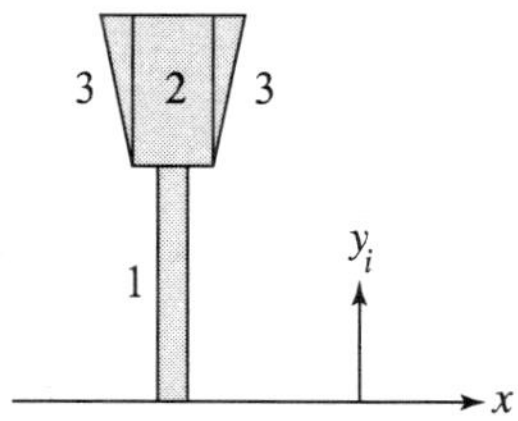

단면2차모멘트(개별요소) :

$$I_1 = \frac{bh^3}{12} = \frac{3\times 20^3}{12} = 2000\,(cm^4)$$

$$I_2 = \frac{bh^3}{12} = \frac{6\times 12^3}{12} = 864\,(cm^4)$$

$$I_3 = \frac{bh^3}{36} = \frac{3\times 12^3}{36} = 144\,(cm^4)$$

도심축 및 단면2차모멘트(개별요소, 평행축정리) : 기준축 x

구분	A_i	y_i	$A_i\,y_i$	$\bar{y}-y_i$	$A_i\left(\bar{y}-y_i\right)^2$	$I_{x,i}$
1	60	10	600	10.7	6869.4	2000
2	72	26	1872	−5.3	2022.5	864
3	2 × 18	28	1008	−7.3	1918.4	2 × 144
Σ	168		3480		10810.3	3152

수평도심축 :

$$\bar{y} = \frac{\sum A_i y_i}{\sum A_i} = \frac{3480}{168} = 20.7\,(cm)$$

수평도심축에 대한 단면2차모멘트 :

$$I_{\bar{x}} = 10810.3 + 3152 = 13962\,(cm^4)$$

4-9 수평/수직 도심축에 대한 단면2차모멘트를 구하시오(단위 : cm).

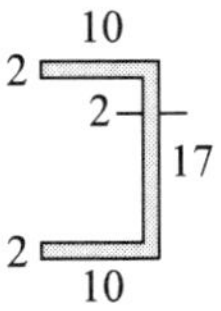

풀이

개별요소(직사각형) :

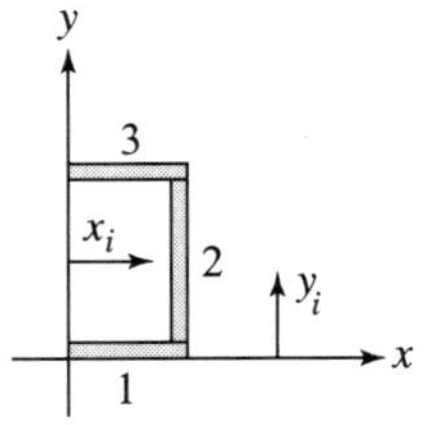

수평도심축 : 수평축에 대칭이므로 도심은 중앙에 위치한다.

$$\bar{y} = \frac{17}{2} = 8.5(cm)$$

단면2차모멘트(수평축, 개별요소) :

$$I_1 = \frac{bh^3}{12} = \frac{10\times 2^3}{12} = 6.7(cm^4)$$

$$I_2 = \frac{bh^3}{12} = \frac{2\times 13^3}{12} = 366.2(cm^4)$$

단면2차모멘트(개별요소, 평행축정리) : 기준축 x

구분	A_i	$\bar{y}-y_i$	$A_i\left(\bar{y}-y_i\right)^2$	$I_{x,i}$
1	20	7.5	1125	6.7
2	26	0	0	366.2
3	20	−7.5	1125	6.7
Σ	66		2250	379.6

수평도심축에 대한 단면2차모멘트 :

$$I_{\bar{x}} = 2250 + 379.6 = 2.630\times 10^3(cm^4)$$

단면2차모멘트(수직축, 개별 요소) :

$$I_1 = \frac{bh^3}{12} = \frac{2\times 10^3}{12} = 166.7(cm^4) \quad ; \quad I_2 = \frac{bh^3}{12} = \frac{13\times 2^3}{12} = 8.7(cm^4)$$

도심축 및 단면2차모멘트(개별요소, 평행축정리) : 기준축 y

구분	A_i	x_i	$A_i\,x_i$	$\bar{x}-x_i$	$A_i\left(\bar{x}-x_i\right)^2$	$I_{y,i}$
1 & 3	2 × 20	5	200	1.58	99.9	2 × 166.7
2	26	9	234	−2.42	152.3	8.7
Σ	66		434		252.2	342.1

수직도심축 및 수직도심축에 대한 단면2차모멘트 :

$$\bar{x} = \frac{\sum A_i x_i}{\sum A_i} = \frac{434}{66} = 6.58(cm) \;,\; I_{\bar{y}} = 252.2 + 342.1 = 594.3(cm^4)$$

4-10 수평/수직 도심축에 대한 단면2차모멘트를 구하시오(단위 : cm).

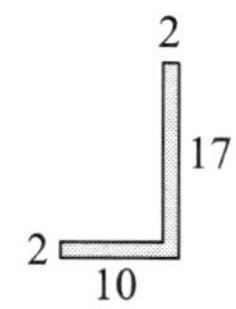

풀이

개별요소(직사각형) :

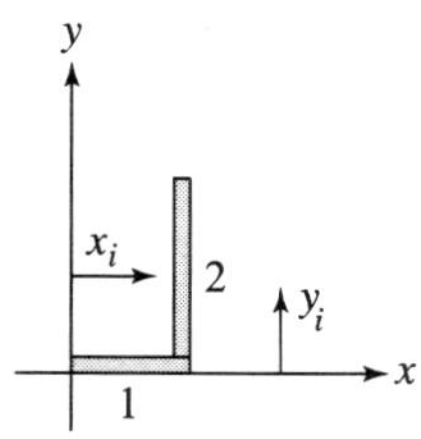

단면2차모멘트(수평축, 개별 요소) :

$$I_1 = \frac{bh^3}{12} = \frac{10 \times 2^3}{12} = 6.7\,(cm^4)$$

$$I_2 = \frac{bh^3}{12} = \frac{2 \times 15^3}{12} = 562.5\,(cm^4)$$

도심축 및 단면2차모멘트(개별요소, 평행축정리) : 기준축 x

구분	A_i	y_i	$A_i\,y_i$	$\bar{y}-y_i$	$A_i\,(\bar{y}-y_i)^2$	$I_{x,i}$
1	20	1.0	20	5.1	502.2	6.7
2	30	9.5	285	−3.4	346.8	562.5
Σ	50		305		867.0	569.2

수평도심축 및 수평도심축에 대한 단면2차모멘트 :

$$\bar{y} = \frac{\sum A_i y_i}{\sum A_i} = \frac{305}{50} = 6.1\,(cm)\ ,\ I_{\bar{x}} = 867.0 + 569.2 = 1436.2\,(cm^4)$$

단면2차모멘트(수직축, 개별 요소) :

$$I_1 = \frac{bh^3}{12} = \frac{2 \times 10^3}{12} = 166.7\,(cm^4) \quad ; \quad I_2 = \frac{bh^3}{12} = \frac{15 \times 2^3}{12} = 10.0\,(cm^4)$$

도심축 및 단면2차모멘트(개별요소, 평행축정리) : 기준축 y

구분	A_i	x_i	$A_i\,x_i$	$\bar{x}-x_i$	$A_i\,(\bar{x}-x_i)^2$	$I_{y,i}$
1	20	5	100	2.4	115.2	166.7
2	30	9	270	−1.6	76.8	10.0
Σ	50		370		192.0	176.7

수직도심축 및 수직도심축에 대한 단면2차모멘트 :

$$\bar{x} = \frac{\sum A_i x_i}{\sum A_i} = \frac{370}{50} = 7.4\,(cm),\ I_{\bar{y}} = 192.0 + 176.7 = 368.7\,(cm^4)$$

4-11 수평/수직도심축에 대한 단면2차모멘트를 구하시오(단위 : mm).

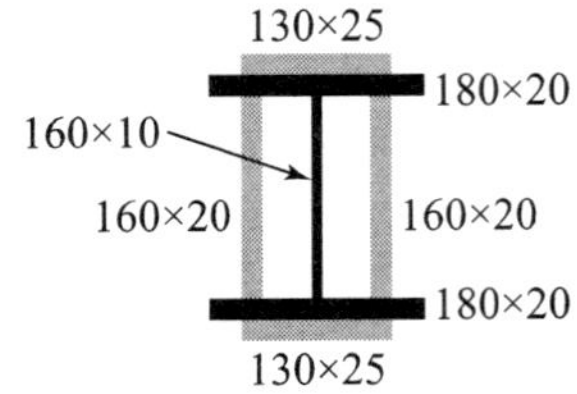

풀이

개별요소(직사각형) : 도심축 = 대칭축

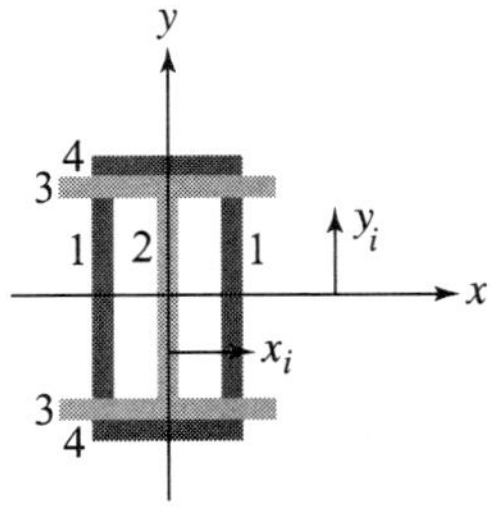

단면2차모멘트(수평축, 개별요소) :

$$I_{x,1} = \frac{bh^3}{12} = \frac{2\times16^3}{12} = 683\,(cm^4)$$
$$I_{x,2} = \frac{bh^3}{12} = \frac{1\times16^3}{12} = 341\,(cm^4)$$
$$I_{x,3} = \frac{bh^3}{12} = \frac{18\times2^3}{12} = 12\,(cm^4)$$
$$I_{x,4} = \frac{bh^3}{12} = \frac{13\times2.5^3}{12} = 17\,(cm^4)$$

단면2차모멘트(수평축, 평행축정리) :

구분	A_i	$\bar{y}-y_i$	$A_i\left(\bar{y}-y_i\right)^2$	$I_{x,i}$
1	2 × 32.0	0	0	2 × 683
2	16.0	0	0	341
3	2 × 36.0	9	5832	2 × 12
4	2 × 32.5	11.25	8227	2 × 17
Σ			14059	1765

수평도심축에 대한 단면2차모멘트 :

$$I_x = 14059 + 1765 = 15824\,(cm^4)$$

단면2차모멘트(수직축, 개별요소) :

$$I_{y,1} = \frac{bh^3}{12} = \frac{16\times2^3}{12} = 10.7\,(cm^4) \quad ; \quad I_{y,2} = \frac{bh^3}{12} = \frac{16\times1^3}{12} = 1.3\,(cm^4)$$
$$I_{y,3} = \frac{bh^3}{12} = \frac{2\times18^3}{12} = 972\,(cm^4) \quad ; \quad I_{y,4} = \frac{bh^3}{12} = \frac{2.5\times13^3}{12} = 457.7\,(cm^4)$$

단면2차모멘트(수직축, 평행축정리) :

구분	A_i	$\bar{x}-x_i$	$A_i\left(\bar{x}-x_i\right)^2$	$I_{y,i}$
1	2 × 32.0	5.5	1936	2 × 10.7
2	16.0	0	0	1.3
3	2 × 36.0	0	0	2 × 972
4	2 × 32.5	0	0	2 × 457.7
Σ			1936	2882.1

수직도심축에 대한 단면2차모멘트 :

$I_y = 1936 + 2882.1 = 4818\,(cm^4)$

5 축방향력 문제

5.1 응력과 변형

구조부재의 설계는 ① 평형조건식의 적용으로 반력(외력)을 구하고 ② 외력－내력의 관계식을 적용하여 부재축을 따라 발생하는 모든 내력을 결정하며 ③ 내력에 의해 발생하는 최대응력 및 최대변형을 검토하는 순서로 진행된다. 부재단면에 발생하는 응력은 수직응력(σ)과 전단응력(τ)이다. 수직응력 σ는 단면에 수직으로 작용하며 길이변형(δ)을 유발하고 축방향 변형률 $\epsilon_a(=\delta/L)$ 및 후크의 법칙 $\sigma = E\epsilon$을 적용하여 변형량 δ를 산정한다(A : 단면적, L : 부재길이, E : 탄성계수). 전단응력 τ는 단면에 평행으로 작용하며 각변형(γ)을 유발한다. 전단응력에 관한 후크의 법칙은 $\tau = G\gamma$이고 G는 전단탄성계수이다.

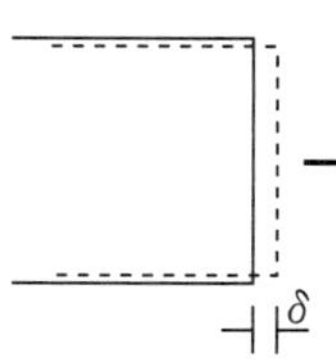

$$\delta = \frac{PL}{AE}$$

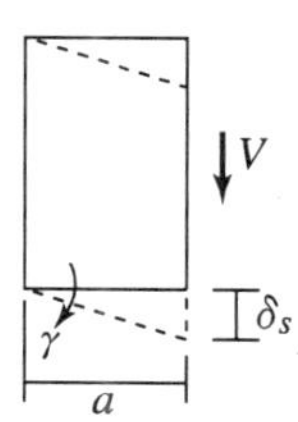

$$\tan\gamma = \gamma = \frac{\delta_s}{a}$$

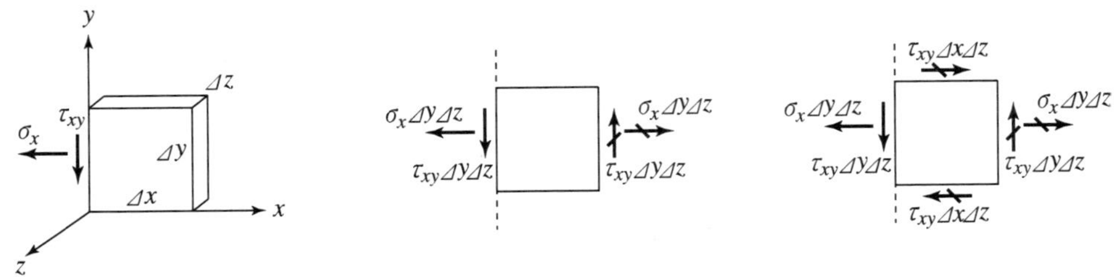

응력요소 수평/수직 평형 회전 평형

전단응력에 의해 각변형이 발생하는 이유는 다음과 같다. 단면의 특정위치에 수직/전단 응력이 작용하는 응력요소 또한 자유물체도이므로 평형조건을 만족하여야 한다. 그러므로 응력요소의 4변에 작용하는 전단응력은 직사각형을 평행사변형 형상으로 하는 각변형을 발생시킨다. 부재의 체적은 일정하므로 부재 축방향 길이의 변형량은 횡방향 변형량을 수반하고 이는 포아슨비 μ로 산정할 수 있다. 횡방향 변형률은 $\epsilon_t = -\mu\,\epsilon_a$의 관계식으로 구한다.

5.2 축하중부재

트러스와 같이 축방향력만을 내력으로 전달하는 문제로 축력 또는 비틂모멘트가 하중으로 작용하는 축하중부재가 있다. 부재 축방향으로 축하중을 받는 봉의 인장/압축력(내력)에 의한 길이의 변형량은 일정한 내력이 작용하는 구간별로 산정하고(축방향력선도) 인장/압축 방향을 고려하여 합산한다.

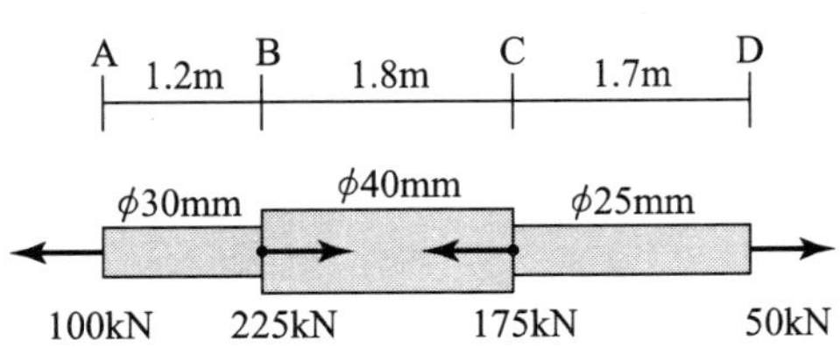

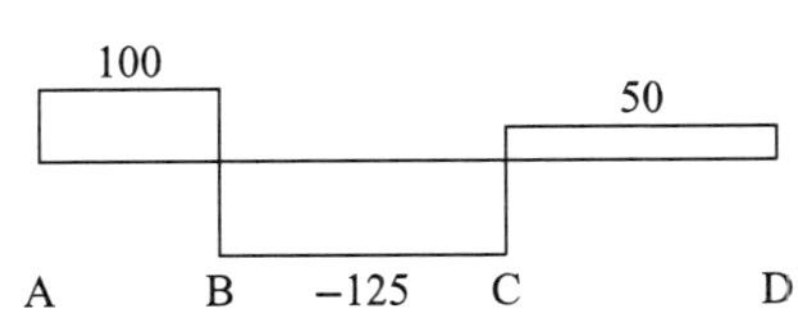

$$\delta = \delta_{AB} + \delta_{BC} + \delta_{CD} = \frac{P_{AB}\,l_{AB}}{AE} + \frac{P_{BC}\,l_{BC}}{AE} + \frac{P_{CD}\,l_{CD}}{AE}$$

원형축(중실/중공)에 비틂모멘트(토크 T)가 작용하면 전단응력이 발생한다. 전단응력은 단면 중심에서 0이고 표면에서 최대값 τ_{max}가 되며(J 극관성모멘트), 전단변형에 의해 상대적 비틂각(ϕ)이 발생한다.

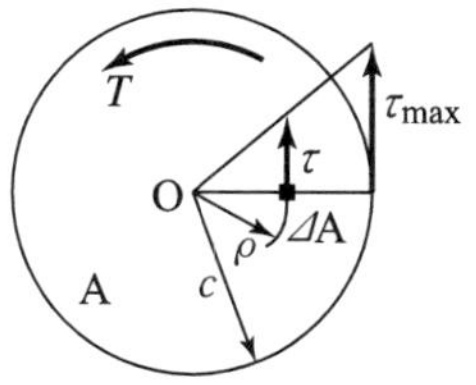

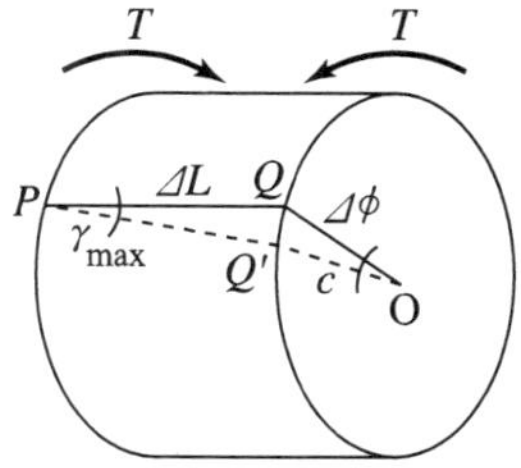

$$\tau = \frac{T\rho}{J} \quad \left(\tau_{max} = \frac{Tc}{J}\right) \qquad \Delta\phi = \frac{T}{JG}\Delta L \quad \left(\phi = \frac{TL}{JG}\right)$$

응력요소의 평형조건에 의해 부재축방향의 전단응력은 단면에 발생하는 전단응력과 같다.

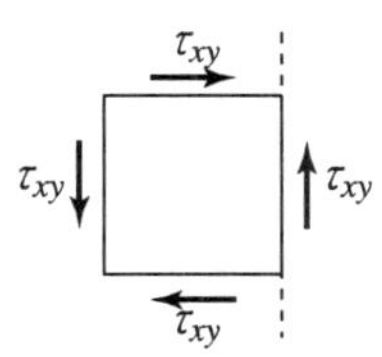

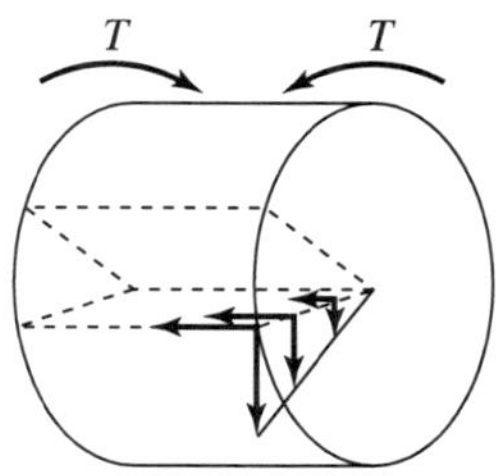

부재 축방향으로 비틂모멘트를 받는 원형축에서 비틂각의 총변형량은 일정한 비틂모멘트(내력)가 작용하는 구간별로 산정하고(내적토크선도) 회전방향을 고려하여 합산한다.

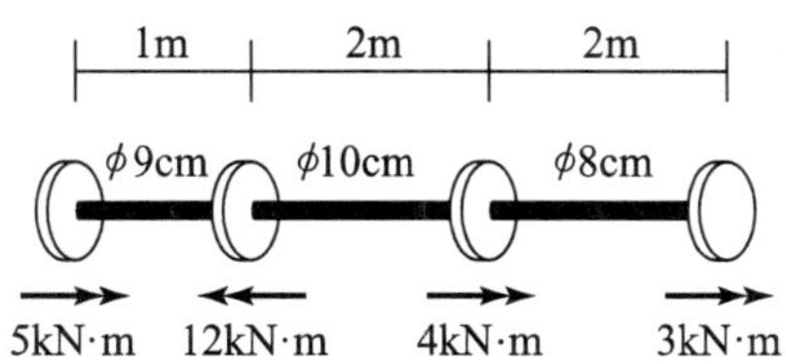

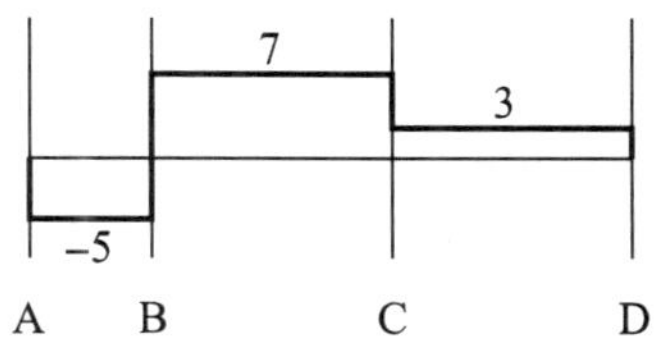

$$\phi = \sum_i \frac{T_i L_i}{J_i G} = \frac{1}{JG}(T_1L_1 + T_2L_2 + T_3L_3)$$

$$= \frac{1}{JG}(-5\times1+7\times2+3\times2) = \frac{15}{JG}$$

5.3 축방향 부정정문제

정정구조물은 자유물체도에 포함되는 미지력의 개수가 평형조건식의 개수와 같은 구조물이다. 부정정구조물은 미지력의 개수가 평형조건식의 개수보다 많은 구조물이므로 평형조건식만으로 미지력을 결정할 수 없다. 그림과 같은 축방향 부정정(고정지점 A, D)의 경우 평형조건식은 1개($\sum F_x = 0$), 반력은 2개이므로 1차부정정이다.

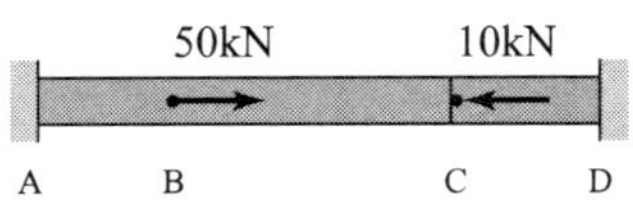

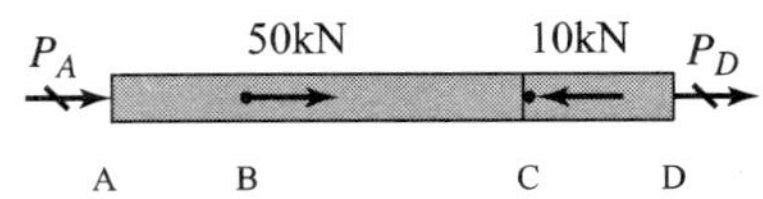

평형조건식으로 미지력을 해결할 수 있는 구조물을 기본정정구조물(고정지점 A)로 하고 나머지 미지력(P_D)은 하중(여분구속력)으로 간주하여 여분구속력이 작용하는 절점의 변형조건($\delta_D = 0 = \delta_1 + \delta_2$; 적합조건식)을 만족하도록 중첩법을 적용하여 여분구속력을 결정한다.

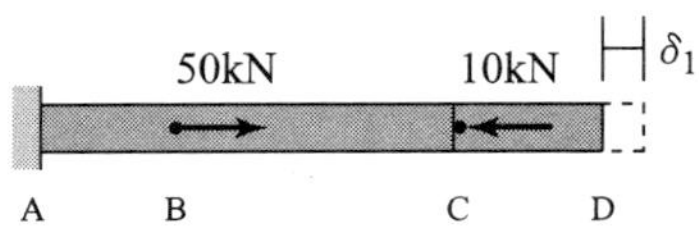

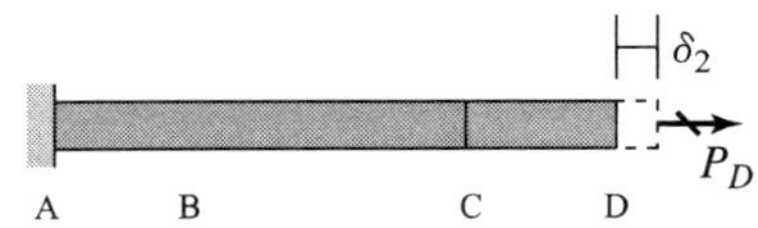

5-1 강선 $BC(0.025\,in^2)$와 강봉 $AB(0.5\,in^2)$의 응력을 구하시오($W=600\,lb$).

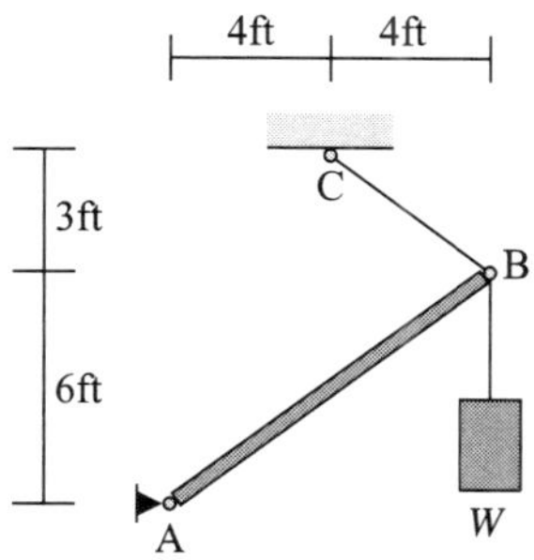

풀이

자유물체도(절점역계 B) : 강선 또는 케이블은 인장부재이다.

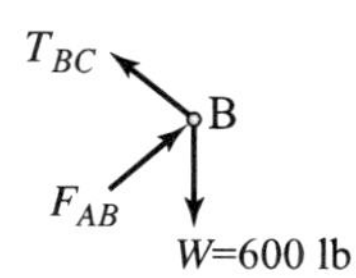

직각분력 :

$$T_{BC,x}=\frac{4}{5}T_{BC}\ ,\ T_{BC,y}=\frac{3}{5}T_{BC}$$
$$F_{AB,x}=\frac{4}{5}F_{AB}\ ,\ F_{AB,y}=\frac{3}{5}F_{AB}$$

부재력(평형조건식) :

$$\sum F_x=0=T_{BC,x}-F_{AB,x}=0.8\,T_{BC}-0.8F_{AB}$$
$$\sum F_y=0=T_{BC,y}+F_{AB,y}-600=0.6\,T_{BC}+0.6F_{AB}-600\quad;\quad T_{BC}=F_{AB}=500\,lb$$

응력 :

$$\sigma_{BC}=\frac{500}{0.025}=20000\,(psi)\quad;\quad \sigma_{AB}=\frac{-500}{0.5}=-1000\,(psi)$$

5-2 지점 C의 반력 및 강봉 AB(지름 $10\,mm$, $E = 210\,GPa$)의 응력과 변형율을 구하시오.

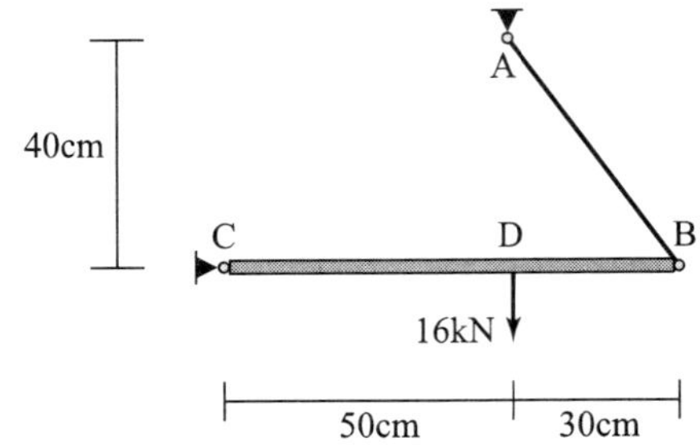

풀이

자유물체도(부재 CB) :

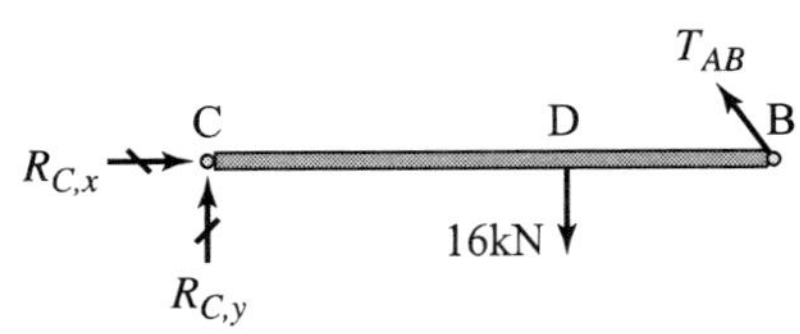

지점반력(평형조건식) :

$$\sum^{C} M = 0 = 16 \times 0.5 - T_{AB,y} \times 0.8 \quad ; \quad T_{AB,y} = 10\,kN$$

$$\sum F_y = 0 = R_{C,y} - 16 + T_{AB,y} \quad ; \quad R_{C,y} = 6\,kN$$

$$\sum F_x = 0 = R_{C,x} - T_{AB,x} = R_{C,x} - T_{AB,y} \times \frac{3}{4}$$

$$R_{C,x} = 7.5\,kN$$

강봉 AB의 인장력 :

$$T_{AB} = T_{AB,y} \times \frac{5}{4} = 12.5\,(kN)$$

응력/변형율 :

$$\sigma_{AB} = \frac{T_{AB}}{A_{AB}} = \frac{12.5 \times 10^3}{\pi \times 0.005^2} \times 10^{-6} = 159.2\,(MPa)$$

$$\epsilon_{AB} = \frac{\sigma_{AB}}{E_{AB}} = \frac{159.2}{210 \times 10^3} = 0.758 \times 10^{-3}$$

5-3 구조물의 반력을 구하고 강봉 CD(지름 $20mm$, $E = 210\,GPa$)의 응력과 변형률을 구하시오.

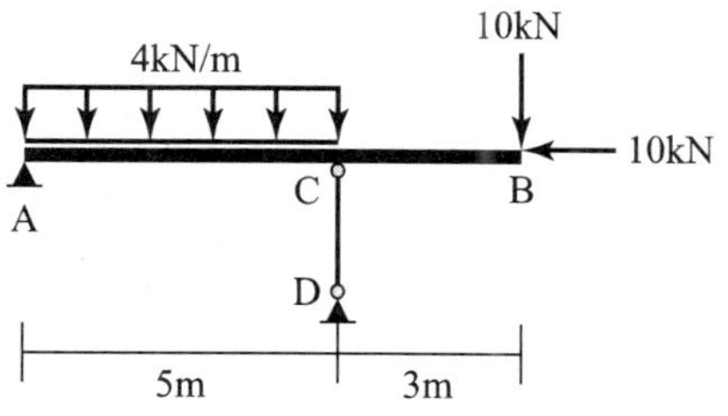

풀이

자유물체도(링크지지) : 링크는 이력부재이고, 링크지지의 반력은 링크축방향이다.

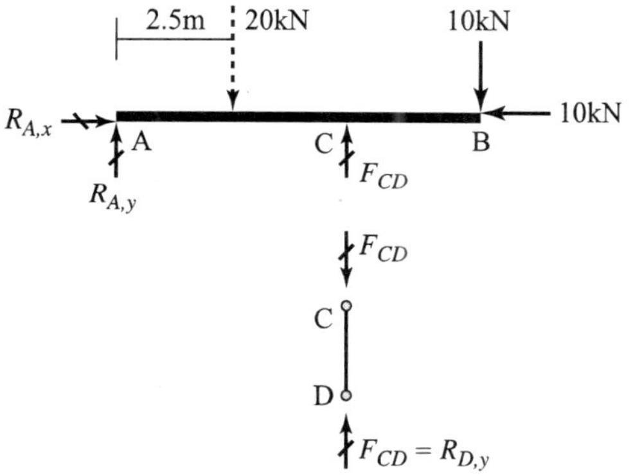

지점반력(평형조건식) :

$$\sum F_x = 0 = R_{A,x} - 10 \quad ; \quad R_{A,x} = 10\,kN$$

$$\sum^{A} M = 0 = 20 \times 2.5 - F_{CD} \times 5 + 10 \times 8$$

$$F_{CD} = 26\,kN$$

$$\sum F_y = 0 = R_{A,y} - 20 + F_{CD} - 10 \quad ; \quad R_{A,y} = 4\,kN$$

강봉의 응력/변형율 :

$$\sigma_{CD} = \frac{-26 \times 10^3}{\pi \times 0.01^2} \times 10^{-6} = -82.8\,(MPa)$$

$$\epsilon_{CD} = \frac{\sigma_{CD}}{E} = \frac{-82.8}{210 \times 10^3} = -0.394 \times 10^{-3}$$

5-4 부재 BD, BE, CE의 소요단면적(cm^2)을 단면법을 사용하여 구하시오(허용 인장/압축응력 $140/70\,MPa$).

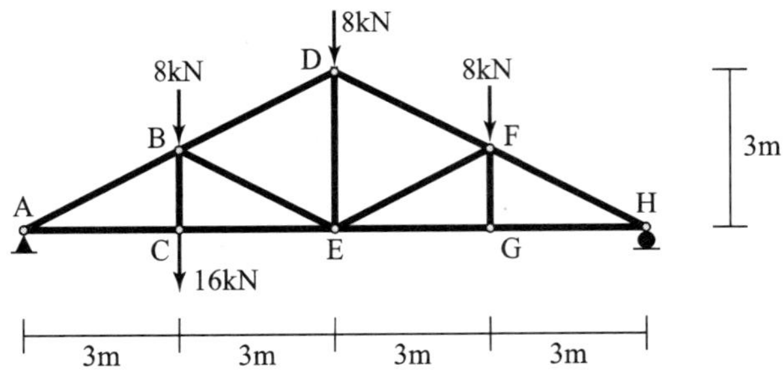

풀이

자유물체도 :

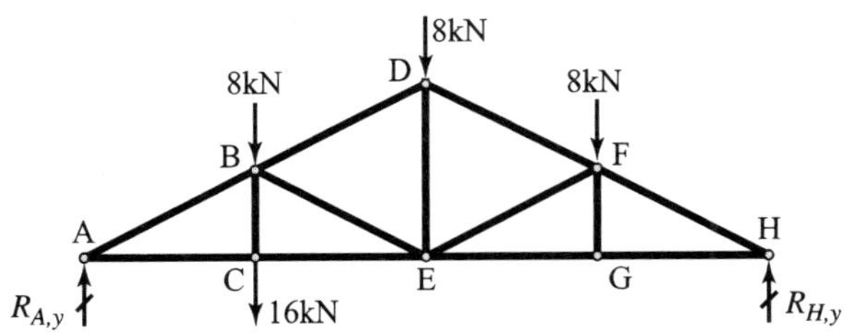

지점반력(평형조건식) :

$$\sum^{H} M = 0 = R_{A,y} \times 12 - (8+16) \times 9 - 8 \times 6 - 8 \times 3 \quad ; \quad R_{A,y} = 24\,kN$$
$$\sum F_y = 0 = R_{A,y} - 24 - 8 - 8 + R_{H,y} \quad ; \quad R_{H,y} = 16\,kN$$

자유물체도(단면법, 인장부재 가정) :

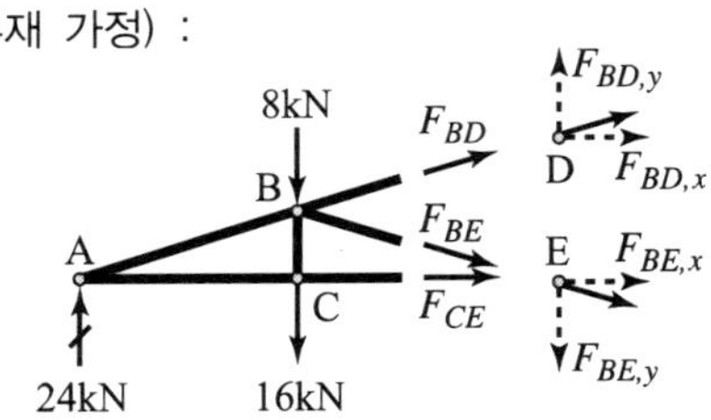

부재력(평형조건식) :

$$\sum^{B} M = 0 = 24 \times 3 - F_{CE} \times 1.5 \quad ; \quad F_{CE} = 48\,kN$$
$$\sum^{E} M = 0 = 24 \times 6 - 24 \times 3 + F_{BD,x} \times 3 \quad ; \quad F_{BD,x} = -24\,kN$$
$$F_{BD} = -24 \times \frac{\sqrt{5}}{2} = -26.8\,kN$$
$$\sum^{A} M = 0 = 24 \times 3 + F_{BE,y} \times 6 \quad ; \quad F_{BE,y} = -12\,kN$$
$$F_{BE} = -12 \times \sqrt{5} = -26.8\,kN$$

소요단면적 :

$$A_{CE} = \frac{48 \times 10^3}{140 \times 10^6} \times 10^4 = 3.43\,(cm^2) \quad ; \quad A_{BD} = \frac{26.8 \times 10^3}{70 \times 10^6} \times 10^4 = 3.83\,(cm^2) = A_{BE}$$

5-5 트러스의 지점반력을 구하고 부재 AB, BF, EF의 부재력과 소요단면적(in^2)을 단면법으로 구하시오(허용 인장/압축응력 $20/10\,ksi$).

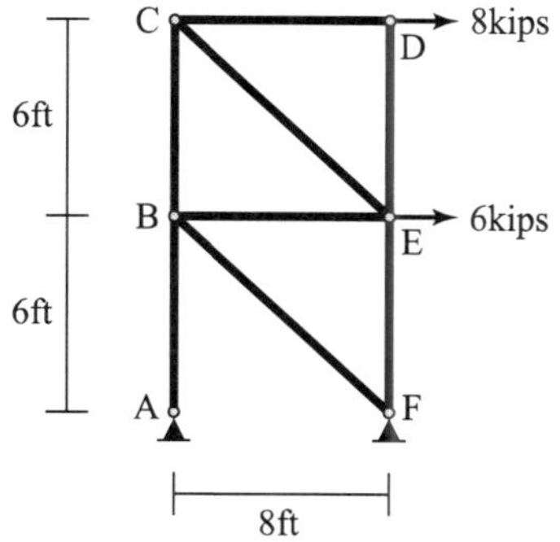

풀이

자유물체도 :

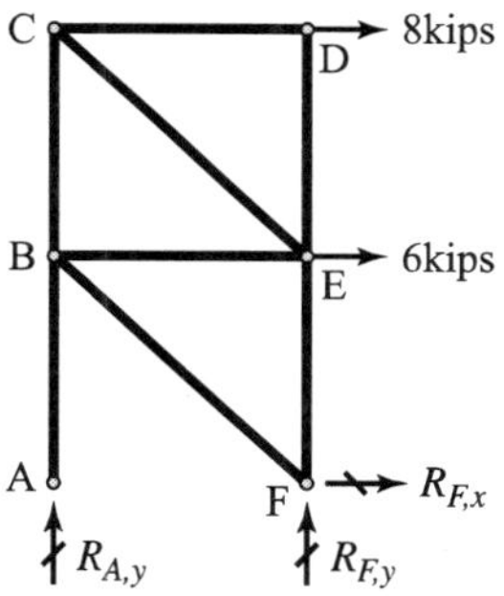

자유물체도(단면법, 인장부재 가정) :

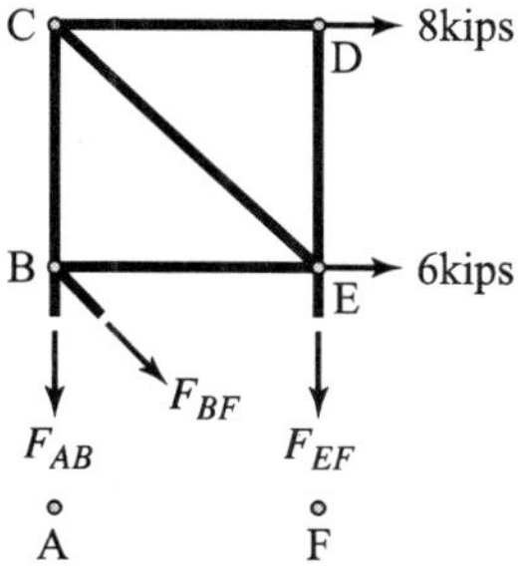

지점반력(평형조건식) :

$$\sum^{F} M = 0 = R_{A,y} \times 8 + 8 \times 12 + 6 \times 6$$
$$R_{A,y} = -16.5\,kips$$
$$\sum F_x = 0 = 8 + 6 + R_{F,x} \quad ; \quad R_{F,x} = -14\,kips$$
$$\sum F_y = 0 = R_{A,y} + R_{F,y} \quad ; \quad R_{F,y} = 16.5\,kips$$

부재력(평형조건식) :

$$\sum^{B} M = 0 = 8 \times 6 + F_{EF} \times 8$$
$$F_{EF} = -6\,kips$$
$$\sum^{F} M = 0 = F_{AB} \times 8 - 8 \times 12 - 6 \times 6$$
$$F_{AB} = 16.5\,kips$$
$$\sum F_x = 0 = F_{BF} \times 0.8 + 8 + 6$$
$$F_{BF} = -17.5\,kips$$

소요단면적 :

$$A_{AB} = \frac{16.5}{20} = 0.825\,(in^2)$$
$$A_{BF} = \frac{17.5}{10} = 1.75\,(in^2)$$
$$A_{EF} = \frac{6}{10} = 0.6\,(in^2)$$

5-6 원형 강봉($E = 210\,GPa$, $\sigma_y = 250\,MPa$)으로 구성된 축하중부재의 축방향력선도와 축방향 변형량을 구하시오.

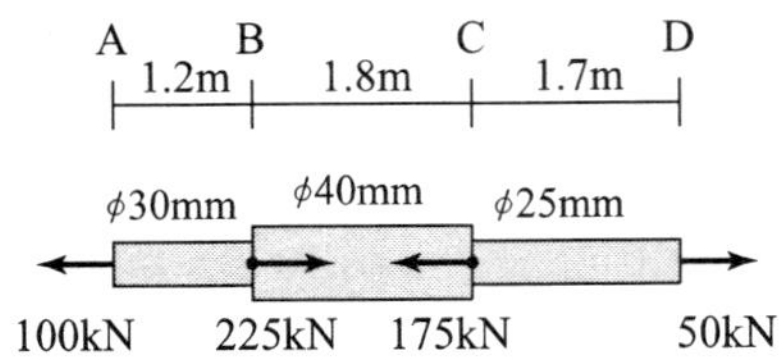

풀이

자유물체도(단면법) : 내력은 부호규약에 따라 양의 방향(이 문제의 경우 인장력)으로 가정한다.

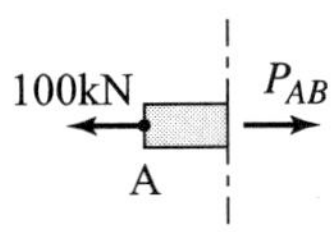

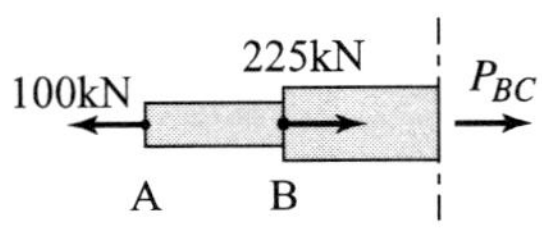

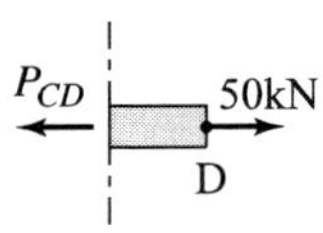

부재력(평형조건식) :

$P_{AB} = 100\,kN$, $P_{BC} = -125\,kN$, $P_{CD} = 50\,kN$

응력 :

$$\sigma_{AB} = \frac{100 \times 10^3}{\pi \times 0.015^2} \times 10^{-6} = 141.5\,(MPa)$$

$$\sigma_{BC} = \frac{-125 \times 10^3}{\pi \times 0.02^2} \times 10^{-6} = -99.5\,(MPa)$$

$$\sigma_{CD} = \frac{50 \times 10^3}{\pi \times 0.0125^2} \times 10^{-6} = 101.9\,(MPa)$$

축방향력선도 :

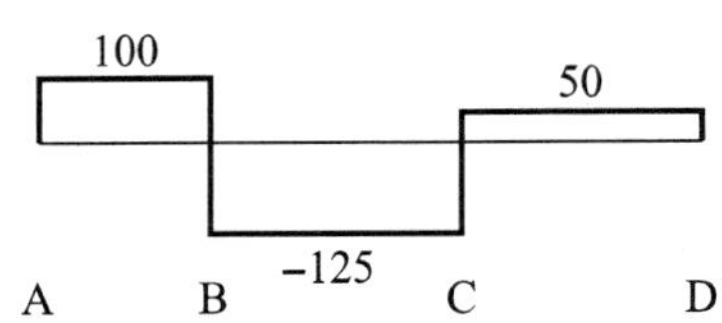

축방향 변형량 :

$$\begin{aligned}
\delta &= \delta_{AB} + \delta_{BC} + \delta_{CD} \\
&= \frac{P_{AB} l_{AB}}{AE} + \frac{P_{BC} l_{BC}}{AE} + \frac{P_{CD} l_{CD}}{AE} \\
&= \frac{10^3}{210 \times 10^9} \times \left\{ \frac{100 \times 1.2}{\pi \times 0.015^2} + \frac{(-125) \times 1.8}{\pi \times 0.02^2} + \frac{50 \times 1.7}{\pi \times 0.0125^2} \right\} \\
&= \frac{1}{210 \times 10^6} \times \{(169.8 - 179.0 + 173.2) \times 10^3\} = 0.781 \times 10^{-3}\,(m)
\end{aligned}$$

5-7 강재($G = 84\,GPa$) 원형축에 발생하는 내적토크선도, 최대전단응력 및 양단의 상대적 비틂각을 구하시오.

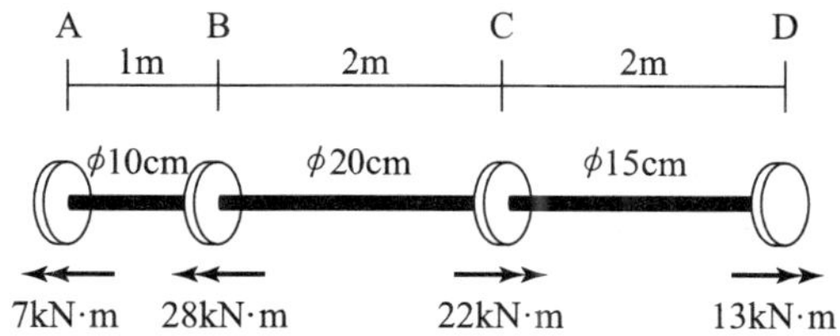

풀이

자유물체도(단면법, 양의 방향 가정) : 비틂모멘트의 양의 방향은 축단면에서 나가는 방향이다.

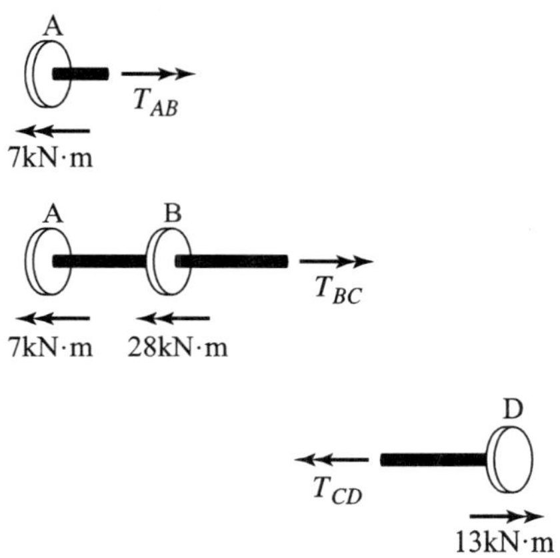

부재력(평형조건식) :

$T_{AB} = 7\,kN \cdot m$

$T_{BC} = 35\,kN \cdot m$

$T_{CD} = 13\,kN \cdot m$

내적토크선도 :

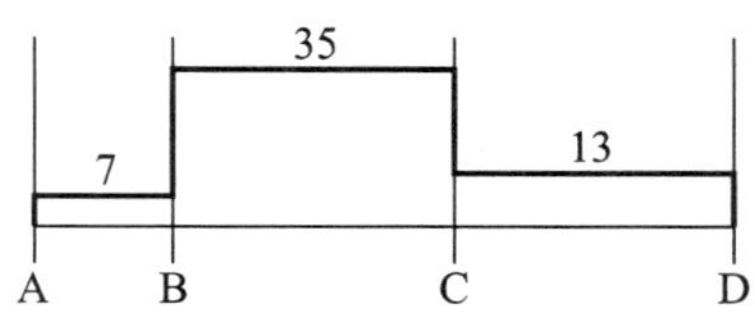

응력 :

$$\tau_{AB} = \frac{T_{AB}\,c_{AB}}{J_{AB}} = \frac{7\times10^3\times0.05}{\pi\times0.1^4/32}\times10^{-6} = 35.7\,(MPa) \quad ; \quad \text{최대값}$$

$$\tau_{BC} = \frac{T_{BC}\,c_{BC}}{J_{BC}} = \frac{35\times10^3\times0.1}{\pi\times0.2^4/32}\times10^{-6} = 22.3\,(MPa)$$

$$\tau_{CD} = \frac{T_{CD}\,c_{CD}}{J_{CD}} = \frac{13\times10^3\times0.075}{\pi\times0.15^4/32}\times10^{-6} = 19.6\,(MPa)$$

양단의 상대적 비틂각 :

$$\phi = \sum\frac{T_i L_i}{GJ_i} = \phi_{AB}+\phi_{BC}+\phi_{CD}$$

$$= \frac{10^3}{84\times10^9}\times\left\{\frac{7\times1}{\pi\times0.1^4/32}+\frac{35\times2}{\pi\times0.2^4/32}+\frac{13\times2}{\pi\times0.15^4/32}\right\}$$

$$= \frac{1}{84\times10^6}\times\{(713.0+445.6+523.1)\times10^3\} = 20.0\times10^{-3}\,(rad)$$

5-8 강재($G = 84\,GPa$) 중공원형축에 발생하는 내적토크선도, 최대전단응력 및 양단의 상대적 비틀각을 구하시오.

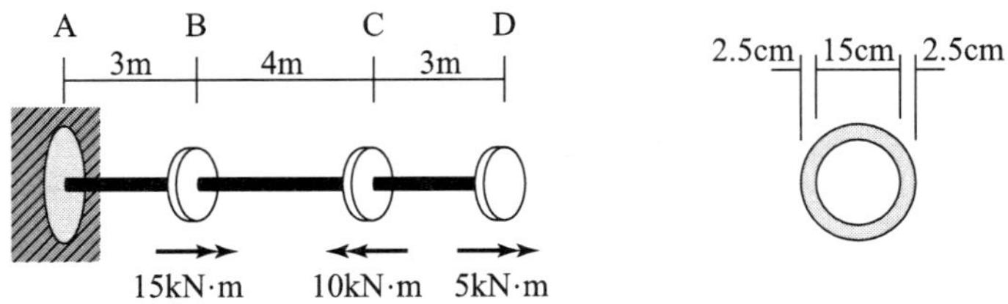

풀이

자유물체도 :

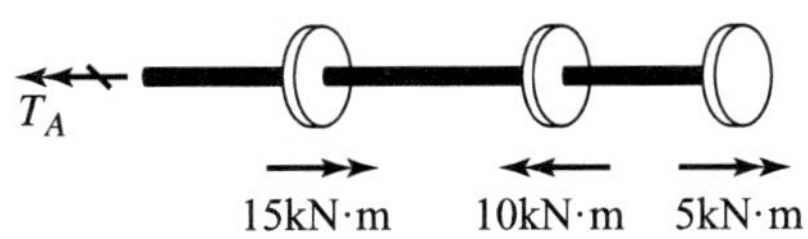

반력 및 부재력(평형조건식, 단면법) :

$$\sum T = 0 = T_A - 15 + 10 - 5$$

$$T_A = 10\,kN \cdot m$$

$$T_{AB} = 10\,kN \cdot m$$

$$T_{BC} = -5\,kN \cdot m$$

$$T_{CD} = 5\,kN \cdot m$$

내적토크선도 :

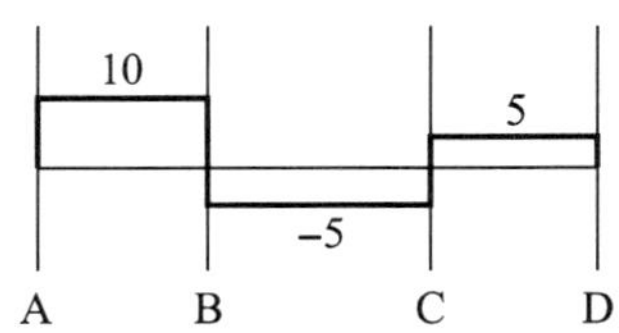

최대 전단응력 :

$$J = \frac{\pi \times (0.2^4 - 0.15^4)}{32} = 1.074 \times 10^{-4}(m^4)$$

$$\tau_{\max} = \frac{T_{\max}\,c}{J} = \frac{10 \times 10^3 \times 0.1}{1.074 \times 10^{-4}} \times 10^{-6} = 9.31\,(MPa)$$

양단의 상대적 비틀각 :

$$\phi = \sum \frac{T_i L_i}{G J_i} = \phi_{AB} + \phi_{BC} + \phi_{CD}$$

$$= \frac{10^3}{(84 \times 10^9) \times (1.074 \times 10^{-4})} \times \{10 \times 3 + (-5 \times 4) + 5 \times 3\}$$

$$= 2.77 \times 10^{-3}(rad)$$

5-9 부재(단면적 $2.5\,cm^2$) AB, BC, CD의 응력, 변형율 및 축방향력선도를 구하시오($E_{AC}=210\,GPa$, $E_{CD}=105\,GPa$).

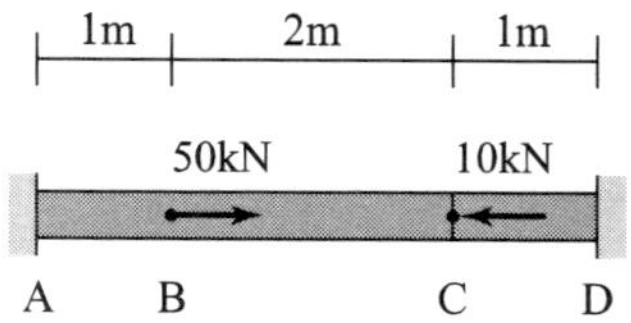

풀이

자유물체도(지점반력) :

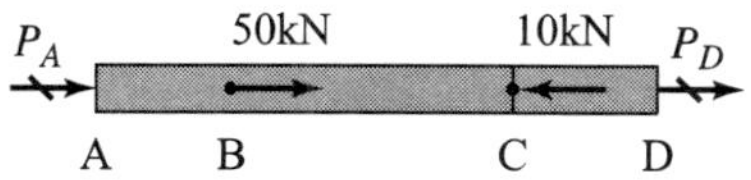

평형조건식 :

$$\sum F_x = 0 = P_A + 50 - 10 + P_D$$
$$0 = P_A + 40 + P_D \quad \cdots (1)$$

부재내력(단면법, 인장력 가정) :

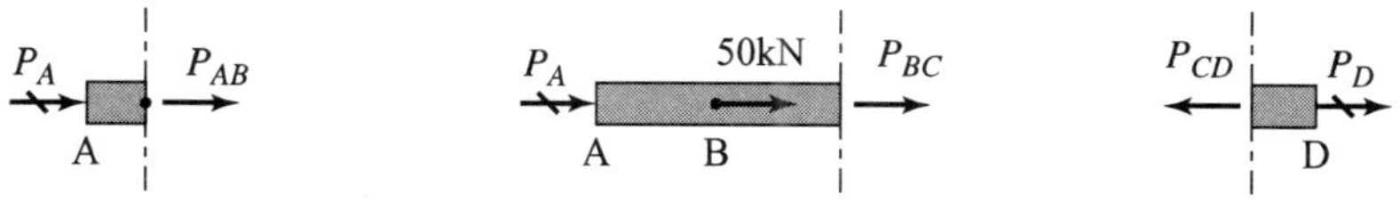

$$P_{AB} = -P_A \quad , \quad P_{BC} = -P_A - 50 \quad , \quad P_{CD} = P_D$$

부재내력에 의한 변형의 총합 0(적합조건식) : 내력을 인장력으로 가정했으므로 모두 신장

$$\sum \delta = 0 = \delta_{AB} + \delta_{BC} + \delta_{CD}$$
$$= \frac{P_{AB}\,l_{AB}}{AE_{AC}} + \frac{P_{BC}\,l_{BC}}{AE_{AC}} + \frac{P_{CD}\,l_{CD}}{AE_{CD}} = \frac{P_{AB}\times 1.0}{A\times 210} + \frac{P_{BC}\times 2.0}{A\times 210} + \frac{P_{CD}\times 1.0}{A\times 105}$$

$$(-P_A) + (-P_A - 50) \times 2 + P_D \times 2 = -3P_A - 100 + 2P_D \quad \cdots (2)$$

지점반력 :

식 (1), (2)에서 $P_A = -36\,kN \quad ; \quad P_D = -4\,kN$

축방향력선도 :

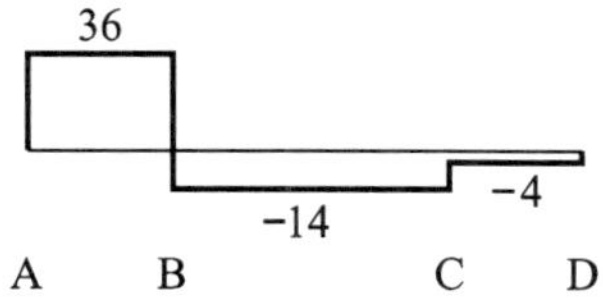

응력 :

$$\sigma_{AB} = \frac{36\times 10^3}{2.5\times 10^{-4}} \times 10^{-6} = 144\,(MPa)$$
$$\sigma_{BC} = \frac{-14\times 10^3}{2.5\times 10^{-4}} \times 10^{-6} = -56\,(MPa)$$
$$\sigma_{CD} = \frac{-4\times 10^3}{2.5\times 10^{-4}} \times 10^{-6} = -16\,(MPa)$$

변형율 :

$$\epsilon_{AB} = \frac{\sigma_{AB}}{E_{AC}} = \frac{144}{210\times 10^3} = 0.686\times 10^{-3}$$
$$\epsilon_{BC} = \frac{\sigma_{BC}}{E_{AC}} = \frac{-56}{210\times 10^3} = -0.267\times 10^{-3}$$
$$\epsilon_{CD} = \frac{\sigma_{CD}}{E_{CD}} = \frac{-16}{105\times 10^3} = -0.152\times 10^{-3}$$

5-10 부재 AC, BC의 응력을 구하시오(E 일정).

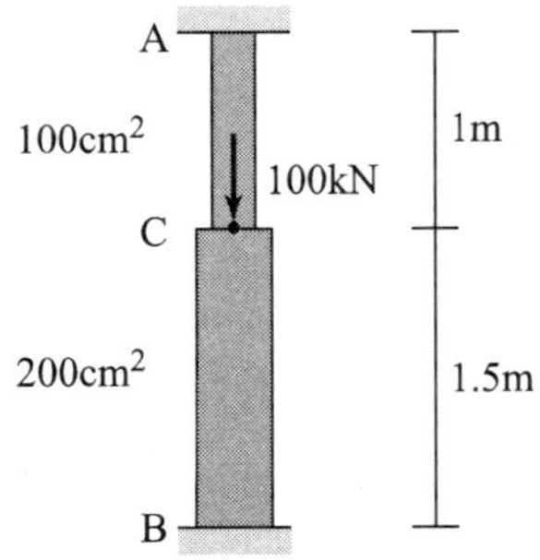

풀이

자유물체도(지점반력) : AC, BC 부재 모두 압축력을 받는 것으로 가정

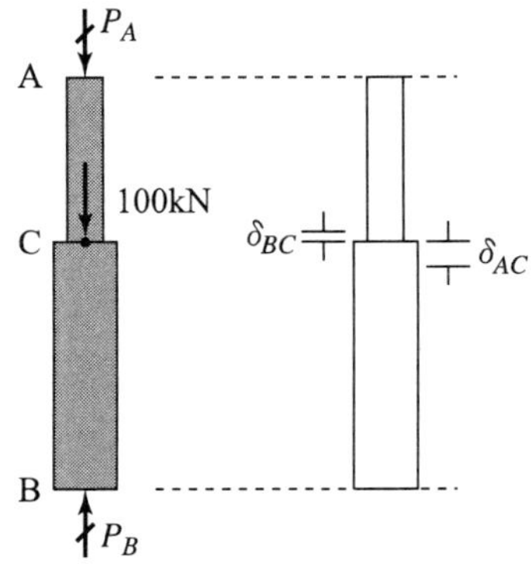

평형조건식 :

$$\sum F_y = 0 = P_A + 100 - P_B \quad \cdots (1)$$

부재내력에 의한 변형의 총합 0(적합조건식) :

$$\sum \delta = 0 = \delta_{AC} + \delta_{BC}$$
$$= -\frac{P_A l_{AC}}{A_{AC} E} - \frac{P_B l_{BC}}{A_{BC} E}$$
$$= -\frac{P_A \times 1.0}{0.01 \times E} - \frac{(P_A + 100) \times 1.5}{0.02 \times E}$$

$$0 = 3.5 P_A + 150 \quad \cdots (2)$$

지점반력 : AC구간은 인장력이 작용함을 알 수 있음

식 (1), (2)에서 $P_A = -42.9\,kN$; $P_B = 57.1\,kN$

응력 :

$$\sigma_{AC} = \frac{42.9 \times 10^3}{0.01} \times 10^{-6} = 4.29\,(MPa) \quad ; \quad \sigma_{BC} = \frac{-57.1 \times 10^3}{0.02} \times 10^{-6} = -2.86\,(MPa)$$

5-11 부재 AC, BC의 응력과 변형율을 구하시오($E_{st} = 210\,GPa$, $E_{cu} = 120\,GPa$).

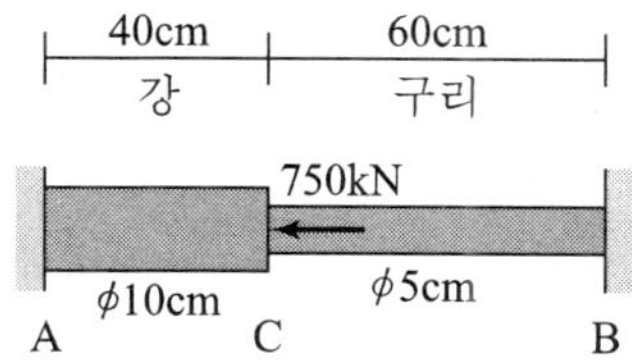

풀이

자유물체도(지점반력) :

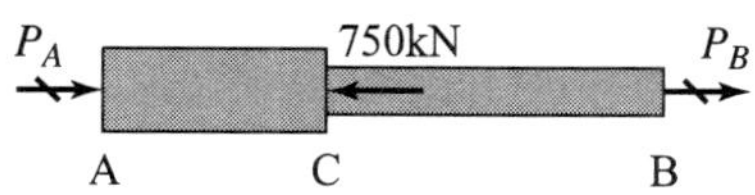

평형조건식 :

$$\sum F_x = 0 = P_A - 750 + P_B$$
$$P_B = -P_A + 750$$

부재내력에 의한 변형 : AC 부재는 압축력, BC부재는 인장력이 작용하는 것으로 가정

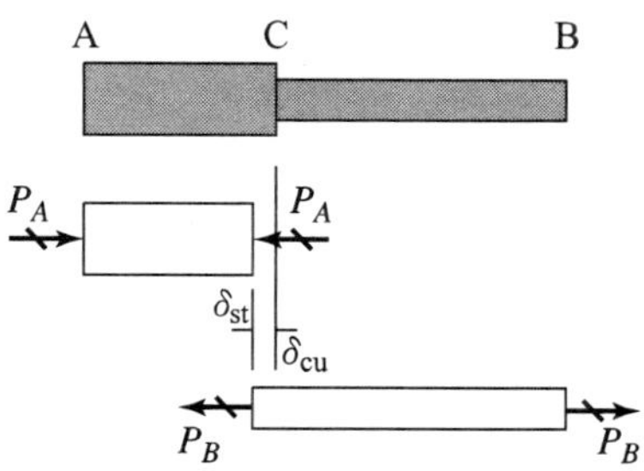

부재내력에 의한 변형의 총합 0 (적합조건식) :

$$\begin{aligned} \sum \delta &= 0 \\ &= \delta_{st} + \delta_{cu} \\ &= -\frac{P_A\, l_{st}}{A_{st}\, E_{st}} + \frac{P_B\, l_{cu}}{A_{cu}\, E_{cu}} \\ &= -\frac{P_A \times 0.4}{\pi \times 0.05^2 \times 210} + \frac{(750 - P_A) \times 0.6}{\pi \times 0.025^2 \times 120} \end{aligned}$$

지점반력 :

$P_A = 684.8\,kN$; $P_B = 65.2\,kN$

응력 :

$$\sigma_{st} = \frac{-684.8 \times 10^3}{\pi \times 0.05^2} \times 10^{-6} = -87.2\,(MPa) \quad ; \quad \sigma_{cu} = \frac{65.2 \times 10^3}{\pi \times 0.025^2} \times 10^{-6} = 33.2\,(MPa)$$

변형율 :

$$\epsilon_{st} = \frac{\sigma_{st}}{E_{st}} = \frac{-87.2}{210 \times 10^3} = -0.415 \times 10^{-3} \quad ; \quad \epsilon_{cu} = \frac{\sigma_{cu}}{E_{cu}} = \frac{33.2}{120 \times 10^3} = 0.277 \times 10^{-3}$$

5-12 청동($E_{br} = 100\,GPa$, $\alpha_{br} = 19\times10^{-6}/℃$)과 강($E_{st} = 210\,GPa$, $\alpha_{st} = 12\times10^{-6}/℃$)으로 구성된 봉이 25℃에서 무응력상태이다. −5℃에서 각 봉의 응력을 구하시오.

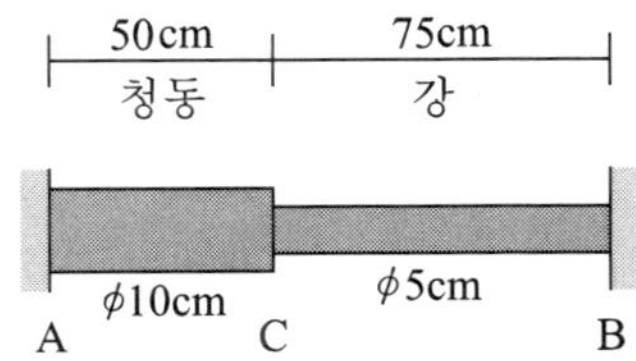

풀이

자유물체도 : 평형조건을 만족하는 수평반력 P

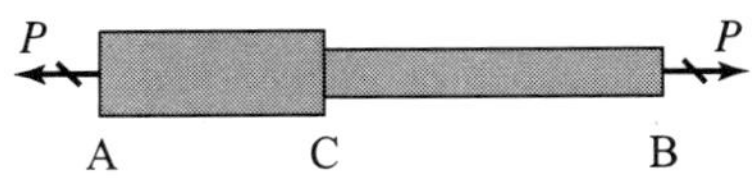

각 봉의 온도변형(불구속상태) :

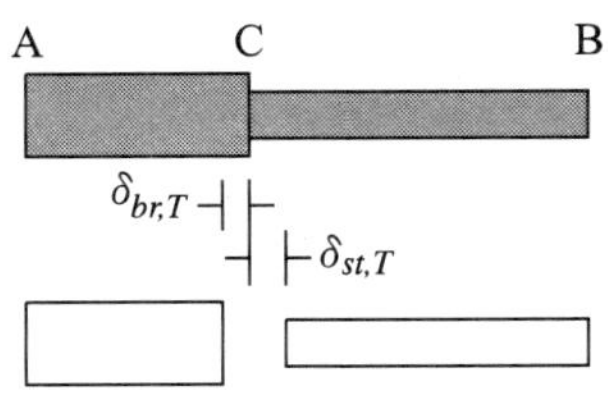

$$\delta_{br,T} = \alpha_{br}\, l_{br}\, \Delta T = (19\times10^{-6})\times0.5\times(-30) = -0.285\times10^{-3}(m)$$

$$\delta_{st,T} = \alpha_{st}\, l_{st}\, \Delta T = (12\times10^{-6})\times0.75\times(-30) = -0.270\times10^{-3}(m)$$

각 봉의 내력변형(불구속상태) :

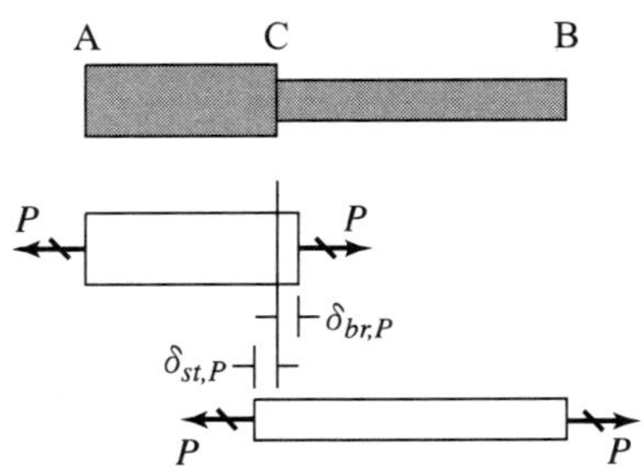

$$\delta_{br,P} = \frac{P\,l_{br}}{A_{br}\,E_{br}} = \frac{0.5}{A_{br}\,E_{br}}\times P$$

$$\delta_{st,P} = \frac{P\,l_{st}}{A_{st}\,E_{st}} = \frac{0.75}{A_{st}\,E_{st}}\times P$$

변형의 총합 0 (적합조건식) :

$$\sum\delta = 0 = -0.285\times10^{-3} - 0.27\times10^{-3} + P\times\left(\frac{0.5}{A_{br}\,E_{br}} + \frac{0.75}{A_{st}\,E_{st}}\right)$$

$$= -0.555\times10^{-3} + P\times\frac{1}{A_{br}\,E_{br}}\times\left(0.5 + 0.75\times\frac{0.05^2\times100}{0.025^2\times210}\right)$$

$$= -0.555\times10^{-3} + P\times\frac{1.929}{A_{br}\,E_{br}}$$

지점반력 및 응력 :

$$P = \frac{0.555\times10^{-3}}{1.929}\times(\pi\times0.05^2)\times(100\times10^6) = 226.0\,(kN)$$

$$\sigma_{cu} = \frac{226\times10^3}{\pi\times0.05^2}\times10^{-6} = 28.8\,(MPa)$$

$$\sigma_{st} = \frac{226\times10^3}{\pi\times0.025^2}\times10^{-6} = 115.1\,(MPa)$$

5-13 구리($A_{cu} = 90\,cm^2$, $E_{cu} = 105\,GPa$, $\alpha_{cu} = 19\times 10^{-6}/℃$)와 강($A_{st} = 45\,cm^2$, $E_{st} = 210\,GPa$, $\alpha_{st} = 12\times 10^{-6}/℃$)으로 상/하부가 구성된 봉이 무응력상태이다. 50℃의 온도상승에서 각 봉에 발생하는 응력과 B점의 변위를 구하시오.

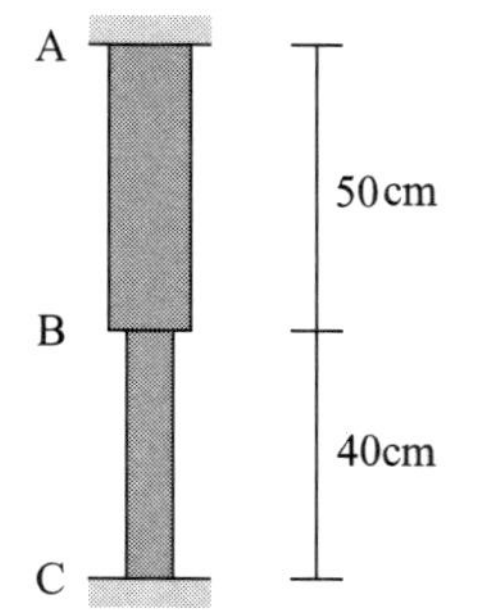

풀이

자유물체도 : 평형조건을 만족하는 수직반력 P

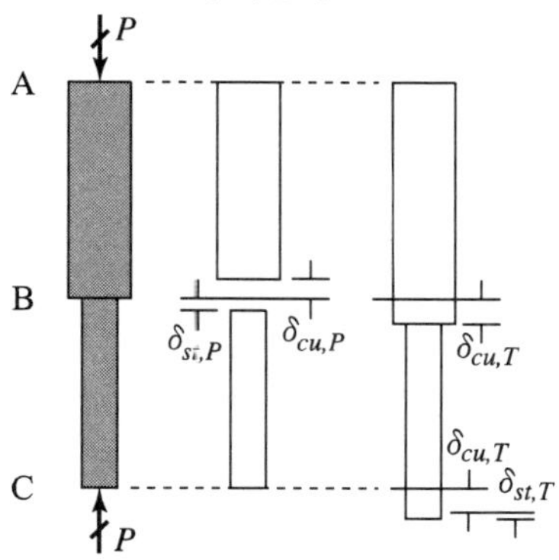

각 봉의 온도변형(불구속상태) : 신장

$$\delta_{cu,T} = \alpha_{cu}\, l_{cu}\, \Delta T = (19\times 10^{-6})\times 0.5\times 50 = 4.75\times 10^{-4}(m)$$

$$\delta_{st,T} = \alpha_{st}\, l_{st}\, \Delta T = (12\times 10^{-6})\times 0.4\times 50 = 2.4\times 10^{-4}(m)$$

각 봉의 내력변형(불구속상태) : 수축

$$\delta_{cu,P} = \frac{P\,l_{cu}}{A_{cu}\,E_{cu}} = \frac{0.5}{A_{cu}\,E_{cu}}\times P$$

$$\delta_{st,P} = \frac{P\,l_{st}}{A_{st}\,E_{st}} = \frac{0.4}{A_{st}\,E_{st}}\times P$$

변형의 총합 0 (적합조건식, 지점반력) :

$$\sum \delta = 0 = 4.75\times 10^{-4} + 2.4\times 10^{-4} - P\times\left(\frac{0.5}{A_{cu}\,E_{cu}} + \frac{0.4}{A_{st}\,E_{st}}\right)$$

$$= 7.15\times 10^{-4} - P\times\frac{1}{A_{cu}\,E_{cu}}\times\left(0.5 + 0.4\times\frac{90\times 105}{45\times 210}\right)$$

$$= 7.15\times 10^{-4} - P\times\frac{0.9}{A_{cu}\,E_{cu}}$$

$$P = \frac{7.15\times 10^{-4}}{0.9}\times(90\times 10^{-4})\times(105\times 10^{6}) = 750.8\,(kN)$$

응력 :

$$\sigma_{cu} = \frac{750.8\times 10^{3}}{90\times 10^{-4}}\times 10^{-6} = 83.4\,(MPa)$$

$$\sigma_{st} = \frac{750.8\times 10^{3}}{45\times 10^{-4}}\times 10^{-6} = 166.8\,(MPa)$$

B점의 변위(하향) :

$$-\delta_{cu,P} + \delta_{cu,T} = -\frac{0.5}{A_{cu}\,E_{cu}}\times P + 4.75\times 10^{-4}$$

$$= -\frac{0.5}{(90\times 10^{-4})\times(105\times 10^{6})}\times 750.8 + 4.75\times 10^{-4}$$

$$= 0.078\times 10^{-3}(m)$$

5-14 무한강성의 보가 힌지(A)와 두 강봉으로 지지되어 있다. 두 강봉의 부재력을 구하시오.

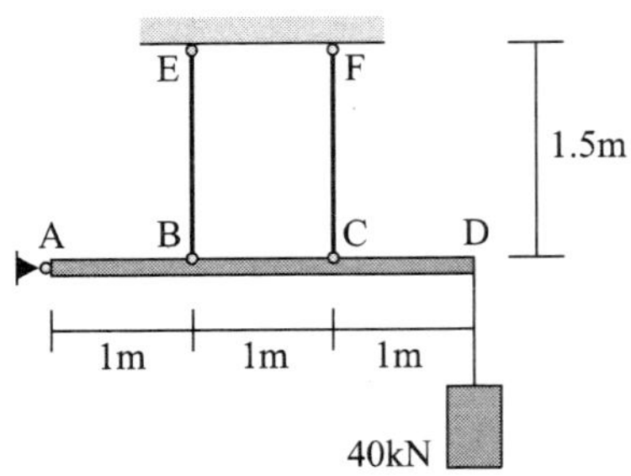

풀이

자유물체도(강봉 변위) : 무한강성보는 강체이므로 힌지(A)를 중심으로 회전만 발생한다.

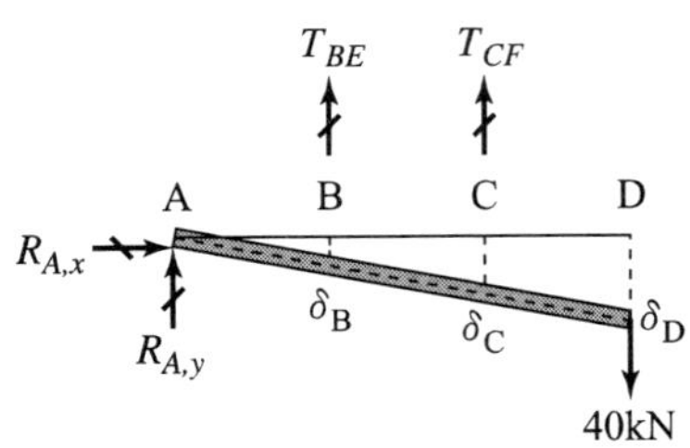

평형조건식 :

$$\sum^{A} M = 0 = T_{BE} \times 1 + T_{CF} \times 2 - 40 \times 3$$

$$0 = T_{BE} + 2T_{CF} - 120 \quad \cdots (1)$$

변형조건식 : 삼각형의 비례식 적용

$$\delta_C = 2\delta_B \quad ; \quad \left\{ \delta_B = \frac{T_{BE} \times 1.5}{AE} \quad , \quad \delta_C = \frac{T_{CF} \times 1.5}{AE} \right\}$$

$$\Rightarrow \quad 2T_{BE} = T_{CF} \quad \cdots (2)$$

강봉의 부재력 :

식 (1), (2)에서 $T_{BE} = 24\,kN$, $T_{CF} = 48\,kN$

5-15 무한강성의 보가 좌측과 중앙은 구리케이블($E_{cu}=117\,GPa$), 우측은 강케이블($E_{st}=210\,GPa$)로 지지되어 있다. 단면적이 동일한 각 케이블이 분담하는 하중을 구하시오.

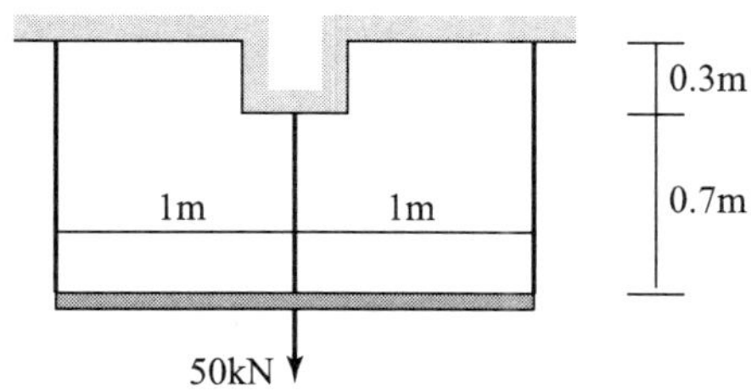

풀이

자유물체도(케이블 변위) : 무한강성보는 강체이므로 회전과 이동이 발생한다.

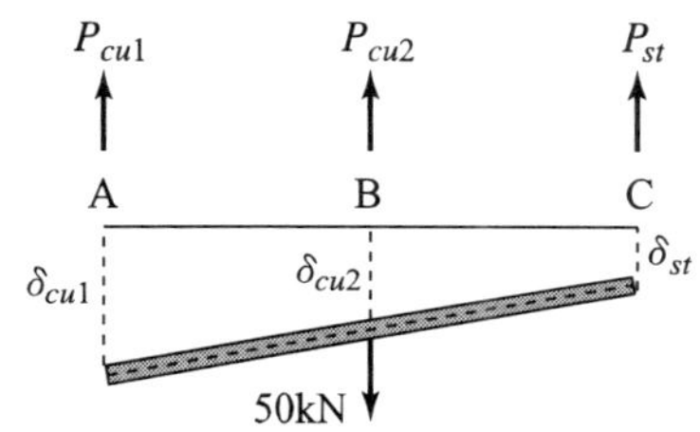

평형조건식 :

$$\sum^{B} M = 0 = P_{cu1}\times 1 - P_{st}\times 1$$
$$0 = P_{cu1} - P_{st} \quad \cdots (1)$$
$$\sum F_y = 0 = P_{cu1} + P_{cu2} + P_{st} - 50$$
$$0 = P_{cu2} + 2P_{st} - 50 \quad \cdots (2)$$

변형조건식 : 삼각형의 비례식 적용

$$\delta_{cu1} - \delta_{st} = 2(\delta_{cu2} - \delta_{st}) \;\Rightarrow\; \delta_{cu1} - 2\delta_{cu2} + \delta_{st} = 0$$
$$\left\{\delta_{cu1} = \frac{P_{cu1}\times 1.0}{A\times 117} \;,\; \delta_{cu2} = \frac{P_{cu2}\times 0.7}{A\times 117} \;,\; \delta_{st} = \frac{P_{st}\times 1.0}{A\times 210}\right\}$$
$$\Rightarrow\; P_{cu1} - 1.4P_{cu2} + \frac{117}{210}P_{st} = 0 \;\Rightarrow\; -1.4P_{cu2} + \frac{327}{210}P_{st} = 0 \quad \cdots (3)$$

케이블 분담하중 :

식 (2), (3)에서 $P_{st} = 16.1\,kN = P_{cu1}$, $P_{cu2} = 17.8\,kN$

6 보의 내력과 응력

6.1 보의 종류

대표적인 보 구조물은 정정보(단순보, 외팔보, 내민보)와 부정정보(연속보, 버팀캔틸레버보, 양단고정보)로 구분할 수 있다.

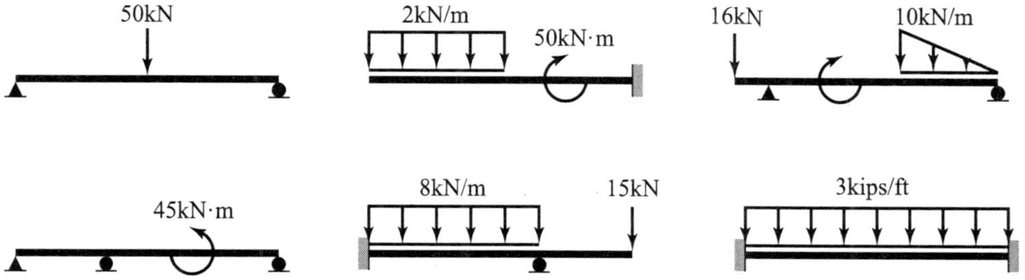

6.2 보의 내력

평면역계($x-y$ 좌표축)에서 x축이 부재축인 보의 내력은 x축의 축력(P), y축의 전단력(V_y), z축의 휨모멘트(M_z)가 발생할 수 있다. 보에 작용하는 수평력이 없는 경우 전단력 V_y와 휨모멘트 M_z를 내력으로 전달한다.

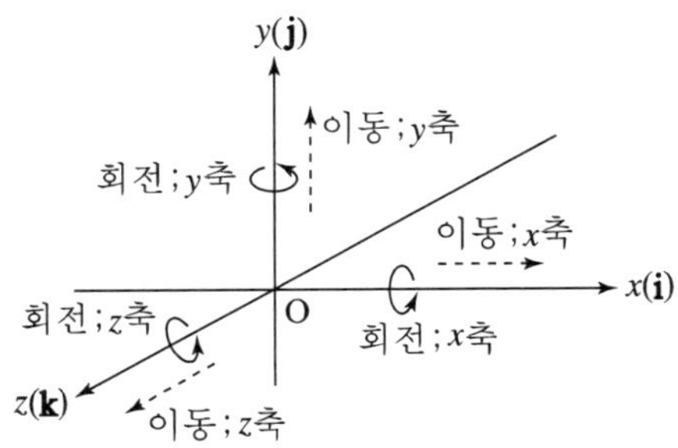

자유도	좌표축	부재축 x
이동	x	축력 P
	y	전단력 V_y
	z	전단력 V_z
회전	x	비틂모멘트 T_x
	y	휨모멘트 M_y
	z	휨모멘트 M_z

내력을 구하는 기본 방법은 단면법이다. 전체 자유물체도를 내력을 구하고자 하는 단면을 기준으로 분리하면 두 개의 자유물체도가 되고 전체 자유물체도가 평형상태이므로 각 자유물체도 또한 평형조건을 만족해야 하며 이 조건은 내력에 의해 만족된다. 즉, 상대 자유물체도가 이동과 회전을 구속하는 고정지점 역할을 하는 것이다. 그림에서 보에 작용하는 수평력이 없으므로 반력과 내력에서 수평력을 배제한 것이고 상대 자유물체도에 표기되는 내력의 방향은 반대라는 것을 유의해야 한다(내력은 상대 자유물체도를 다시 합하면 상쇄되어야 하기 때문이다). 뼈대구조물의 핀/롤러에서 전달되는 내력의 방향을 양 자유물체도에 반대로 표기하는 것도 동일한 이유에 근거한다.

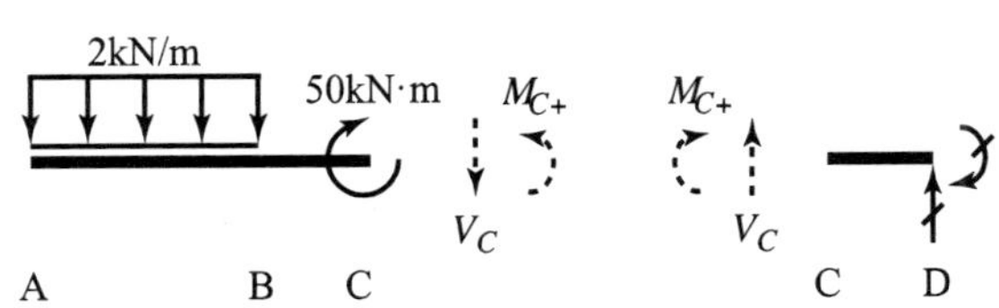

내력은 부호규약에 따른다. 축력은 단면에서 나가는 방향(인장), 전단력은 오른쪽 단면에서 하향, 휨모멘트는 부재가 아래로 볼록하게 휘는 방향이 양이다. 그러므로 내력을 구하기 위한 자유물체도에 그림과 같이 양의 방향으로 내력(미지력)을 표기하면 결과를 변경할 필요가 없다. 트러스의 해석방법인 절점법에서 내력을 전부 인장력으로 가정하는 이유도 ① 절점의 자유물체도를 모두 합하면 내력이 상쇄되어야 하는 것과 ② 결과의 부호를 변경할 필요가 없다는 것에 기인한 것이다.

6.3 하중 - 전단력 - 휨모멘트 관계

부재축을 따라 발생하는 내력을 표기한 것이 축력선도, 전단력선도, 휨모멘트선도이다. 단면법은 특정단면의 내력을 구하는 방법이므로 전단력선도와 휨모멘트선도를 구하기 위해서는 다음과 같은 관계를 이용한다. 보(단순보, 외팔보 등)의 경우 작용하는 외력(하중선도)과 내력 −전단력(전단력선도), 휨모멘트(휨모멘트선도)− 간에는 다음과 같은 관계식이 성립한다. 여기서 외력으로 작용하는 분포/집중하중은 상향을 양, 모멘트하중은 시계방향을 양으로 한다.

분포하중 – 전단력
전단력 – 휨모멘트

집중하중 – 전단력

모멘트하중 – 휨모멘트

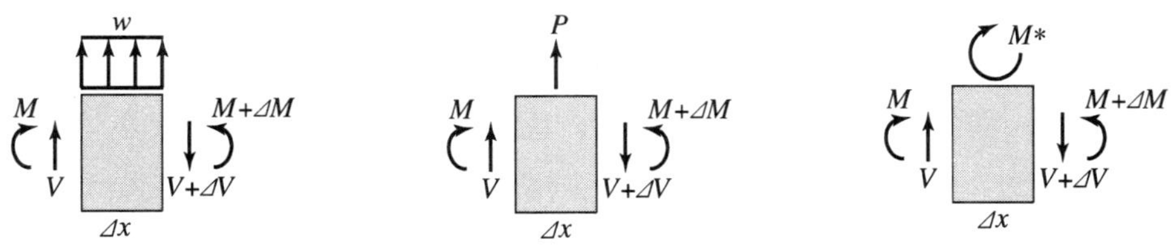

$$\frac{\Delta V}{\Delta x} = w\,,\quad \frac{\Delta M}{\Delta x} = V \qquad \Delta V = P \qquad \Delta M = M^*$$

분포하중−전단력 및 전단력−휨모멘트 관계는 미분/적분관계이고, 집중하중(모멘트하중)은 전단력선도(휨모멘트선도)의 하중 작용위치에서 하중의 크기만큼 작용방향에 따라 상승/하강한다. 모멘트하중이 시계방향이면 휨모멘트선도가 상승(휨모멘트 증가)하고, 반시계방향이면 하강(휨모멘트 감소)한다. 이와 같은 관계를 이용하여 전단력선도와 휨모멘트선도를 작성하며, 보의 양단은 전단력과 휨모멘트가 0이므로 전단력선도와 휨모멘트선도는 0에서 시작하고 0으로 끝난다.

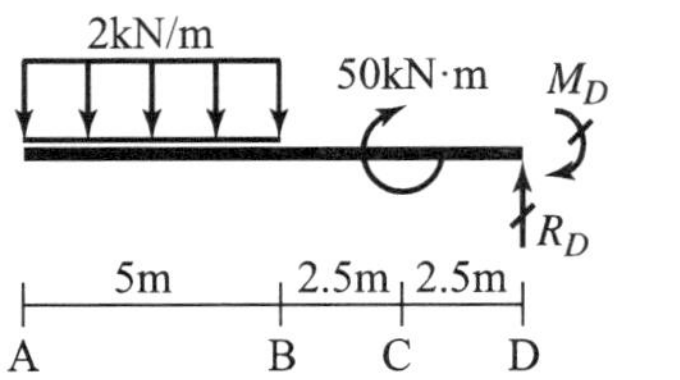

전단력선도의 수직이동점 : D점
휨모멘트선도의 수직이동점 : C점, D점

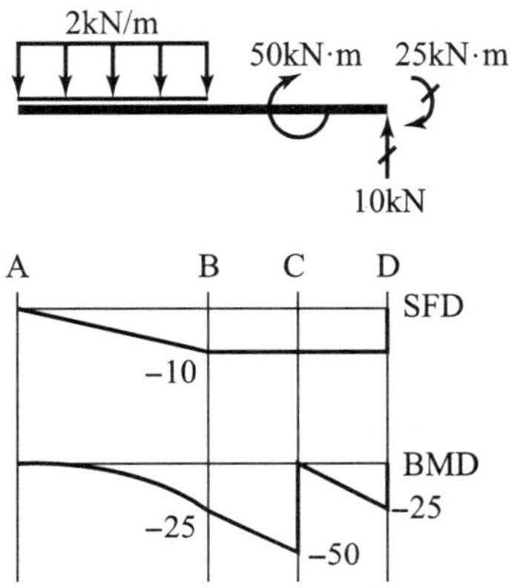

전단력선도 :

- 이동력(분포/집중 하중)만 포함한다.
- 분포하중을 적분한다.
- 집중하중은 작용위치에서 반영한다.

휨모멘트선도 :

- 전단력선도를 적분한다.
- 모멘트하중은 작용위치에서 반영한다.

6.4 전단력선도와 휨모멘트선도의 식

전단력선도와 휨모멘트선도의 식은 단면법을 사용하여 구간(자유물체도의 형상을 기준함)별로 구한다.

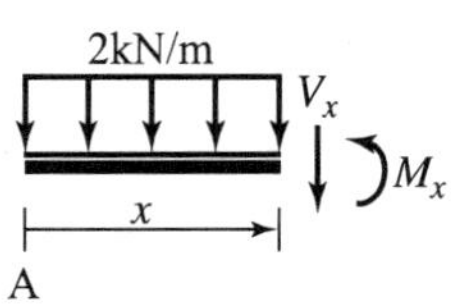

$$\sum F_y = 0 = 2\times x + V_x \quad ; \quad V_x = -2x$$
$$\sum^{x} M = 0 = 2\times x \times \frac{x}{2} + M_x \quad ; \quad M_x = -x^2$$

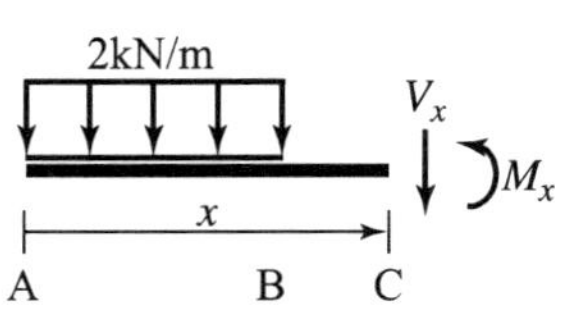

$$\sum F_y = 0 = 2\times 5 + V_x \quad ; \quad V_x = -10$$
$$\sum^{x} M = 0 = 2\times 5\times(x-2.5) + M_x$$
$$M_x = -10x + 25$$

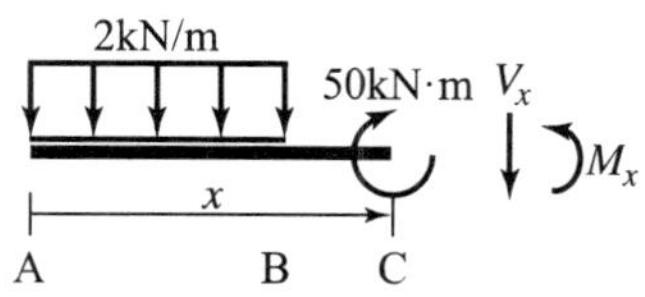

$$\sum F_y = 0 = 2\times5 + V_x \quad ; \quad V_x = -10$$
$$\sum^{x} M = 0 = 2\times5\times(x-2.5) - 50 + M_x$$
$$M_x = -10x + 75$$

6.5 개별휨모멘트선도

개별휨모멘트선도는 다음 예와 같이 기준점(C점)을 고정단으로 하는 두 개의 외팔보로 휨모멘트선도를 작성한다. 고정단으로 간주하는 것은 기준점이 상대 부재의 움직임(자유도)을 모두 구속하기 때문이다. 이 방법은 모멘트면적법의 적용을 용이하게 하기 위해 사용한다.

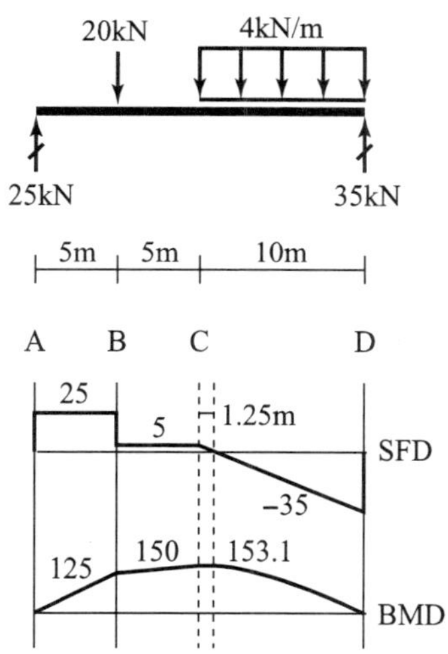

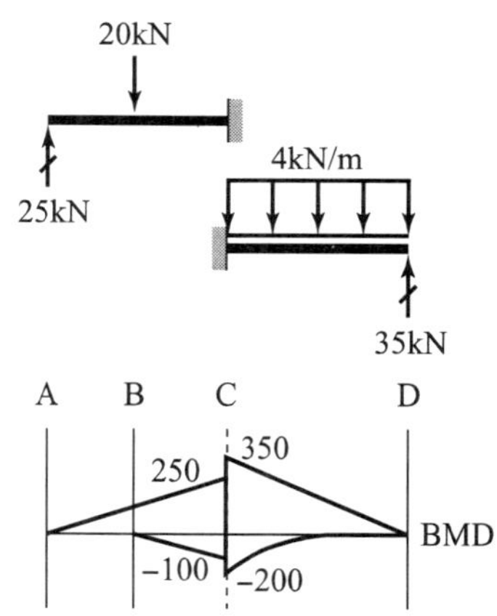

6.6 보의 응력

평면역계($x-y$ 좌표축)에서 x축이 부재축이고 수평력이 작용하지 않으며 수직축에 대칭인 단면을 갖는 보의 경우 전단력 V_y와 휨모멘트 M_z에 의해 전단응력 τ와 수직응력 σ가 발생하며 다음 식으로 산정한다. 비틂모멘트에 대한 응력공식은 원형축의 경우에만 해당한다. 휨모멘트에 대한 응력공식의 부호는 공식을 유도하는 좌표축의 방향에 의해 주어진 것이므로 인장응력은 양, 압축응력은 음으로 결과를 제시하여야 한다.

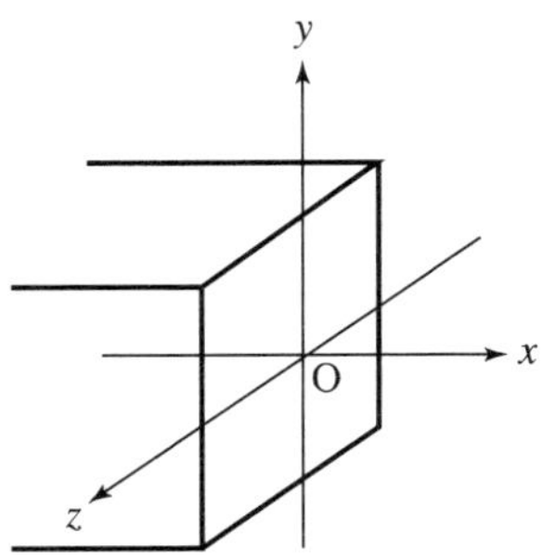

자유도	좌표축	부재축 x	응력	공식
이동	x	축력 P	수직	$\sigma = \dfrac{P}{A}$
	y	전단력 V_y	전단	$\tau = \dfrac{V_y Q}{I_z t}$
	z	전단력 V_z	전단	$\tau = \dfrac{V_z Q}{I_y t}$
회전	x	비틂모멘트 T_x	전단	$\tau = \dfrac{T_x \rho}{J}$
	y	휨모멘트 M_y	수직	$\sigma = \dfrac{M_y y}{I_y}$
	z	휨모멘트 M_z	수직	$\sigma = \dfrac{M_z y}{I_z}$

일반적으로 2차원 구조부재의 설계는 휨모멘트 M_z에 의한 수직응력 $\sigma_{\max}$에 의해 좌우되고, 전단응력은 허용응력의 20~30%인 경우가 대부분이므로 $\tau = \dfrac{V_y Q}{I_z t}$ (여기서 Q는 전단응력을 구하는 위치에서 중립축 반대편 음영면적의 중립축에 대한 단면1차모멘트) 공식을 사용하여 정확한 값을 구하지 않고 평균전단응력 $\tau_{ave} = \dfrac{V}{A}$ 으로 검토할 수 있다.

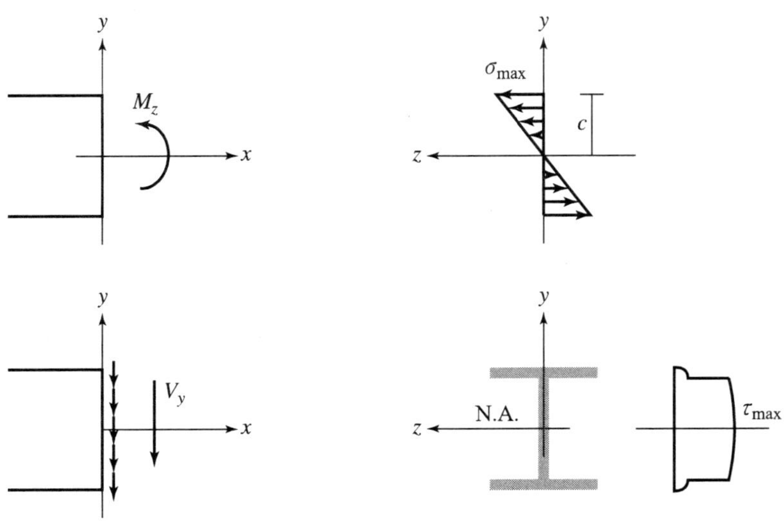

아래 그림과 같이 박벽부재 단면의 경우 전단응력은 전단응력을 구하고자 하는 위치의 단면두께 t와 그 위치에서 중립축으로부터 바깥쪽으로 위치한 단면적의 중립축에 대한 단면1차모멘트 Q를 사용하여 산정한다. 중공사각형 단면의 경우 중립축으로부터 가장 바깥쪽의 위치는 상/하부 플랜지의 중앙이 된다.

6.7 합성단면

합성단면의 응력은 다음과 같이 탄성계수의 비($n = E_2/E_1$)를 고려한 환산단면으로 σ_x를 구하고 여기에 다시 n을 적용하여 $\sigma_1 = \sigma_x$, $\sigma_2 = n\sigma_x$로 구한다.

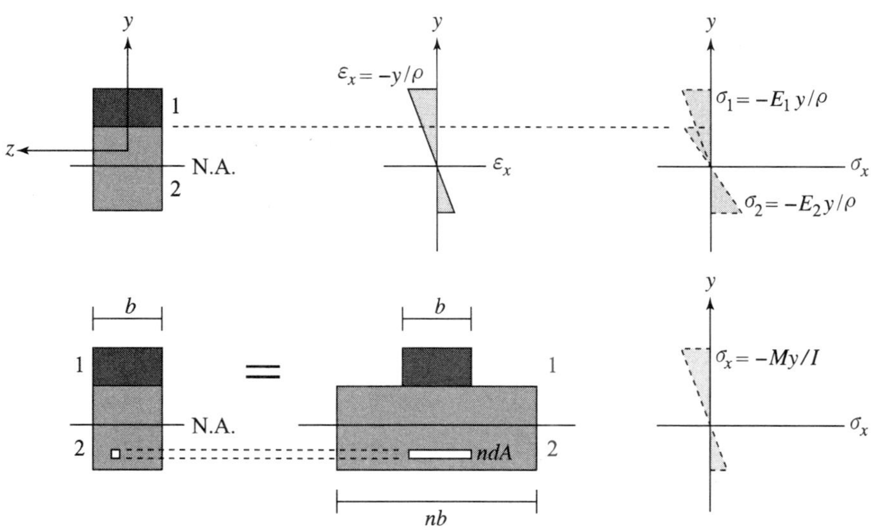

철근콘크리트부재와 같은 합성단면의 경우 그림과 같이 ① 콘크리트 인장응력을 허용하지

않는 것(중립축 위의 단면만 유효)과 ② 철근을 콘크리트로 환산한 단면(nA_s)을 고려하여 유효단면의 중립축 위치 및 단면2차모멘트를 구하고 응력을 산정한다. 환산단면 nA_s의 중립축에 대한 단면2차모멘트에는 자체 단면2차모멘트는 무시하고 평행축정리에 의한 모멘트만 고려한다.

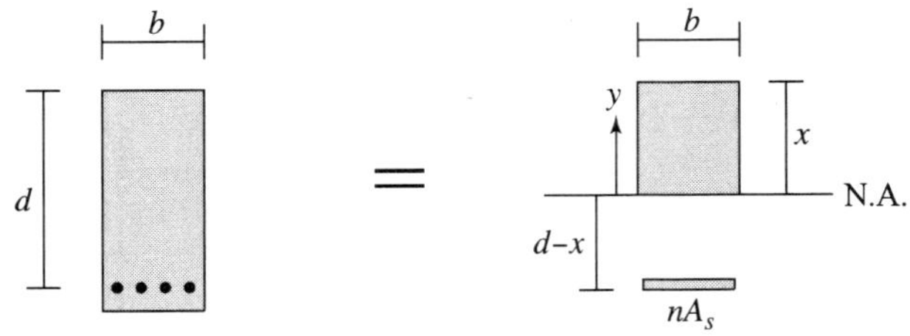

$$\text{중립축 위치}: (bx)\frac{x}{2} - nA_s(d-x) = 0, \quad n = \frac{E_s}{E_c}$$

$$\text{단면2차모멘트}: I = \frac{1}{3}bx^3 + A_s(d-x)^2$$

$$\text{콘크리트/철근 응력}: \sigma_c = -\frac{My_c}{I}, \quad \sigma_s = n\frac{My_s}{I}$$

6.8 조립단면

조립단면의 경우 연결재는 연결위치의 전단응력에 의해 종방향 전단력을 받는다(응력요소 참조). 그러므로 전단력선도의 전단력 분포를 고려하여 전단연결재의 간격을 결정한다.

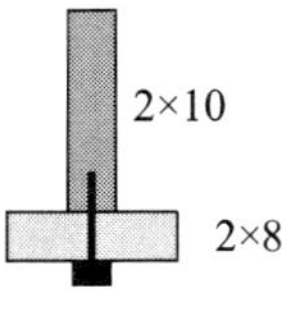

$$\text{전단응력}: \tau = \frac{VQ}{It}$$

$$\text{전단류}: q = \tau t = \frac{VQ}{I}$$

$$\text{허용전단력}: F_{sa} = pq$$

$$\text{간격}: p = \frac{F_{sa}}{q} = \frac{F_{sa}I}{V_{\max}Q}$$

6-1 단순보의 전단력(V_{A+}, V_{B-}, V_{B+}, V_C, V_{D-}) 및 휨모멘트(M_A, M_B, M_{C-}, M_{C+}, M_D)를 자유물체도와 평형조건식을 사용하여 구하시오.

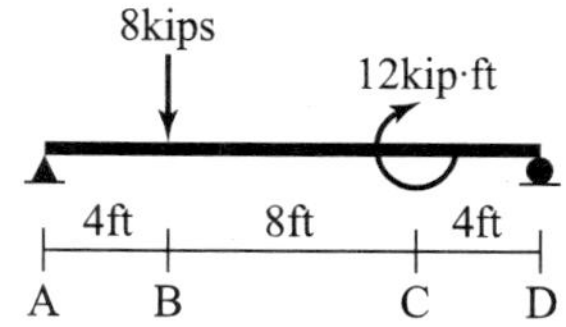

풀이

전체 자유물체도 :

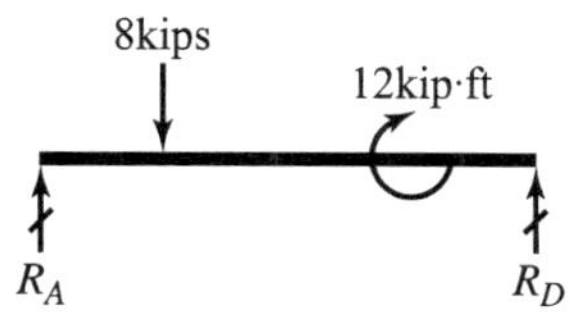

지점반력(평형조건식) : $\sum^{A} M$은 A점에 대한 역계의 모멘트합을 의미하며 M_A는 A점의 휨모멘트(내력)를 의미하므로 반드시 구별하여야 한다.

$$\sum^{A} M = 0 = 8 \times 4 + 12 - R_D \times 16 \quad ; \quad R_D = 2.75\,kips$$
$$\sum F_y = 0 = R_A - 8 + R_D \quad ; \quad R_A = 5.25\,kips$$

자유물체도 :

전단력 및 휨모멘트(평형조건식) : 내력은 부호규약에 의한 양의 방향으로 가정한다.

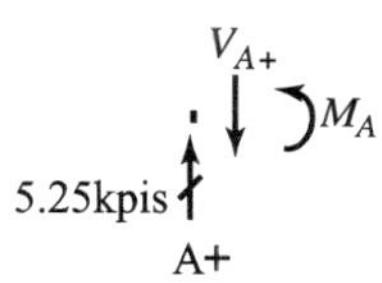

$A+$:

$$\sum^{A} M = 0 = M_A$$
$$\sum F_y = 0 = 5.25 - V_{A+} \quad ; \quad V_{A+} = 5.25\,kips$$

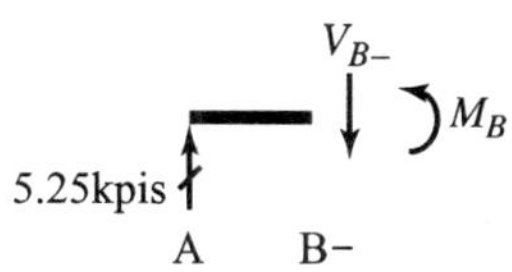

$B-$:

$$\sum^{B-} M = 0 = 5.25 \times 4 - M_B \quad ; \quad M_B = 21\,kip \cdot ft$$
$$\sum F_y = 0 = 5.25 - V_{B-} \quad ; \quad V_{B-} = 5.25\,kips$$

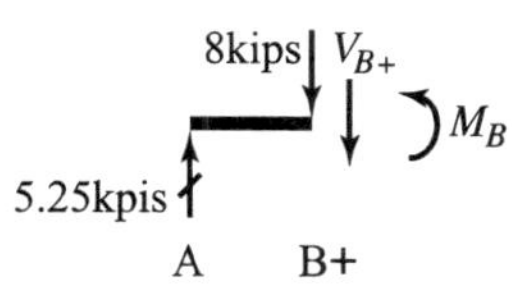

$B+$:

$$\sum^{B+} M = 0 = 5.25 \times 4 - M_B \quad ; \quad M_B = 21\,kip \cdot ft$$
$$\sum F_y = 0 = 5.25 - 8 - V_{B+} \quad ; \quad V_{B+} = -2.75\,kips$$

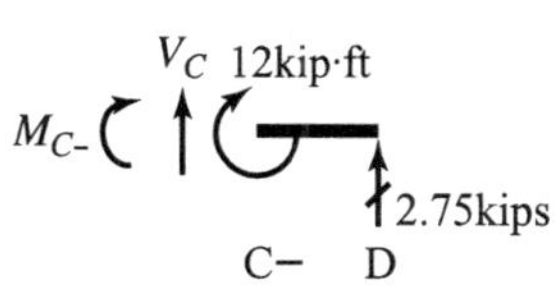

$C-$:

$$\sum^{C-} M = 0 = M_{C-} + 12 - 2.75 \times 4 \quad ; \quad M_{C-} = -1\,kip \cdot ft$$
$$\sum F_y = 0 = V_C + 2.75 \quad ; \quad V_C = -2.75\,kips$$

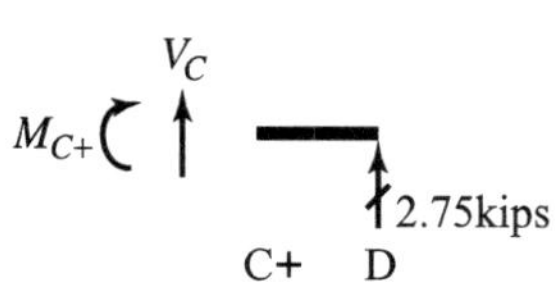

$C+$:

$$\sum^{C+} M = 0 = M_{C+} - 2.75 \times 4 \quad ; \quad M_{C+} = 11\,kip \cdot ft$$
$$\sum F_y = 0 = V_C + 2.75 \quad ; \quad V_C = -2.75\,kips$$

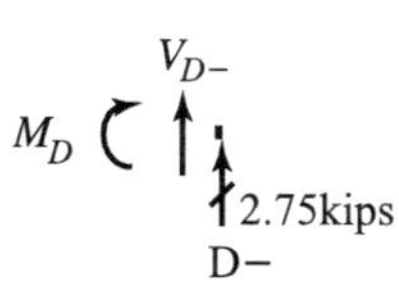

$D-$:

$$\sum^{D-} M = 0 = M_D$$
$$\sum F_y = 0 = V_{D-} + 2.75 \quad ; \quad V_{D-} = -2.75\,kips$$

6-2 외팔보의 전단력(V_A, V_B, V_C, V_{D-}) 및 휨모멘트(M_A, M_B, M_{C-}, M_{C+}, M_{D-})를 자유물체도와 평형조건식을 사용하여 구하시오.

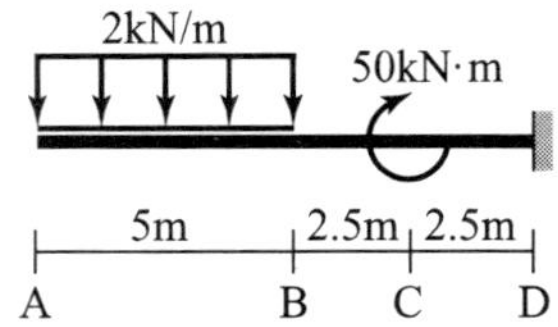

풀이

전체 자유물체도(등가집중하중) :

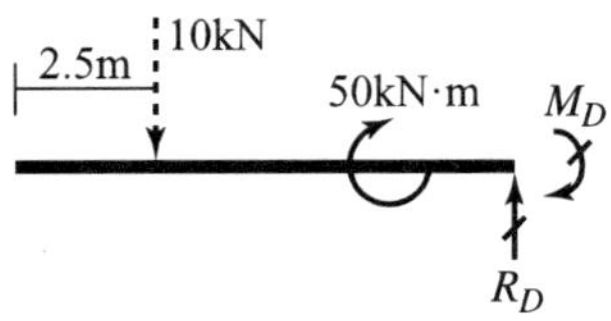

지점반력(평형조건식) : $\sum^{D} M$과 M_D의 의미가 다르다는 것에 유의해야 한다.

$$\sum F_y = 0 = 10 - R_D \quad ; \quad R_D = 10kN$$

$$\sum^{D} M = 0 = 10 \times 7.5 - 50 - M_D \quad ; \quad M_D = 25kN \cdot m$$

자유물체도 : 각 구간의 자유물체도를 작성할 때는 분포하중을 원래대로 작용시키고, 평형조건식을 적용할 때만 등가집중하중으로 변경한다.

전단력 및 휨모멘트(평형조건식) :

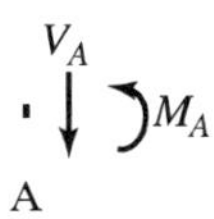

A :

$$\sum^{A} M = 0 = M_A$$

$$\sum F_y = 0 = V_A$$

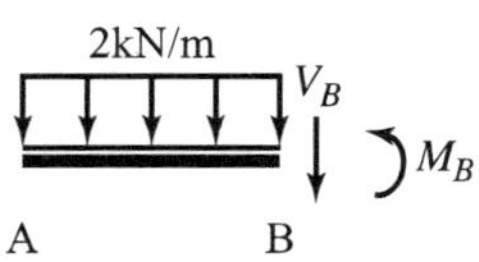

B :

$$\sum^{B} M = 0 = 2 \times 5 \times 2.5 + M_B \quad ; \quad M_B = -25kN \cdot m$$

$$\sum F_y = 0 = 2 \times 5 + V_B \quad ; \quad V_B = -10kN$$

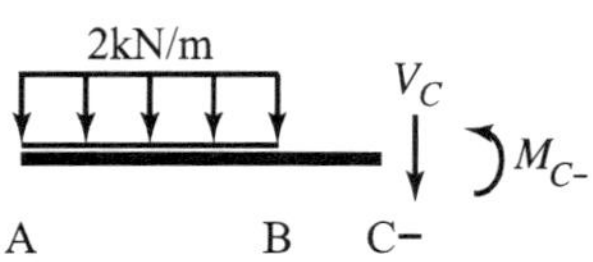

$C-$:

$$\sum^{C-} M = 0 = 2 \times 5 \times 5 + M_{C-} \quad ; \quad M_{C-} = -50kN \cdot m$$

$$\sum F_y = 0 = 2 \times 5 + V_C \quad ; \quad V_C = -10kN$$

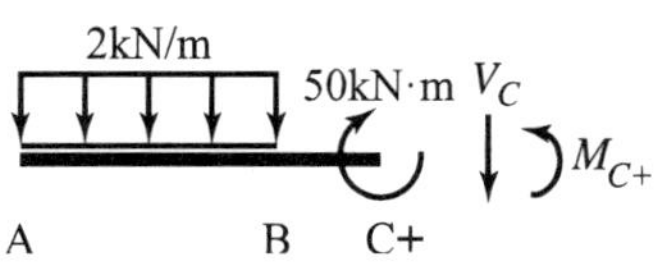

$C+$:

$$\sum^{C+} M = 0 = 2 \times 5 \times 5 - 50 + M_{C+} \quad ; \quad M_{C+} = 0$$

$$\sum F_y = 0 = 2 \times 5 + V_C \quad ; \quad V_C = -10kN$$

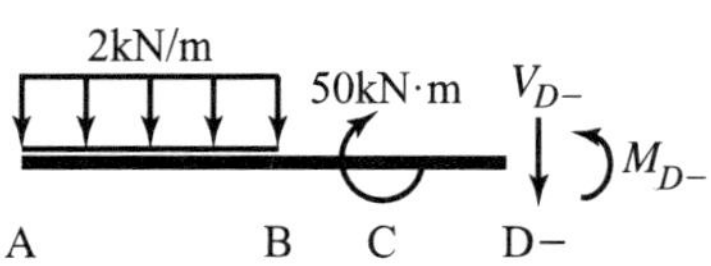

$D-$:

$$\sum^{D-} M = 0 = 2 \times 5 \times 7.5 - 50 + M_{D-}$$

$$; \quad M_{D-} = -25kN \cdot m$$

$$\sum F_y = 0 = 2 \times 5 + V_{D-} \quad ; \quad V_{D-} = -10kN$$

6-3 하중-전단력-휨모멘트의 관계를 이용하여 단순보의 전단력(V_{A-}, V_{A+}, V_{B-}, V_{B+}, V_C, V_{D-}, V_{D+}) 및 휨모멘트(M_A, M_B, M_C, M_D)를 구하고 전단력선도와 휨모멘트선도를 작성하시오.

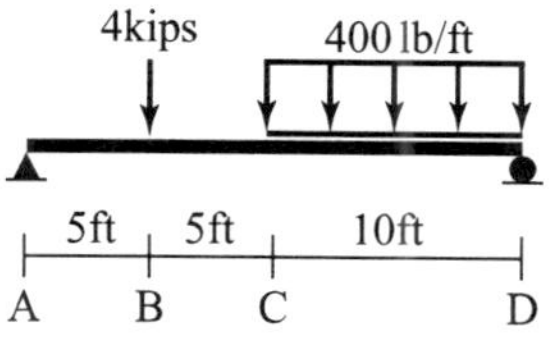

풀이

전체 자유물체도(등가집중하중) :

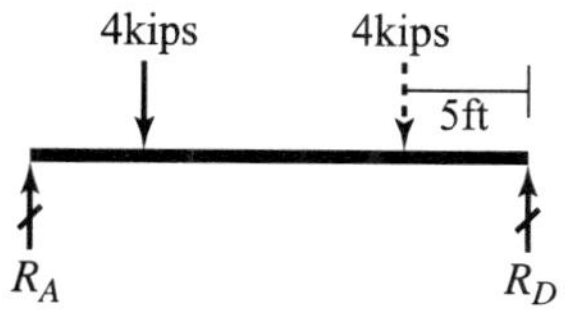

지점반력(평형조건식) :

$$\sum^{A} M = 0 = -4\times5-4\times15+R_D\times20$$
$$R_D = 4\,kips$$
$$\sum F_y = 0 = R_A-4-4+R_D$$
$$R_A = 4\,kips$$

하중선도/전단력선도/휨모멘트선도 : 하중선도에는 원래의 분포하중을 등가집중하중으로 변경할 수 없다.

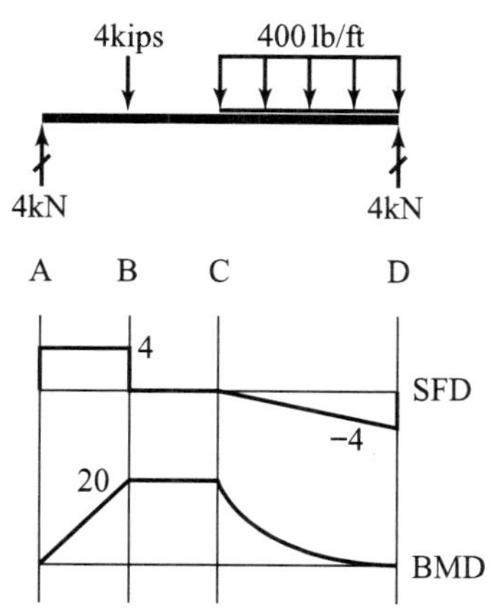

전단력 : 전단력선도는 하중선도의 이동력(집중하중, 분포하중)을 적분한다.

$$V_{A-} = 0$$
$$V_{A+} = V_{A-}+4 = 4(kips) = V_{B-}$$
$$V_{B+} = V_{B-}-4 = 0 = V_C$$
$$V_{D-} = V_C-0.4\times10 = -4(kips)$$
$$V_{D+} = V_{D-}+4 = 0$$

휨모멘트 : 휨모멘트선도는 전단력선도의 면적을 적분한다.

$$M_A = 0$$
$$M_B = M_A+4\times5 = 20(kip\cdot ft) = M_C$$
$$M_D = M_C-4\times10\times0.5 = 0$$

6-4 하중–전단력–휨모멘트의 관계를 이용하여 단순보의 전단력(V_{A-}, V_{A+}, V_{D-}, V_{D+}) 및 휨모멘트(M_A, M_{B-}, M_{B+}, M_{C-}, M_{C+}, M_D)를 구하고 전단력선도와 휨모멘트선도를 작성하시오.

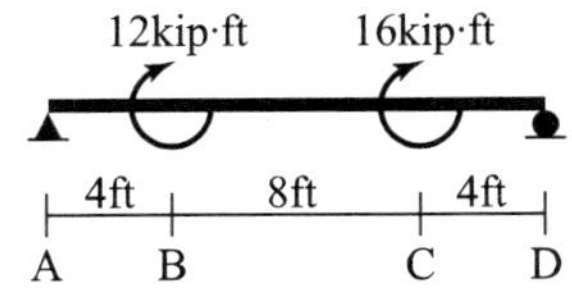

풀이

전체 자유물체도 :

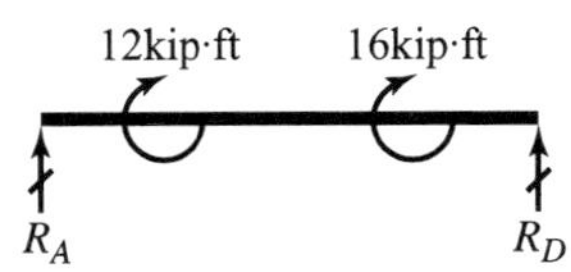

지점반력(평형조건식) :

$$\sum^{A} M = 0 = 12 + 16 - R_D \times 16 \ ; \ R_D = 1.75\,kips$$
$$\sum F_y = 0 = R_A + R_D \ ; \ R_A = -1.75\,kips$$

하중선도/전단력선도/휨모멘트선도 :

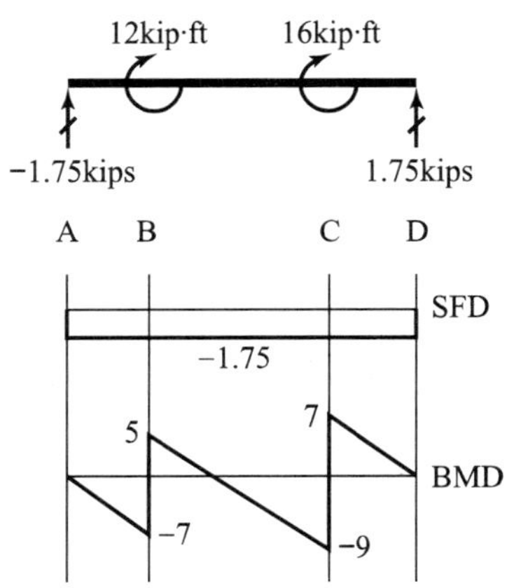

전단력 : 모멘트하중에 의해 반력(이동력)이 결정되며, 전단력선도에는 이동력만 반영한다.

$$V_{A-} = 0$$
$$V_{A+} = V_{A-} + (-1.75) = -1.75\,(kips) = V_{D-}$$
$$V_{D+} = V_{D-} + 1.75 = 0$$

휨모멘트 : 하중선도의 모멘트하중은 휨모멘트선도의 수직이동(상승/하강)으로 반영한다. B점, C점의 모멘트하중은 시계방향이므로 해당위치에서 휨모멘트선도가 상승한다.

$$M_A = 0$$
$$M_{B-} = M_A - 1.75 \times 4 = -7\,(kip \cdot ft)$$
$$M_{B+} = M_{B-} + 12 = 5\,(kip \cdot ft)$$
$$M_{C-} = M_{B+} - 1.75 \times 8 = -9\,(kip \cdot ft)$$
$$M_{C+} = M_{C-} + 16 = 7\,(kip \cdot ft)$$
$$M_D = M_{C+} - 1.75 \times 4 = 0$$

6-5 하중–전단력–휨모멘트의 관계를 이용하여 외팔보의 전단력(V_{A-}, V_{A+}, V_B, V_C) 및 휨모멘트(M_{A-}, M_{A+}, M_B, M_{C-}, M_{C+})를 구하고 전단력선도와 휨모멘트선도를 작성하시오.

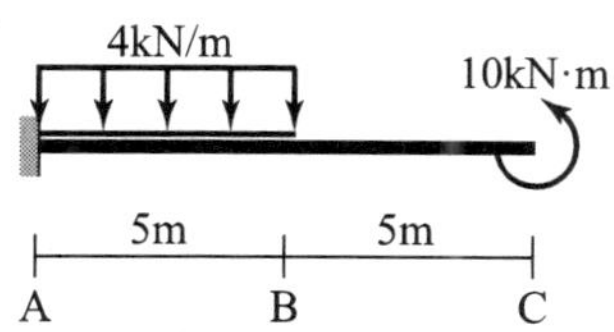

풀이

전체 자유물체도(등가집중하중) :

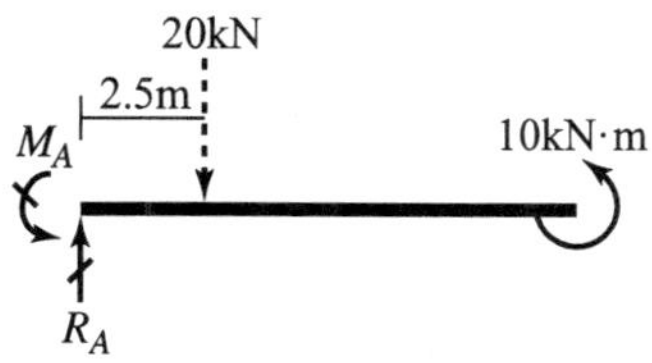

지점반력(평형조건식) :

$$\sum F_y = 0 = R_A - 4\times 5$$
$$R_A = 20\,kN$$
$$\sum^{A} M = 0 = M_A - 20\times 2.5 + 10$$
$$M_A = 40\,kN\cdot m$$

하중선도/전단력선도/휨모멘트선도 :

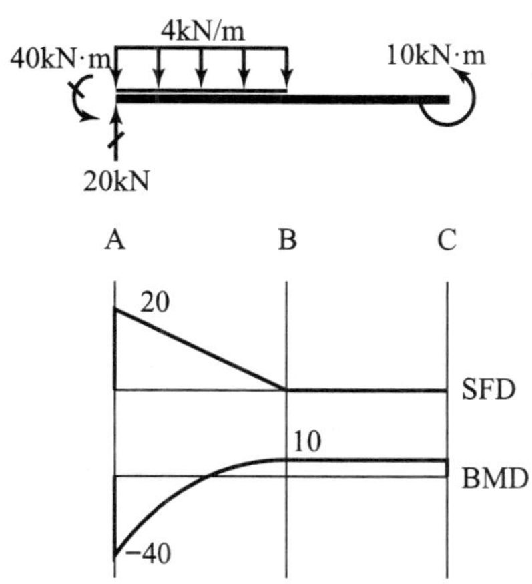

전단력 :

$$V_{A-} = 0$$
$$V_{A+} = V_{A-} + 20 = 20\,(kN)$$
$$V_B = V_{A+} - 4\times 5 = 0 = V_C$$

휨모멘트 : A, C점의 휨모멘트 반력과 하중은 반시계방향이므로 해당 위치에서 휨모멘트선도가 수직이동(하강)한다.

$$M_{A-} = 0$$
$$M_{A+} = M_{A-} - 40 = -40\,(kN\cdot m)$$
$$M_B = M_{A+} + 20\times 5\times 0.5 = 10\,(kN\cdot m)$$
$$= M_{C-}$$
$$M_{C+} = M_{C-} - 10 = 0$$

6-6 하중–전단력–휨모멘트의 관계를 이용하여 외팔보의 전단력(V_{A-}, V_{A+}, V_{B-}, V_{B+}, V_{C-}, V_{C+}, V_D) 및 휨모멘트(M_{A-}, M_{A+}, M_B, M_C, M_{D-}, M_{D+})를 구하고 전단력선도와 휨모멘트선도를 작성하시오.

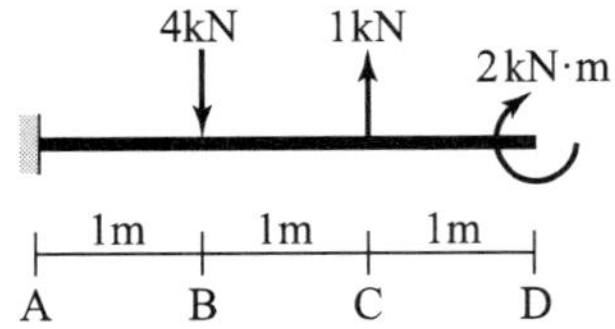

풀이

전체 자유물체도 :

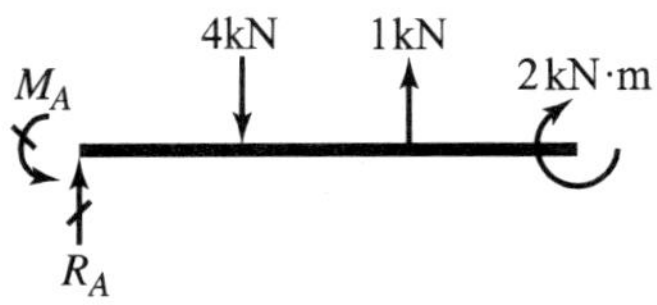

지점반력(평형조건식) :

$$\sum F_y = 0 = R_A - 4 + 1$$
$$R_A = 3kN$$

$$\sum^{A} M = 0 = M_A - 4\times1 + 1\times2 - 2$$
$$M_A = 4kN\cdot m$$

하중선도/전단력선도/휨모멘트선도 :

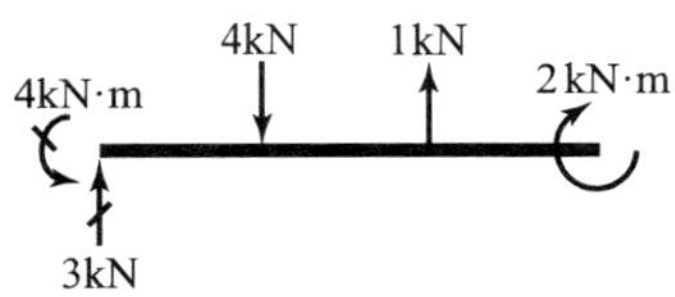

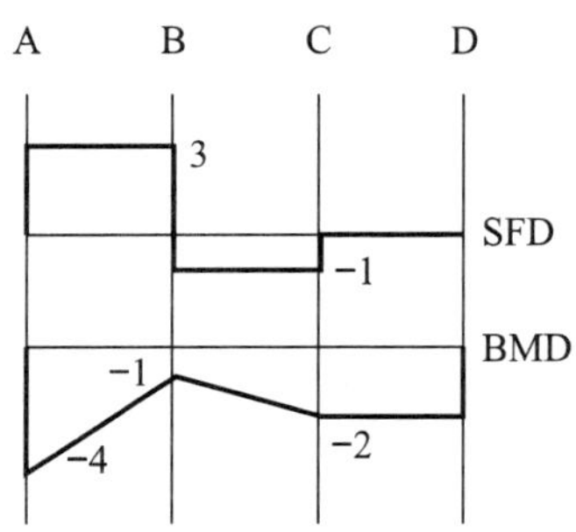

전단력 :

$$V_{A-} = 0$$
$$V_{A+} = V_{A-} + 3 = 3(kN) = V_{B-}$$
$$V_{B+} = V_{B-} - 4 = -1(kN) = V_{C-}$$
$$V_{C+} = V_{C-} + 1 = 0 = V_D$$

휨모멘트 : A, D점의 모멘트하중은 각각 반시계방향, 시계방향이므로 휨모멘트선도의 하강, 상승으로 나타난다.

$$M_{A-} = 0$$
$$M_{A+} = M_{A-} - 4 = -4(kN\cdot m)$$
$$M_B = M_{A+} + 3\times1 = -1(kN\cdot m)$$
$$M_C = M_B - 1\times1 = -2(kN\cdot m) = M_{D-}$$
$$M_{D+} = M_{D-} + 2 = 0$$

6-7 하중–전단력–휨모멘트의 관계를 이용하여 전단력선도와 휨모멘트선도를 구하시오.

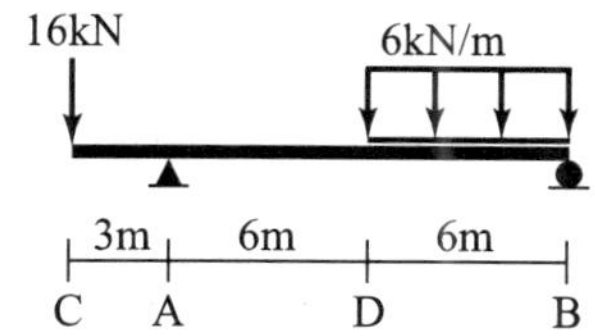

풀이

전체 자유물체도(등가집중하중) :

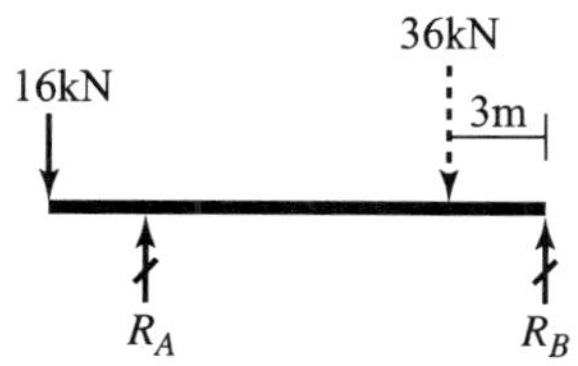

지점반력(평형조건식) :

$$\sum^{A} M = 0 = 16\times 3 - 36\times 9 + R_B\times 12$$
$$R_B = 23\,kN$$

$$\sum F_y = 0 = 16 - R_A + 36 - R_B$$
$$R_A = 29\,kN$$

하중선도/전단력선도/휨모멘트선도 :

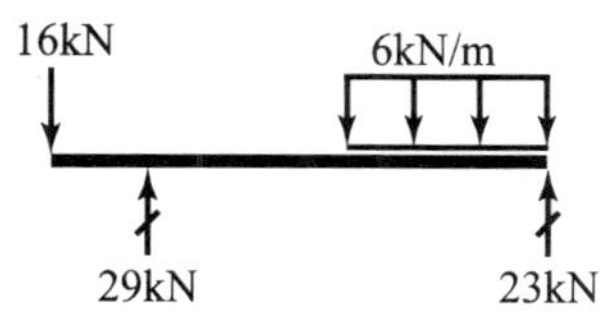

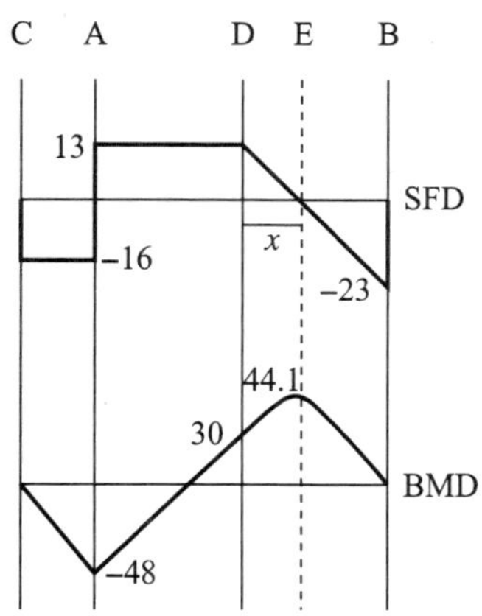

전단력 :

$$V_{C-} = 0$$
$$V_{C+} = V_{C-} - 16 = -16\,(kN) = V_{A-}$$
$$V_{A+} = V_{A-} + 29 = 13\,(kN) = V_D$$
$$V_{B-} = V_D - 6\times 6 = -23\,(kN)$$
$$V_{B+} = V_{B-} + 23 = 0$$

휨모멘트 :

$$x = 13/6 = 2.17\,(m)$$
$$M_C = 0$$
$$M_A = M_C - 16\times 3 = -48\,(kN\cdot m)$$
$$M_D = M_A + 13\times 6 = 30\,(kN\cdot m)$$
$$M_E = M_D + 13\times 2.17\times 0.5 = 44.1\,(kN\cdot m)$$
$$M_B = M_E - 23\times 3.83\times 0.5 = 0$$

6-8 하중–전단력–휨모멘트의 관계를 이용하여 전단력선도와 휨모멘트선도를 구하시오.

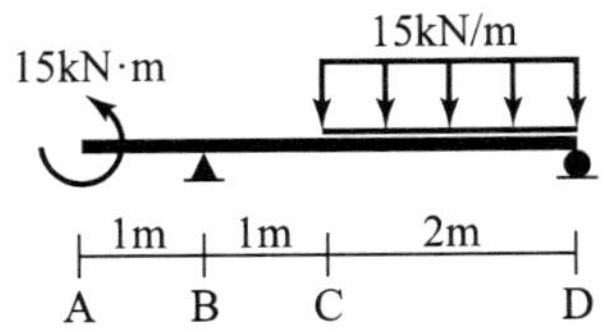

풀이

전체 자유물체도(등가집중하중) :

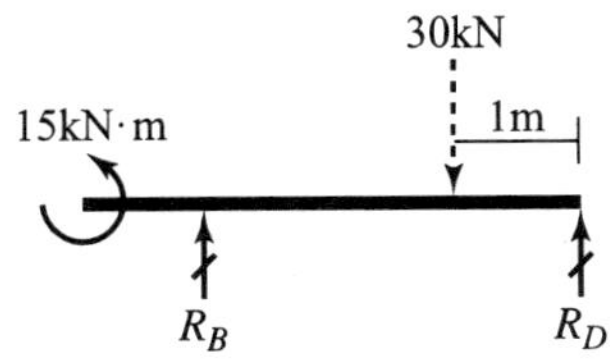

지점반력(평형조건식) :

$$\sum^{B} M = 0 = 15 - 30 \times 2 + R_D \times 3$$
$$R_D = 15\,kN$$
$$\sum F_y = 0 = R_B - 30 + R_D$$
$$R_B = 15\,kN$$

하중선도/전단력선도/휨모멘트선도 :

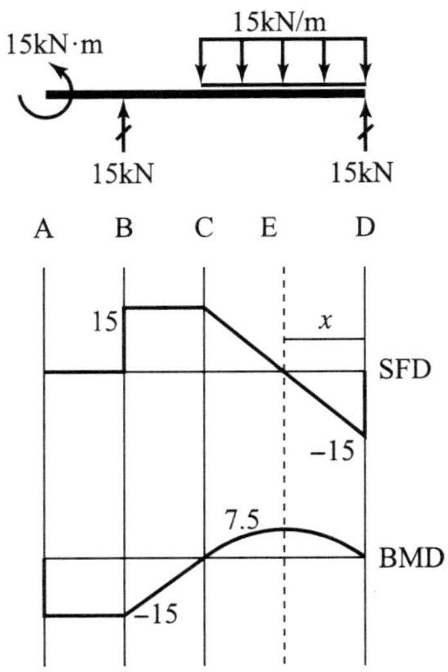

전단력 :

$$V_A = V_{B-} = 0$$
$$V_{B+} = V_{B-} + 15 = 15(kN) = V_C$$
$$V_{D-} = V_C - 15 \times 2 = -15(kN)$$
$$V_{D+} = V_{D-} + 15 = 0$$

휨모멘트 :

$$x = 15/15 = 1(m)$$
$$M_{A-} = 0$$
$$M_{A+} = M_{A-} - 15 = -15(kN \cdot m) = M_B$$
$$M_C = M_B + 15 \times 1 = 0$$
$$M_E = M_C + 15 \times 1 \times 0.5 = 7.5(kN \cdot m)$$
$$M_D = M_E - 15 \times 1 \times 0.5 = 0$$

6-9 하중–전단력–휨모멘트의 관계를 이용하여 전단력선도와 휨모멘트선도를 작성하고 자유물체도를 사용하여 전단력선도와 휨모멘트선도의 식을 구하시오.

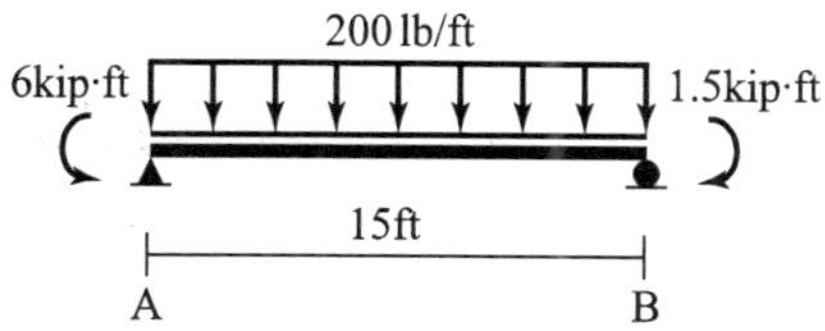

풀이

전체 자유물체도(등가집중하중) :

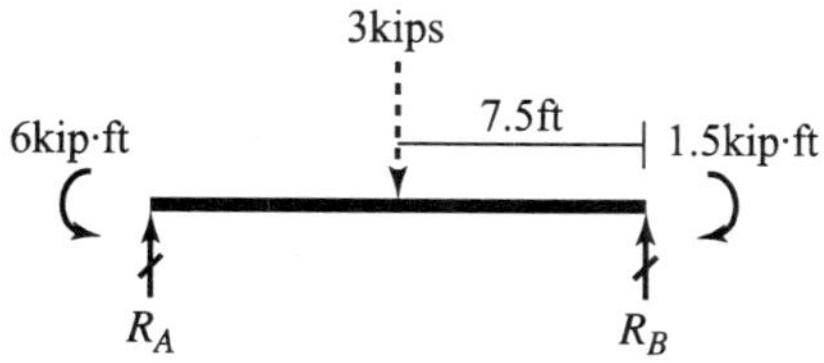

지점반력(평형조건식) :

$$\sum^{A} M = 0 = 6 - 3 \times 7.5 + R_B \times 15 - 1.5$$
$$R_B = 1.2\,kips$$
$$\sum F_y = 0 = R_A - 3 + R_B$$
$$R_A = 1.8\,kips$$

하중선도/전단력선도/휨모멘트선도 :

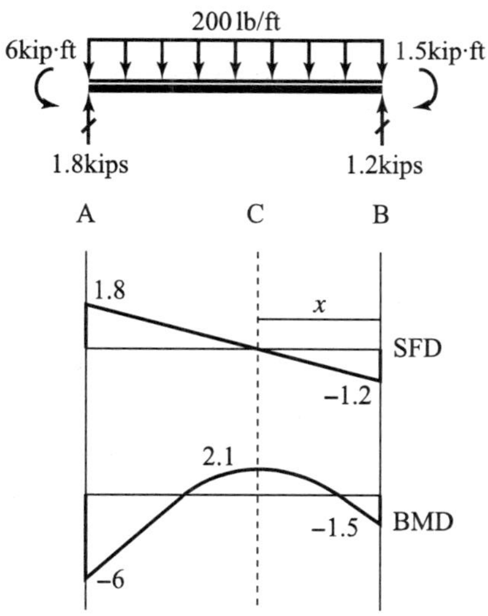

전단력 :

$$V_{A-} = 0$$
$$V_{A+} = V_{A-} + 1.8 = 1.8\,(kips)$$
$$V_{B-} = V_{A+} - 0.2 \times 15 = -1.2\,(kips)$$
$$V_{B+} = V_{B-} + 1.2 = 0$$

휨모멘트 :

$$x = 1.2/0.2 = 6\,(ft)$$
$$M_{A-} = 0$$
$$M_{A+} = M_{A-} - 6 = -6\,(kip \cdot ft)$$
$$M_C = M_{A+} + 1.8 \times 9 \times 0.5 = 2.1\,(kip \cdot ft)$$
$$M_{B-} = M_C - 1.2 \times 6 \times 0.5 = -1.5\,(kip \cdot ft)$$
$$M_{B+} = M_{B-} + 1.5 = 0$$

자유물체도 :

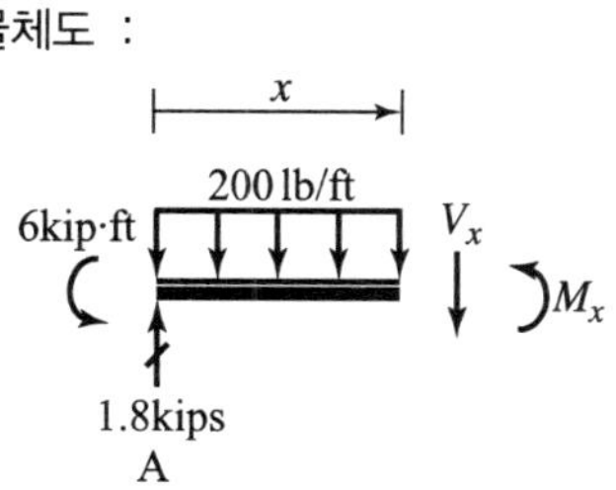

전단력선도/휨모멘트선도의 식 :

$$\sum F_y = 0 = 1.8 - 0.2 \times x - V_x$$
$$V_x = -0.2x + 1.8$$
$$\sum^{x} M = 0 = 6 - 1.8 \times x + 0.2 \times x \times \frac{x}{2} + M_x$$
$$M_x = -0.1x^2 + 1.8x - 6$$

6-10 하중–전단력–휨모멘트의 관계를 이용하여 전단력선도와 휨모멘트선도를 작성하고 자유물체도를 사용하여 전단력선도와 휨모멘트선도의 식을 구하시오.

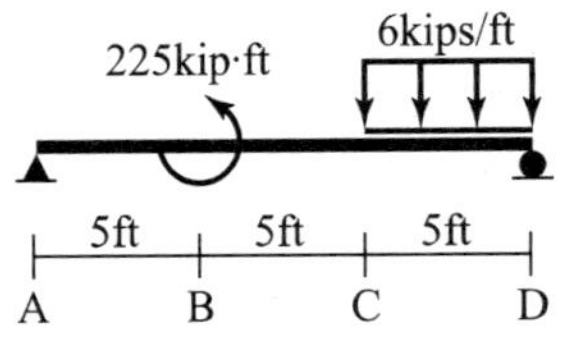

풀이

전체 자유물체도(등가집중하중) :

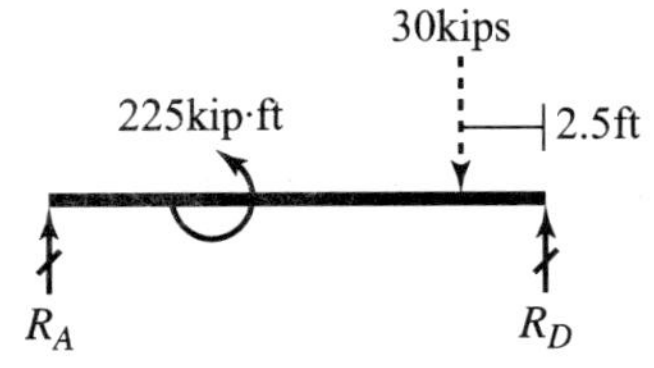

지점반력(평형조건식) :

$$\sum^{A} M = 0 = 225 - 30 \times 12.5 + R_D \times 15$$
$$R_D = 10\,kips$$

$$\sum F_y = 0 = R_A - 30 + R_D$$
$$R_A = 20\,kips$$

하중선도/전단력선도/휨모멘트선도 :

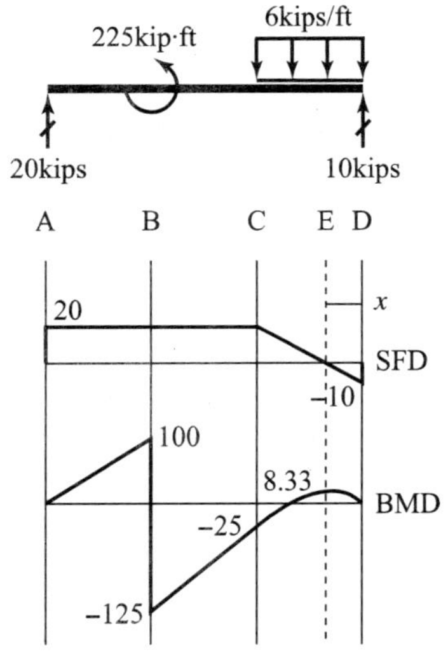

전단력 :

$$V_{A-} = 0$$
$$V_{A+} = V_{A-} + 20 = 20\,(kips) = V_B = V_C$$
$$V_{D-} = V_C - 6 \times 5 = -10\,(kips)$$
$$V_{D+} = V_{D-} + 10 = 0$$

휨모멘트 :

$$x = 10/6 = 1.67\,(ft)$$

$$M_A = 0$$
$$M_{B-} = M_A + 20 \times 5 = 100\,(kip \cdot ft)$$
$$M_{B+} = M_{B-} - 225 = -125\,(kip \cdot ft)$$
$$M_C = M_{B+} + 20 \times 5 = -25\,(kip \cdot ft)$$
$$M_E = M_C + 20 \times 3.33 \times 0.5 = 8.33\,(kip \cdot ft)$$
$$M_D = M_E - 10 \times 1.67 \times 0.5 \cong 0$$

자유물체도 :

전단력선도/휨모멘트선도의 식 :

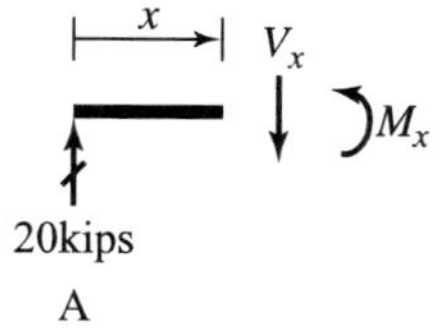

$0 \le x \le 5$:

$$\sum F_y = 0 = 20 - V_x$$
$$V_x = 20$$
$$\sum^{x} M = 0 = 20 \times x - M_x$$
$$M_x = 20x$$

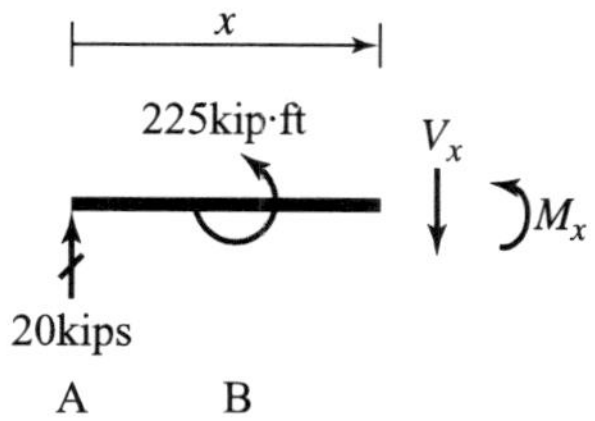

$5 \le x \le 10$:

$$\sum F_y = 0 = 20 - V_x$$
$$V_x = 20$$
$$\sum^{x} M = 0 = 20 \times x - 225 - M_x$$
$$M_x = 20x - 225$$

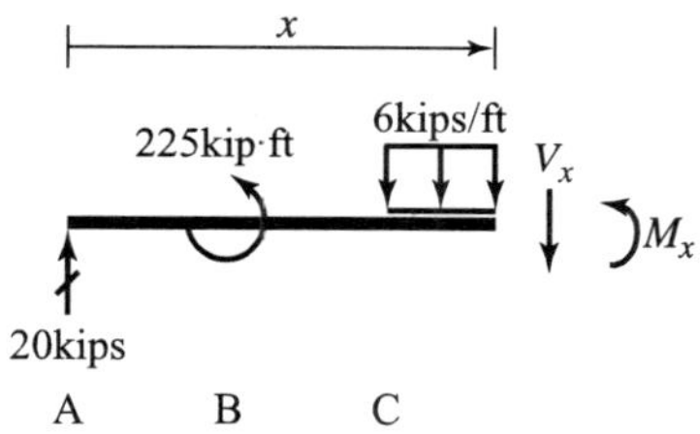

$10 \le x \le 15$:

$$\sum F_y = 0 = 20 - 6 \times (x-10) - V_x$$
$$V_x = -6x + 80$$
$$\sum^{x} M = 0 = 20 \times x - 225 - 6 \times (x-10)^2 \times 0.5 - M_x$$
$$M_x = -3x^2 + 80x - 525$$

6-11 하중 – 전단력 – 휨모멘트의 관계를 이용하여 전단력선도와 휨모멘트선도를 작성하고 자유물체도를 사용하여 전단력선도와 휨모멘트선도의 식을 구하시오.

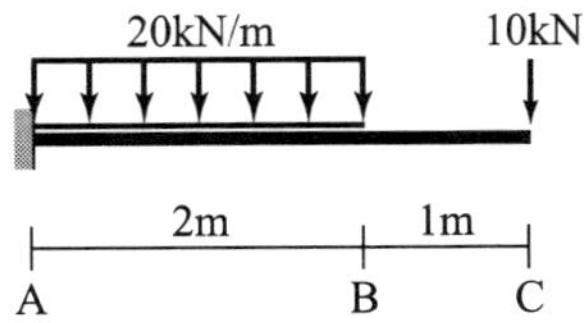

풀이

전체 자유물체도(등가집중하중) :

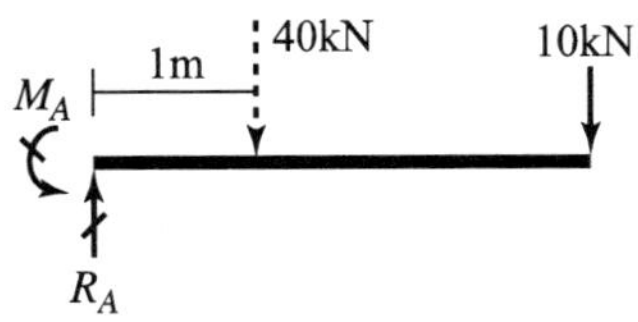

지점반력(평형조건식) :

$$\sum F_y = 0 = R_A - 40 - 10$$
$$R_A = 50\,kN$$

$$\sum^{A} M = 0 = M_A - 40 \times 1 - 10 \times 3$$
$$M_A = 70\,kN \cdot m$$

하중선도/전단력선도/휨모멘트선도 :

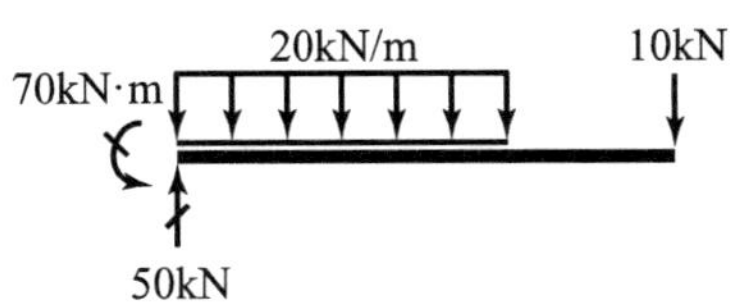

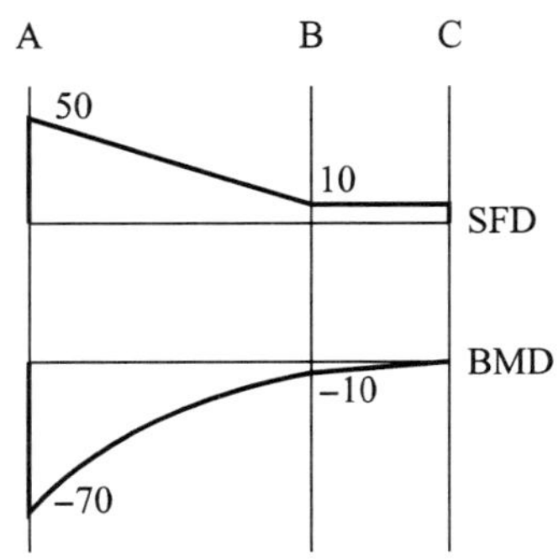

전단력 :

$$V_{A-} = 0$$
$$V_{A+} = V_{A-} + 50 = 50(kN)$$
$$V_B = V_{A+} - 20 \times 2 = 10(kN) = V_{C-}$$
$$V_{C+} = V_{C-} - 10 = 0$$

휨모멘트 :

$$M_{A-} = 0$$
$$M_{A+} = M_{A-} - 70 = -70(kN \cdot m)$$
$$M_B = M_{A+} + \frac{50+10}{2} \times 2 = -10(kN \cdot m)$$
$$M_C = M_B + 10 \times 1 = 0$$

자유물체도 :

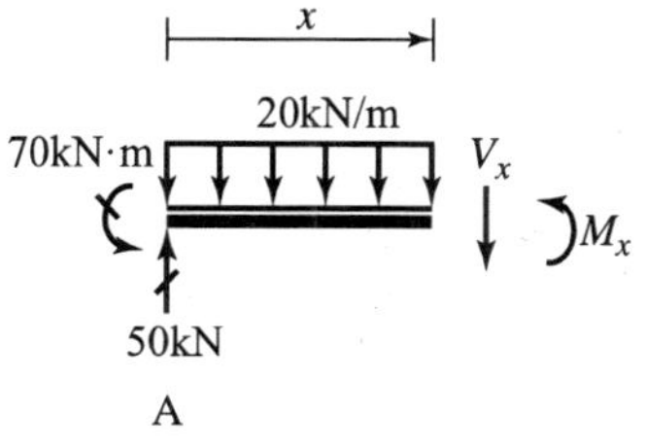

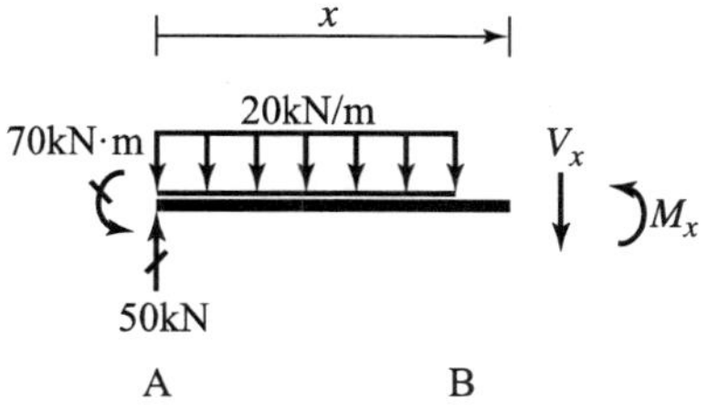

전단력선도/휨모멘트선도의 식 :

0 ≤ x ≤ 2 :

$$\sum F_y = 0 = 50 - 20 \times x - V_x$$
$$V_x = -20x + 50$$
$$\sum^{x} M = 0 = 70 - 50 \times x + 20 \times x \times \frac{x}{2} + M_x$$
$$M_x = -10x^2 + 50x - 70$$

2 ≤ x ≤ 3 :

$$\sum F_y = 0 = 50 - 20 \times 2 - V_x$$
$$V_x = 10$$
$$\sum^{x} M = 0 = 70 - 50 \times x + 20 \times 2 \times (x-1) + M_x$$
$$M_x = 10x - 30$$

6-12 하중 – 전단력 – 휨모멘트의 관계를 이용하여 전단력선도와 휨모멘트선도를 작성하고 자유물체도를 사용하여 전단력선도와 휨모멘트선도의 식을 구하시오.

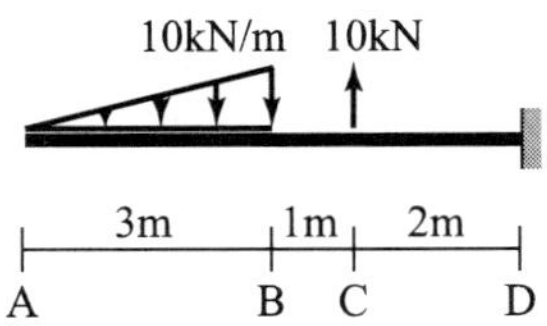

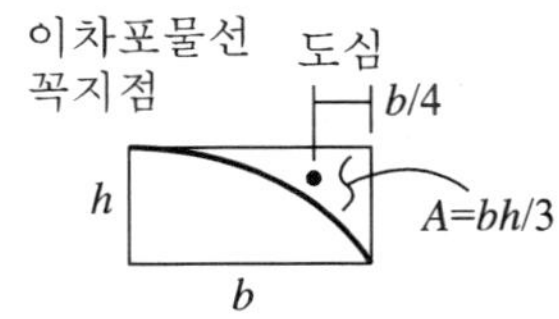

풀이

전체 자유물체도(등가집중하중) :

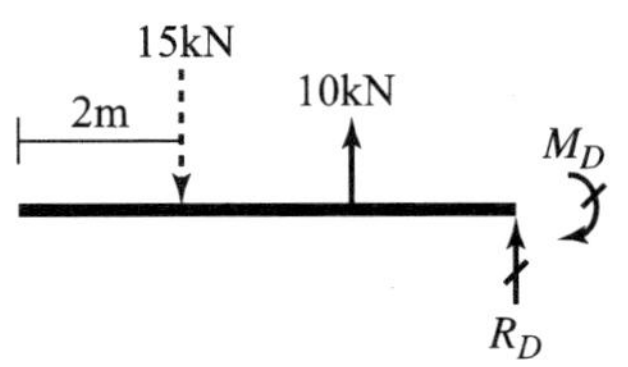

지점반력(평형조건식) :

$$\sum F_y = 0 = 15 - 10 - R_D$$
$$R_D = 5\,kN$$
$$\sum^{D} M = 0 = 15 \times 4 - 10 \times 2 - M_D$$
$$M_D = 40\,kN \cdot m$$

하중선도/전단력선도/휨모멘트선도 :

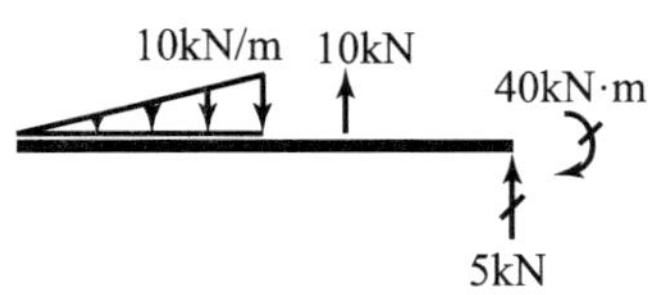

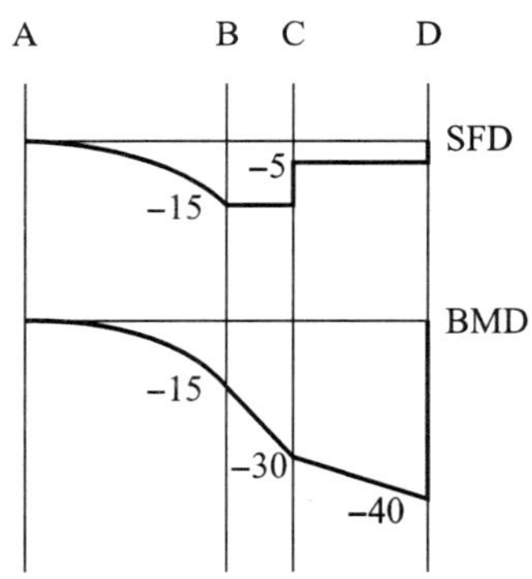

전단력 :

$$V_A = 0$$
$$V_B = V_A - 10 \times 3 \times 0.5 = -15\,(kN) = V_{C-}$$
$$V_{C+} = V_{C-} + 10 = -5\,(kN) = V_{D-}$$
$$V_{D+} = V_{D-} + 5 = 0$$

휨모멘트 :

$$M_A = 0$$
$$M_B = M_A - 15 \times 3 \times \frac{1}{3} = -15\,(kN \cdot m)$$
$$M_C = M_B - 15 \times 1 = -30\,(kN \cdot m)$$
$$M_{D-} = M_C - 5 \times 2 = -40\,(kN \cdot m)$$
$$M_{D+} = M_{D-} + 40 = 0$$

자유물체도 :

전단력선도/휨모멘트선도의 식 :

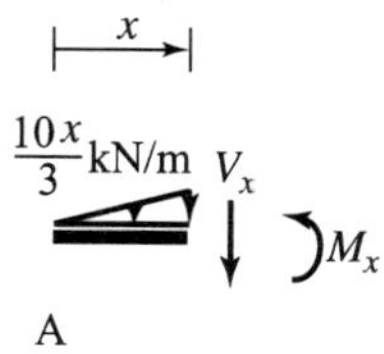

0 ≤ x ≤ 3 :

$$\sum F_y = 0 = \frac{10x}{3} \times x \times 0.5 + V_x$$

$$V_x = -\frac{5}{3}x^2$$

$$\sum^{x} M = 0 = \frac{10x}{3} \times x \times 0.5 \times \frac{x}{3} + M_x$$

$$M_x = -\frac{5}{9}x^3$$

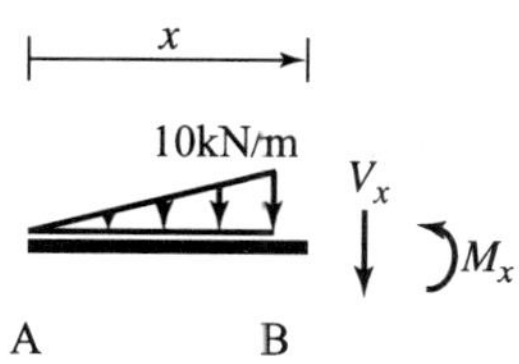

3 ≤ x ≤ 4 :

$$\sum F_y = 0 = 10 \times 3 \times 0.5 + V_x$$

$$V_x = -15$$

$$\sum^{x} M = 0 = 10 \times 3 \times 0.5 \times (x-2) + M_x$$

$$M_x = -15x + 30$$

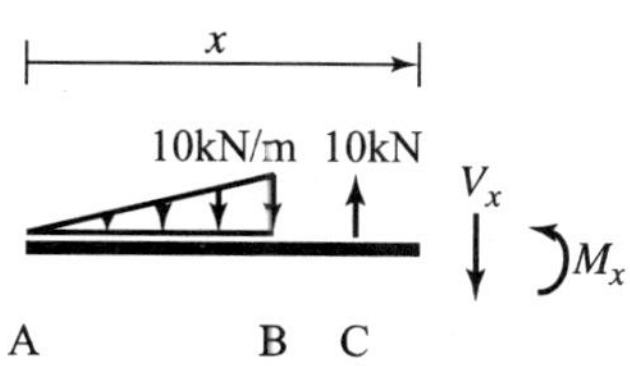

4 ≤ x ≤ 6 :

$$\sum F_y = 0 = 10 \times 3 \times 0.5 - 10 + V_x$$

$$V_x = -5$$

$$\sum^{x} M = 0 = 10 \times 3 \times 0.5 \times (x-2) - 10 \times (x-4) + M_x$$

$$M_x = -5x - 10$$

6-13 전단력선도와 휨모멘트선도를 작성하고 C점을 기준으로 개별휨모멘트선도를 구하시오.

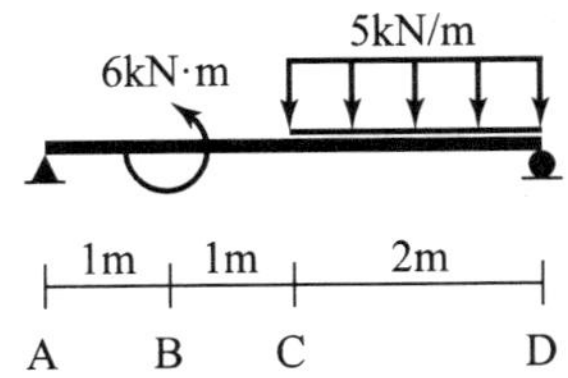

풀이

전체 자유물체도(등가집중하중) :

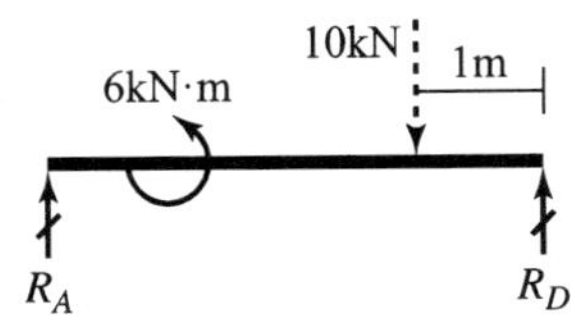

지점반력(평형조건식) :

$$\sum^{D} M = 0 = R_A \times 4 - 6 - 10 \times 1$$
$$R_A = 4kN$$
$$\sum F_y = 0 = R_A - 10 + R_D$$
$$R_D = 6kN$$

하중선도/전단력선도/휨모멘트선도 :

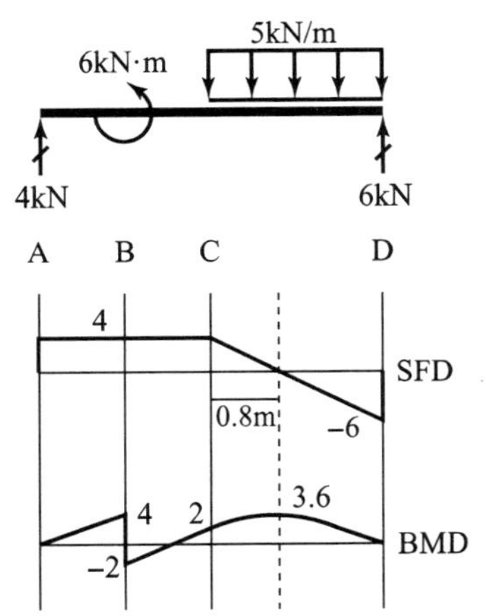

휨모멘트 :

$$M_A = 0$$
$$M_{B-} = 4 \times 1 = 4(kN \cdot m)$$
$$M_{B+} = M_{B-} - 6 = -2(kN \cdot m)$$
$$M_C = M_{B+} + 4 \times 1 = 2(kN \cdot m)$$
$$M_D = M_C + 4 \times 0.8 \times 0.5 - 6 \times 1.2 \times 0.5 = 0$$

개별휨모멘트선도 :

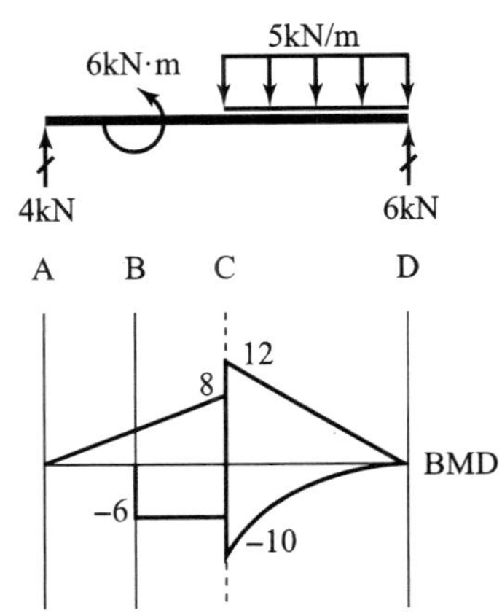

휨모멘트 :

$$M_A = 0$$
$$M_{B-} = 8 \times 0.5 = 4(kN \cdot m)$$
$$M_{B+} = M_{B-} - 6 = -2(kN \cdot m)$$
$M_C = 8 - 6 = 2(kN \cdot m)$; C점 왼편

$M_C = 12 - 10 = 2(kN \cdot m)$; C점 오른편

$$M_D = 0$$

6-14 내민보의 전단력선도와 휨모멘트선도를 작성하고 C점을 기준으로 개별휨모멘트선도를 구하시오.

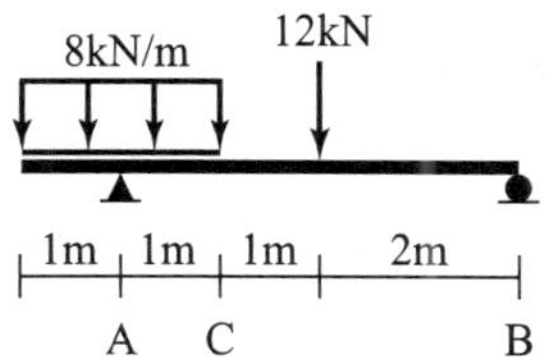

풀이

전체 자유물체도(등가집중하중) :

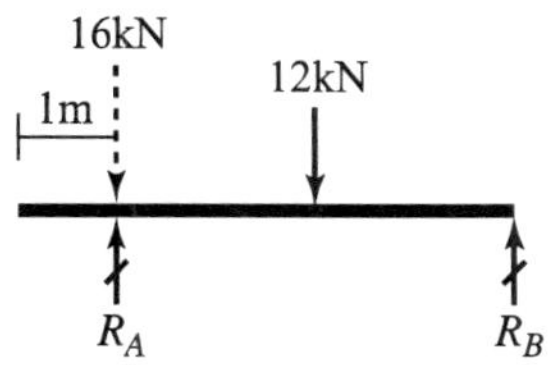

지점반력(평형조건식) :

$$\sum^{B} M = 16\times4-R_A\times4+12\times2=0$$
$$R_A = 22(kN)$$
$$\sum F_y = 16-R_A+12-R_B=0$$
$$R_B = 6(kN)$$

하중선도/전단력선도/휨모멘트선도 :

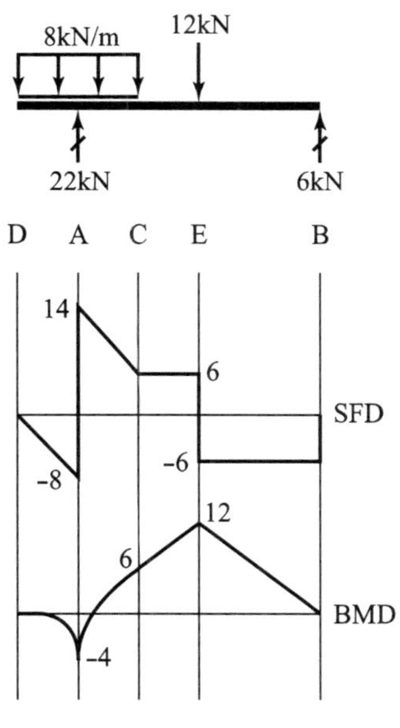

전단력 :

$$V_D = 0$$
$$V_{A-} = V_D-8\times1=-8(kN)$$
$$V_{A+} = V_{A-}+22=14(kN)$$
$$V_C = V_{A+}-8\times1=6(kN)=V_{E-}$$
$$V_{E+} = V_{E-}-12=-6(kN)=V_{B-}$$
$$V_{B+} = V_{B-}+6=0$$

휨모멘트 :

$$M_D = 0$$
$$M_A = M_D-8\times1\times0.5=-4(kN\cdot m)$$
$$M_C = M_A+\frac{14+6}{2}\times1=6(kN\cdot m)$$
$$M_E = M_C+6\times1=12(kN\cdot m)$$
$$M_B = M_E-6\times2=0$$

개별휨모멘트선도 :

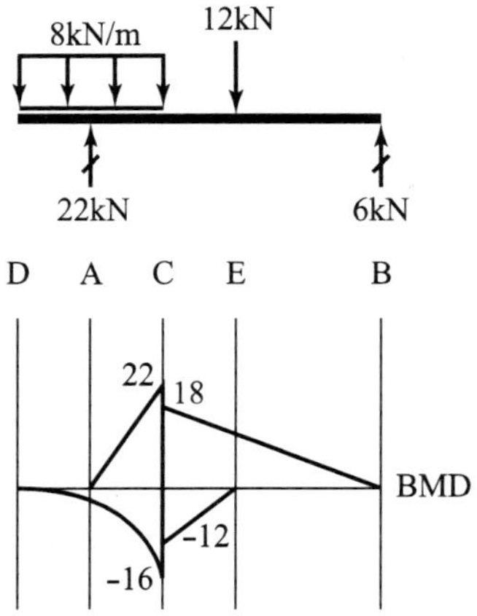

휨모멘트 :

$M_D = 0$

$M_A = -8 \times 1 \times 0.5 = -4(kN \cdot m)$

$M_C = 22 - 16 = 6(kN \cdot m)$; C점 왼편

$M_C = 18 - 12 = 6(kN \cdot m)$; C점 오른편

$M_E = 18 \times \dfrac{2}{3} = 12(kN \cdot m)$

$M_B = 0$

6-15 강재보의 전단력선도와 휨모멘트선도를 작성하고 최대 휨/전단응력을 구하시오.

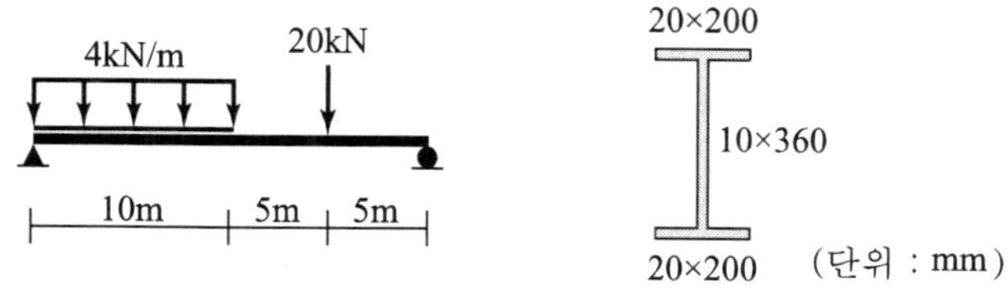

풀이

전체 자유물체도(등가집중하중) :

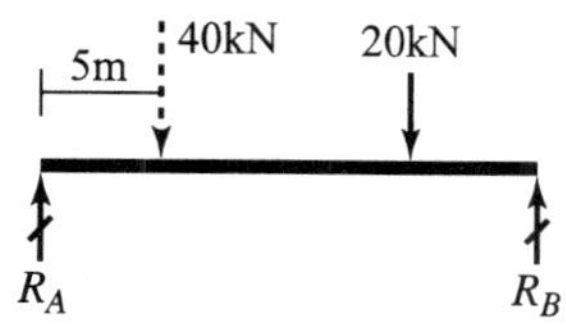

지점반력(평형조건식) :

$$\sum^{A} M = 0 = 40 \times 5 + 20 \times 15 - R_B \times 20$$
$$R_B = 25\,kN$$
$$\sum F_y = 0 = R_A - 40 - 20 + R_B$$
$$R_A = 35\,kN$$

하중선도/전단력선도/휨모멘트선도 :

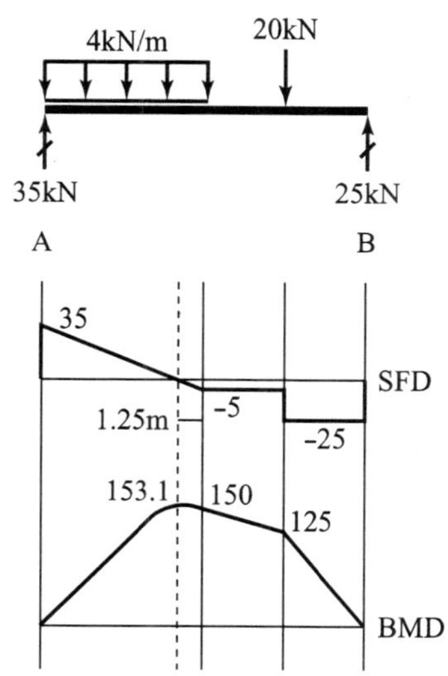

단면2차모멘트 :

$$I = \frac{20 \times 40^3}{12} - 2 \times \frac{9.5 \times 36^3}{12} = 3.28 \times 10^4 (cm^4)$$

최대휨응력 : $M_{\max} = 153.1\,kN \cdot m$

$$\sigma_{\max} = \frac{153.1 \times 10^3 \times 0.2}{3.28 \times 10^{-4}} \times 10^{-6} = 93.4 (MPa)$$

최대전단응력 : $V_{\max} = 35\,kN$

$$Q = 1 \times 18 \times 9 + 2 \times 20 \times 19 = 9.22 \times 10^2 (cm^3)$$

$$\tau_{\max} = \frac{VQ}{It}$$
$$= \frac{(35 \times 10^3) \times (9.22 \times 10^{-4})}{3.28 \times 10^{-4} \times 0.01} \times 10^{-6}$$
$$= 9.84 (MPa)$$

6-16 전단력선도와 휨모멘트선도를 작성하고 절대 최대휨/전단응력을 구하시오.

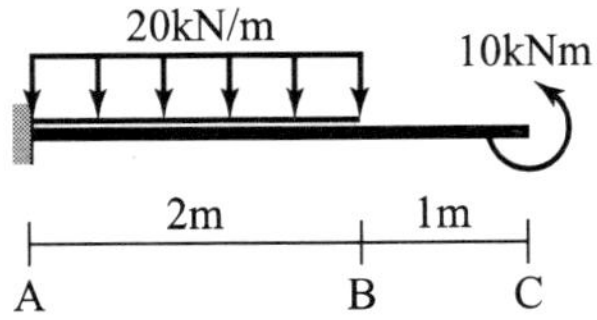

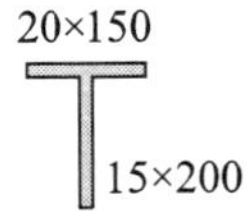

(단위 : mm)

풀이

전체 자유물체도(등가집중하중) :

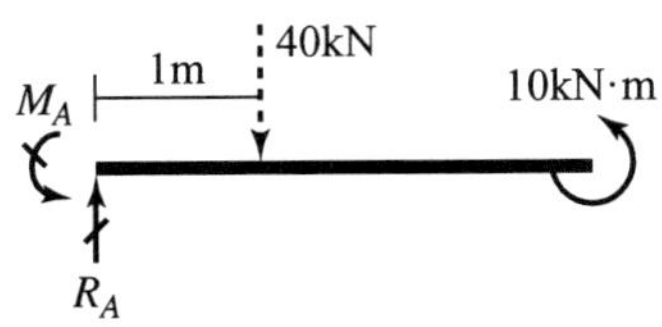

지점반력(평형조건식) :

$$\sum F_y = 0 = R_A - 40$$
$$R_A = 40\,kN$$
$$\sum^{A} M = 0 = M_A - 40 \times 1 + 10$$
$$M_A = 30\,kN \cdot m$$

단면2차모멘트(개별요소, 평행축정리) : 기준축 x

$$I_1 = \frac{15 \times 2^3}{12} = 10\,(cm^4) \quad ; \quad I_2 = \frac{1.5 \times 20^3}{12} = 1000\,(cm^4)$$

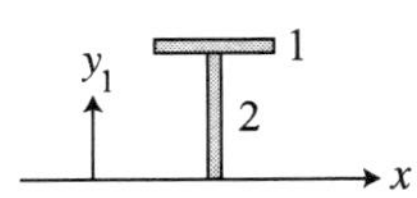

구분	A_i	y_i	$A_i\,y_i$	$\bar{y} - y_i$	$A_i\,(\bar{y} - y_i)^2$	$I_{x,i}$
1	30	21	630	−5.5	907.5	10
2	30	10	300	5.5	907.5	1000
Σ	60		930		1815	1010

수평도심축 :

$$\bar{y} = \frac{\sum A_i y_i}{\sum A_i} = \frac{930}{60} = 15.5\,(cm)$$

수평도심축에 대한 단면2차모멘트 :

$$I_{\bar{x}} = 1815 + 1010 = 2825\,(cm^4)$$

하중선도/전단력선도/휨모멘트선도 :

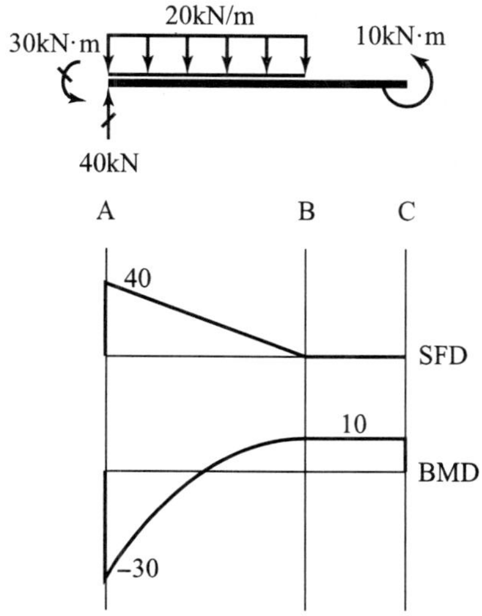

최대휨응력 : $M_{\min} = -30\,kN \cdot m$

$$\sigma_t = \frac{-30\times10^3\times(-0.065)}{2825\times10^{-8}}\times10^{-6}$$

$$= 69\,(MPa)$$: 상연

$$\sigma_b = \frac{-30\times10^3\times(0.155)}{2825\times10^{-8}}\times10^{-6}$$

$$= -164.6\,(MPa)$$: 하연(절대 최대휨응력)

최대전단응력 : $V_{\max} = 40\,kN$

$$Q = 1.5\times15.5\times\frac{15.5}{2} = 180.2\,(cm^3)$$

$$\tau_{\max} = \frac{VQ}{It} = \frac{(40\times10^3)\times(180.2\times10^{-6})}{2825\times10^{-8}\times0.015}\times10^{-6} = 17.0\,(MPa)$$

6-17 내민보의 전단력선도와 휨모멘트선도를 작성하고 절대 최대휨/전단응력을 구하시오.

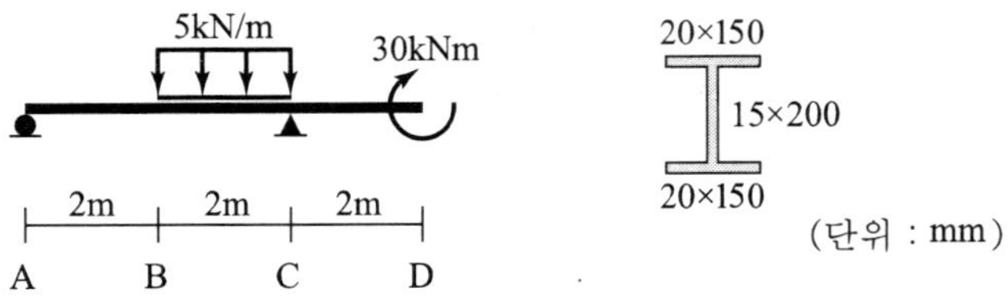

풀이

전체 자유물체도(등가집중하중) :

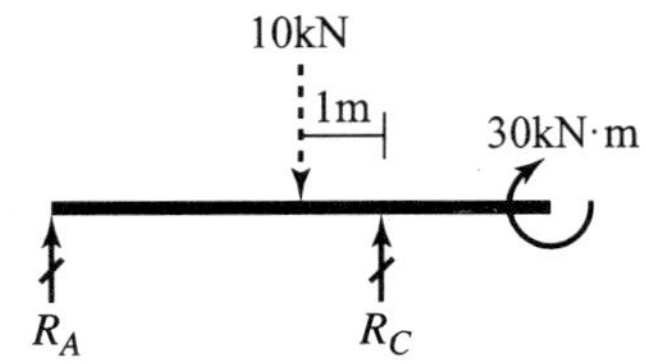

지점반력(평형조건식) :

$$\sum^{A} M = 0 = 10 \times 3 - R_C \times 4 + 30$$
$$R_C = 15\,kN$$
$$\sum F_y = 0 = R_A - 10 + R_C$$
$$R_A = -5\,kN$$

단면2차모멘트 : 수평도심축 대칭인 H형 단면의 단면2차모멘트는 3개의 사각형단면을 개별요소로 보고 바로 계산할 수 있다.

$$I = \frac{15 \times 24^3}{12} - 2 \times \frac{6.75 \times 20^3}{12} = 8280\,(cm^4)$$

하중선도/전단력선도/휨모멘트선도 :

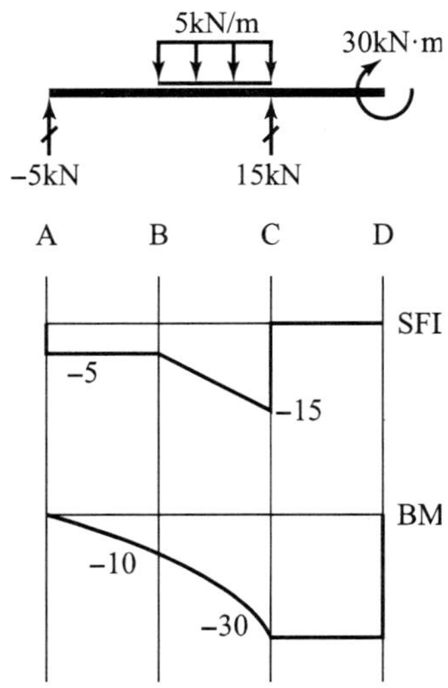

최대휨응력 : $|M_{\min}| = 30\,kN \cdot m$

$$\sigma_{\max} = \frac{30 \times 10^3 \times 0.12}{8280 \times 10^{-8}} \times 10^{-6} = 43.5\,(MPa)$$

최대전단응력 : $|V_{\min}| = 15\,kN$

$$Q = 1.5 \times 10 \times 5 + 2 \times 15 \times 11$$
$$= 4.05 \times 10^2\,(cm^3)$$

$$\tau_{\max} = \frac{VQ}{It}$$
$$= \frac{(15 \times 10^3) \times (4.05 \times 10^{-4})}{8280 \times 10^{-8} \times 0.015} \times 10^{-6}$$
$$= 4.89\,(MPa)$$

6-18 $50\,kN$의 전단력을 받고 있는 강재단면(플랜지 $20\times150\,mm$, 웨브 $15\times200\,mm$)의 A점, C점(도심)의 전단응력을 구하시오.

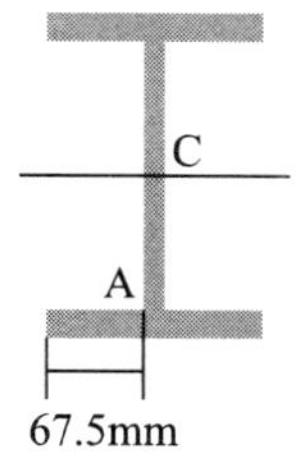

풀이

단면2차모멘트 :

$$I=\frac{15\times24^3}{12}-2\times\frac{6.75\times20^3}{12}=8280\,(cm^4)$$

A점 :

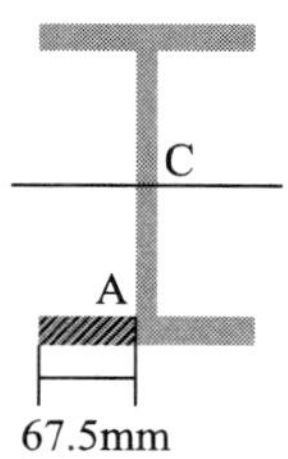

전단응력 :

$$\begin{aligned}
A &= 2.0\times6.75=13.5\,(cm^2)\\
y_A &= 20/2+1.0=11.0\,(cm)\\
Q &= 13.5\times11=148.5\,(cm^3)\\
\tau_A &= \frac{VQ}{It_f}\\
&= \frac{(50\times10^3)\times(148.5\times10^{-6})}{8280\times10^{-8}\times0.02}\times10^{-6}=4.48\,(MPa)
\end{aligned}$$

C점(도심) :

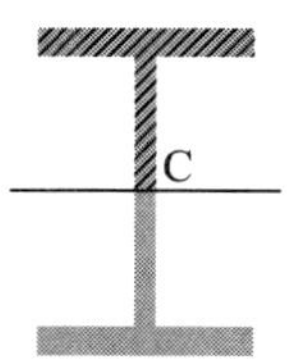

$$\begin{aligned}
A_f &= 2.0\times15.0=30.0\,(cm^2)\\
A_w &= 1.5\times10.0=15.0\,(cm^2)\\
y_f &= 20/2+1.0=11.0\,(cm)\\
y_w &= 10.0\times0.5=5.0\,(cm)\\
Q &= A_f\times y_f+A_w\times y_w\\
&= 30.0\times11.0+15.0\times5.0=405.0\,(cm^3)\\
\tau_C &= \frac{VQ}{It_w}\\
&= \frac{(50\times10^3)\times(405.0\times10^{-6})}{8280\times10^{-8}\times0.015}\times10^{-6}=16.3\,(MPa)
\end{aligned}$$

6-19 휨모멘트 $50kN \cdot m$가 작용하는 T형 강재와 목재로 구성된 합성부재에서 강재와 목재의 절대 최대휨응력을 구하시오($E_w = 12.5\,GPa$, $E_s = 200\,GPa$, 단위 cm).

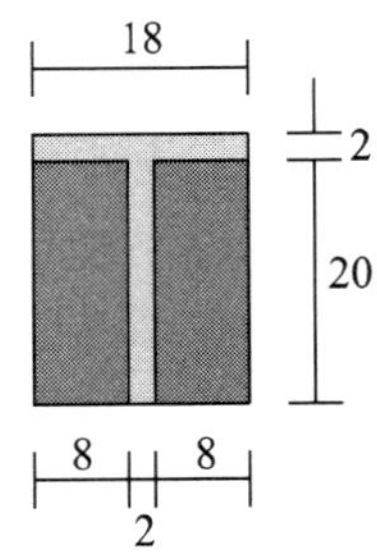

풀이

유효단면 : 목재를 강재로 환산

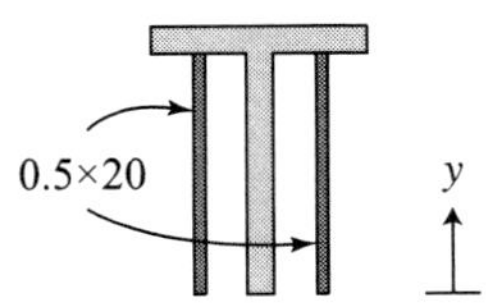

환산단면적 :

$$n = \frac{E_s}{E_w} = \frac{200}{12.5} = 16$$

중립축 위치 : 이 문제와 같이 식으로 간단하게 구할 수 있으면 식을 사용하나, 표를 사용하는 것이 검토하기도 용이하다.

$$\bar{y} = \frac{\sum_i A_i y_i}{\sum_i A_i} = \frac{2 \times 18 \times 21 + (0.5+2+0.5) \times 20 \times 10}{2 \times 18 + (0.5+2+0.5) \times 20} = 14.13\,(cm)$$

단면2차모멘트 :

$$I = \frac{18 \times 2^3}{12} + \frac{(0.5+2+0.5) \times 20^3}{12} + 18 \times 2 \times (22-1-14.13)^2 + (0.5+2+0.5) \times 20 \times (10-14.13)^2$$

$$= 12 + 2000 + 1699 + 1023 = 4734\,(cm^4) \quad ; \quad 4.734 \times 10^{-5}\,(m^4)$$

절대 최대휨응력(강재) :

$$y_s = 14.13\,(cm) \;\; ; \; \sigma_{s,\max} = \frac{My_s}{I} = \frac{50 \times 10^3 \times 0.1413}{4.734 \times 10^{-5}} \times 10^{-6} = 149\,(MPa)$$

절대 최대휨응력(목재) :

$$y_w = 14.13\,(cm) \;\; ; \; \sigma_{w.\max} = \frac{1}{n}\frac{My_w}{I} = \frac{1}{16} \times \frac{50 \times 10^3 \times 0.1413}{4.734 \times 10^{-5}} \times 10^{-6} = 9.33\,(MPa)$$

6-20 휨모멘트 $75kN\cdot m$가 작용하는 철근콘크리트보에서 철근($4@22mm$)과 콘크리트의 최대응력을 구하시오($E_c = 25\,GPa$, $E_{rebar} = 200\,GPa$).

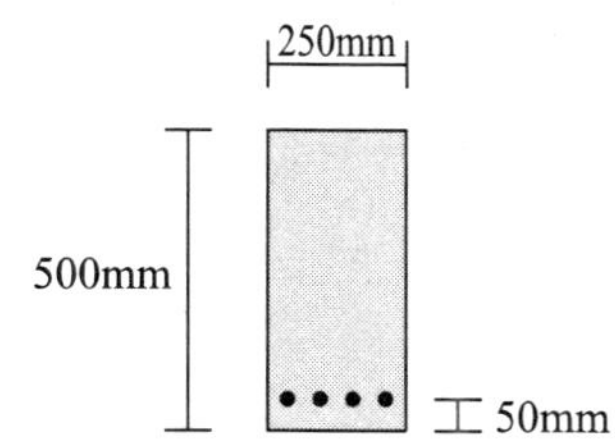

풀이

유효단면 : 콘크리트 단면은 중립축 위의 단면만 유효하다.

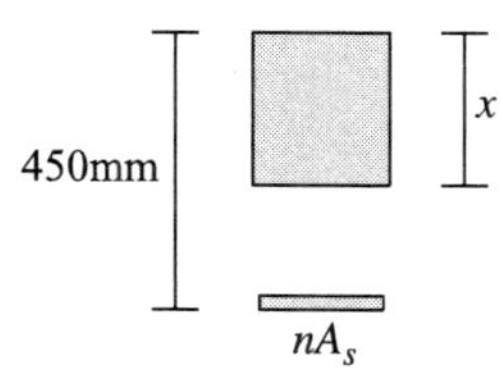

환산단면적 :

$$n = \frac{E_s}{E_c} = \frac{200}{25} = 8$$

$$nA_s = 8\times(4\times\pi\times 11^2) = 12.16\times 10^3\,(mm^2)$$

중립축 위치 : 중립축에서 단면1차모멘트는 0이다.

$$250\times x\times\frac{x}{2} - 12.16\times 10^3\times(450-x) = 0 \quad ; \quad x = 166.2\,mm$$

단면2차모멘트 : 철근의 환산단면적은 자체 단면2차모멘트는 무시하고 평행축 정리에 의한 모멘트만 고려한다.

$$I = \frac{1}{3}\times 250\times x^3 + 12.16\times 10^3\times(450-x)^2 = 1.362\times 10^9\,(mm^4) \quad ; \quad 1.362\times 10^{-3}\,(m^4)$$

응력(철근) : 인장

$$y_s = 450 - x = 283.8\,(mm) \; ; \; \sigma = n\frac{My_s}{I} = 8\times\frac{75\times 10^3\times 0.2838}{1.362\times 10^{-3}}\times 10^{-6} = 125\,(MPa)$$

최대응력(콘크리트) : 압축

$$y_c = 166.2\,(mm) \quad ; \quad \sigma = -\frac{My_c}{I} = -\frac{75\times 10^3\times 0.1662}{1.362\times 10^{-3}}\times 10^{-6} = -9.15\,(MPa)$$

6-21 단순보의 전단력선도와 휨모멘트선도를 작성하고 지점에 소요되는 전단연결재의 최대피치를 구하시오(볼트의 허용전단력 F_{sa}: $12\,kips$/개).

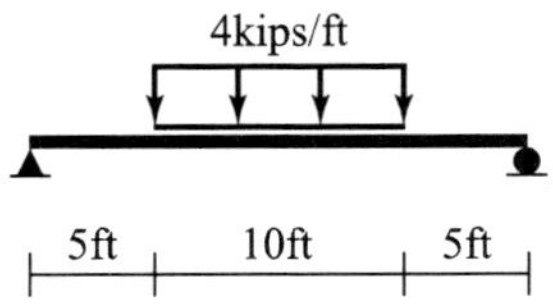

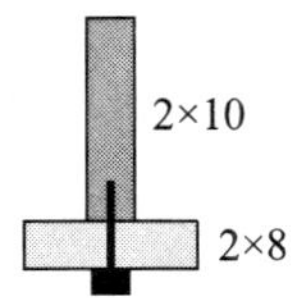

(단위 : in)

풀이

전체 자유물체도(등가집중하중) :

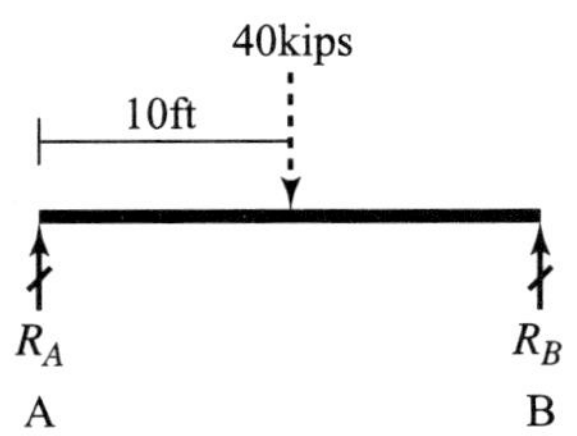

지점반력 : 구조물과 하중이 대칭

$R_A = R_B = 4 \times 10 \times 0.5 = 20\,(kips)$

단면2차모멘트(개별요소, 평행축정리) : 기준축 x

$$I_1 = \frac{8 \times 2^3}{12} = 5.3\,(in^4) \quad ; \quad I_2 = \frac{2 \times 10^3}{12} = 166.7\,(in^4)$$

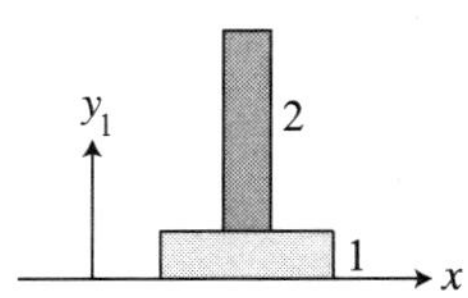

구분	A_i	y_i	$A_i\,y_i$	$\bar{y} - y_i$	$A_i\,(\bar{y} - y_i)^2$	$I_{x,i}$
1	16	1	16	3.33	177.4	5.3
2	20	7	140	−2.67	142.6	166.7
Σ	36		156		320.0	172.0

수평도심축 :

$$\bar{y} = \frac{\sum A_i y_i}{\sum A_i} = \frac{156}{36} = 4.33\,(in)$$

수평도심축에 대한 단면2차모멘트 :

$$I_{\bar{x}} = 320 + 172 = 492\,(in^4)$$

하중선도/전단력선도/휨모멘트선도 :

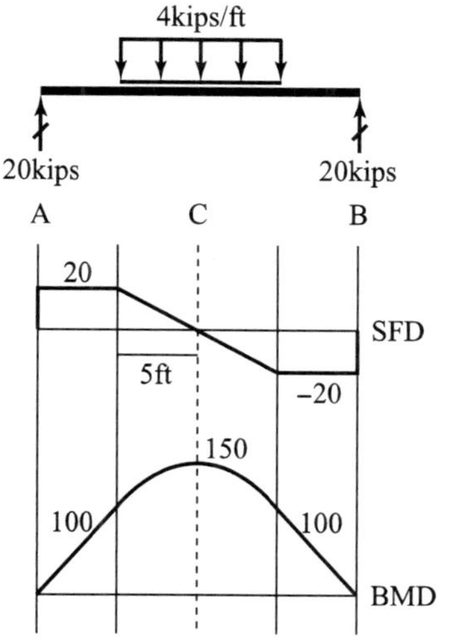

최대피치 : $V_{\max} = 20\,kN$

$$Q_{flange} = 2 \times 8 \times 3.33 = 53.28\,(in^3)$$

$$p = \frac{F_{sa}}{q} = \frac{F_{sa} I}{V_{\max} Q}$$

$$= \frac{12 \times 492}{20 \times 53.28} = 5.54\,(in)$$

$$p_{\max} = 5\,(in)$$

6-22 전단력선도와 휨모멘트선도를 작성하고 절대 최대휨응력, 최대전단응력 및 최대전단력 발생 구간에 소요되는 전단연결재의 최대피치를 구하시오(볼트의 허용전단력 F_{sa}: $12\,kips$/개).

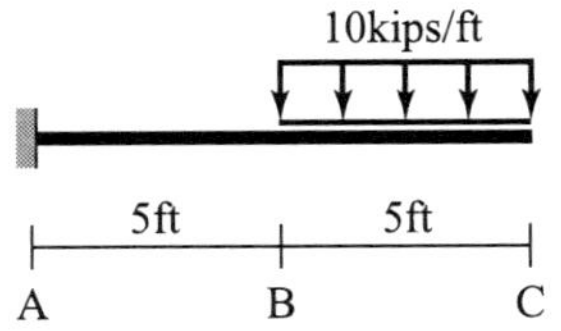

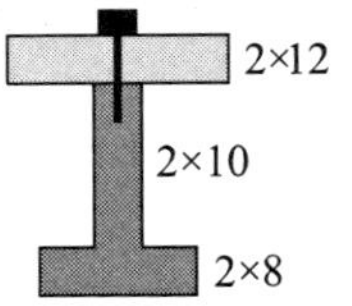

풀이

전체 자유물체도(등가집중하중) :

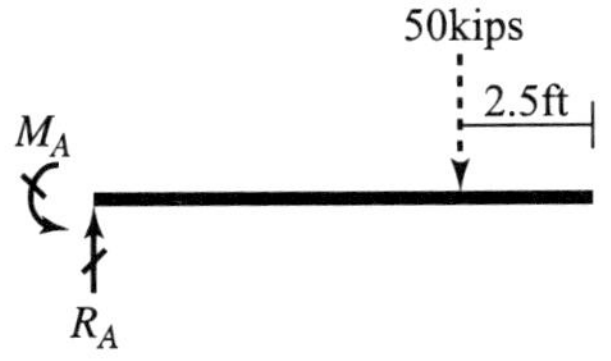

지점반력(평형조건식) :

$$\sum F_y = 0 = R_A - 50$$
$$R_A = 50\,kips$$
$$\sum^{A} M = 0 = M_A - 50 \times 7.5$$
$$M_A = 375\,kip \cdot ft$$

단면2차모멘트(개별요소, 평행축정리) : 기준축 x

$$I_1 = \frac{12 \times 2^3}{12} = 8\,(in^4) \quad ; \quad I_2 = \frac{2 \times 10^3}{12} = 166.7\,(in^4) \quad ; \quad I_3 = \frac{8 \times 2^3}{12} = 5.3\,(in^4)$$

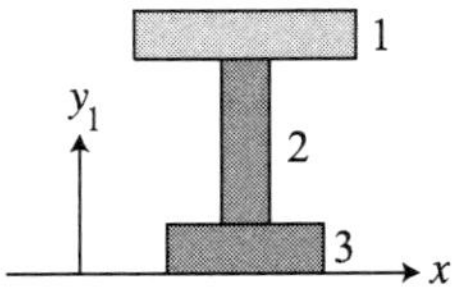

구분	A_i	y_i	$A_i\,y_i$	$\bar{y} - y_i$	$A_i\left(\bar{y} - y_i\right)^2$	$I_{x,i}$
1	24	13	312	−5.2	649.0	8.0
2	20	7	140	0.8	12.8	166.7
3	16	1	16	6.8	739.8	5.3
Σ	60		468		1401.6	180.0

수평도심축 :

$$\bar{y} = \frac{\sum A_i y_i}{\sum A_i} = \frac{468}{60} = 7.8\,(in)$$

수평도심축에 대한 단면2차모멘트 :

$$I_{\bar{x}} = 1401.6 + 180 = 1581.6\,(in^4)$$

하중선도/전단력선도/휨모멘트선도 :

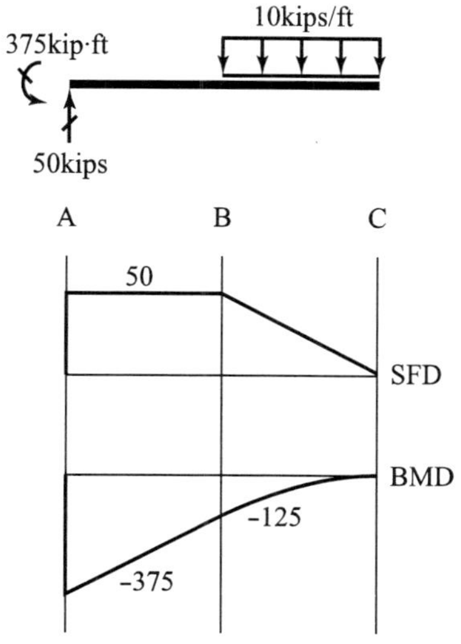

절대 최대휨응력 : $M_{\min} = -375\,kip \cdot ft$

$$\sigma_{\max} = \frac{|-375| \times 12 \times 7.8}{1581.6} = 22.2\,(ksi)$$

최대전단응력 : $V_{\max} = 50\,kips$

$$Q = 2 \times 12 \times 5.2 + 2 \times 4.2 \times 2.1 = 142.4\,(in^3)$$

$$\tau_{\max} = \frac{VQ}{It} = \frac{50 \times 142.4}{1581.6 \times 2} = 2.25\,(ksi)$$

최대피치 :

$$Q_{flange} = 2 \times 12 \times 5.2 = 124.8\,(in^3)$$

$$p = \frac{F_{sa}}{q} = \frac{F_{sa} I}{V_{\max} Q} = \frac{12 \times 1581.6}{50 \times 124.8} = 3.04\,(in)$$

$$p_{\max} = 3\,in$$

7 보의 처짐과 부정정보의 해석

7.1 보의 처짐각과 처짐

보의 처짐각, 처짐은 휨모멘트에 의해 발생한다고 간주한다. 전단력의 영향은 미미하므로 무시한다. 분포하중－전단력－휨모멘트－처짐각－처짐 간에는 다음과 같은 관계가 성립한다.

분포하중	분포하중－전단력	$V' = w$
휨모멘트	전단력－휨모멘트	$M' = V$
처짐각(반시계방향 ＋)	휨모멘트－처짐각	$EI\theta' = M$
처짐(상향 ＋)	처짐각－처짐	$EI\delta' = EI\theta$

7.2 탄성곡선식

탄성곡선식은 자유물체도로부터 구한 휨모멘트식을 적분하여 구하며, 이로부터 처짐각, 처짐을 결정할 수 있다. 적분상수는 지점에 의해 구속되는 구조물의 움직임(처짐각, 처짐)을 경계조건으로 적용하여 결정한다.

휨모멘트식	$\sum^{x} M = 0 = 25\times x - M_x$, $M_x = 25x$ $\Rightarrow$ $EI\delta'' = 25x$
처짐각	$EI\theta = 25\times\frac{1}{2}x^2 + C_1$; $x=2,\ \theta=0$ $\Rightarrow$ $C_1 = -50$ $x=0$ $\Rightarrow$ $EI\theta = 0-50$; $\theta = -5\times10^{-3}rad$
처짐	$EI\delta = 25\times\frac{1}{2}\times\frac{1}{3}x^3 - 50x + C_2$; $x=0,\ \delta=0$ $\Rightarrow$ $C_2 = 0$ $x=2$ $\Rightarrow$ $EI\delta = 25\times\frac{1}{2}\times\frac{1}{3}\times2^3 - 50\times2 = -66.7(kN\cdot m^3)$

7.3 모멘트면적법

모멘트면적법은 휨모멘트선도를 사용하여 처짐각, 처짐을 구하는 방법이다. 모멘트면적법을 사용하기 위해서는 처짐곡선을 가정해야 한다. 처짐각, 처짐은 각각 모멘트면적 제1정리, 모멘트면적 제2정리를 사용하여 구한다.

모멘트면적 제1정리는 보의 두 점(A, C)의 접선이 이루는 각 θ_{AC}는 두 점 간의 휨모멘트선도의 면적 A_{AC}를 EI로 나눈 값과 같다는 것이다. 모멘트면적 제2정리는 보의 임의점(A)의 접선으로부터 점 C가 연직방향으로 이탈한 접선상대거리 t_{CA}는 두 점 간 휨모멘트선도의 면적 A_{AC}의 점 C에 대한 일차모멘트 $A_{AC}\,x_C$를 EI로 나눈 값과 같다는 것이다. 그림에서 두 점(A, C) 간의 휨모멘트선도의 면적이 양이므로 접선은 부재축을 따라 반시계방향으로 회전하고 부재는 아래로 볼록하게 휘므로 A점의 접선으로부터 C점은 상향으로 이탈한다.

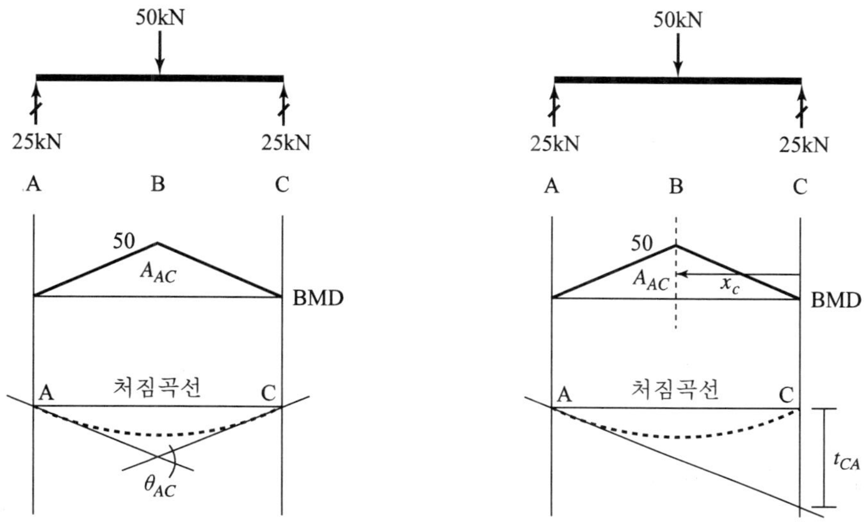

$$\theta_{AC} = \frac{1}{EI} A_{AC} \qquad t_{CA} = \frac{1}{EI} A_{AC} x_C$$

6장의 방법으로 휨모멘트선도를 작성하면 그 면적과 도심을 구하는 것 자체가 문제가 되므로 아래 외팔보의 휨모멘트선도와 같은 개별휨모멘트선도를 이용하여야 한다.

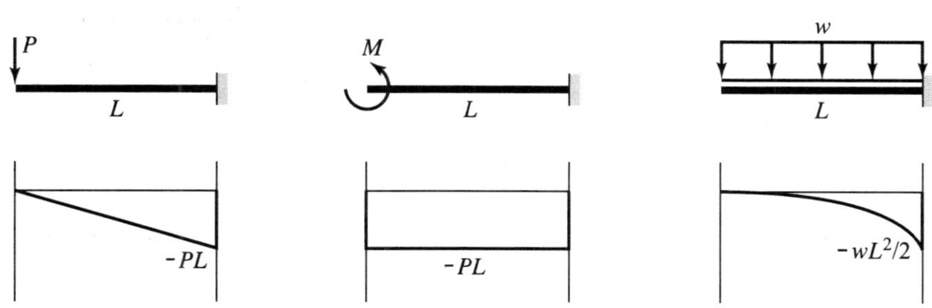

분포하중의 경우와 같이 n차 곡선(꼭지점 O)으로 구성된 휨모멘트선도의 면적(A_1, A_2)과 도심(C_1, C_2)의 위치(x_1, x_2)는 다음 식으로 구한다.

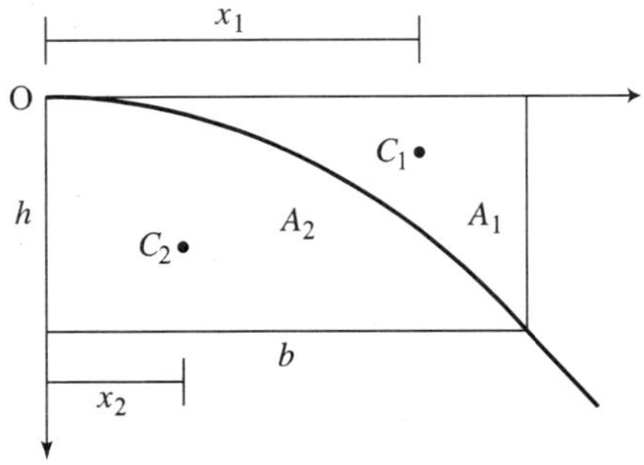

$$A_1 = \frac{1}{n+1} \times bh \quad ; \quad x_1 = b \times \left(\frac{n+1}{n+2}\right)$$

$$A_2 = \frac{n}{n+1} \times bh \quad ; \quad x_2 = \frac{b}{2} \times \left(\frac{n+1}{n+2}\right)$$

7.4 부정정보의 해석

부정정구조물은 미지력의 개수가 평형조건식의 개수보다 많은 구조물이므로 평형조건식만으로 미지력을 결정할 수 없다. 그러므로 평형조건식으로 미지력을 해결할 수 있는 구조물을 기본정정구조물(단순보 AD)로 하고 나머지 미지력(R_B)은 하중(여분구속력)으로 간주하여 여분구속력이 작용하는 절점의 변형조건($\delta_B = 0 = \delta_{B1} + \delta_{B2}$; 적합조건식)을 만족하도록 중첩법을 적용하여 여분구속력을 결정한다. 중첩법의 적용은 구조물이 탄성영역 이내에서 거동해야만 유효하다는 것을 주목해야 한다.

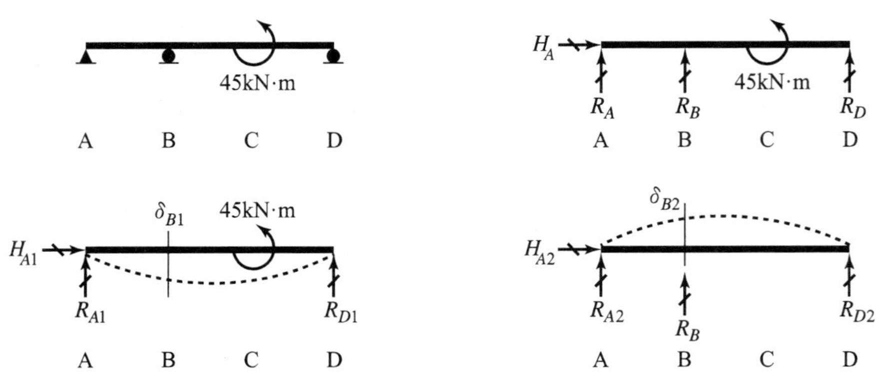

지점은 구조물의 움직임(변형 ; 자유도)을 구속하는 역할을 하는 것이므로 지점을 여분구속력(이동력, 회전력)으로 변경한 하중에 대한 변형조건은 여분구속력에 상응하는 변형(이동, 회전)이 0이라는 것이다. 즉, 여분구속력의 개수만큼 적합조건식을 만들 수 있으므로 부정정보에서 미지력 개수와 식(평형조건식 + 적합조건식)의 개수가 일치하게 되며 미지력(반력)을

산정할 수 있다. x축이 부재축인 보의 경우 힘(이동력, 회전력)과 상응하는 변형(이동, 회전)은 다음과 같다.

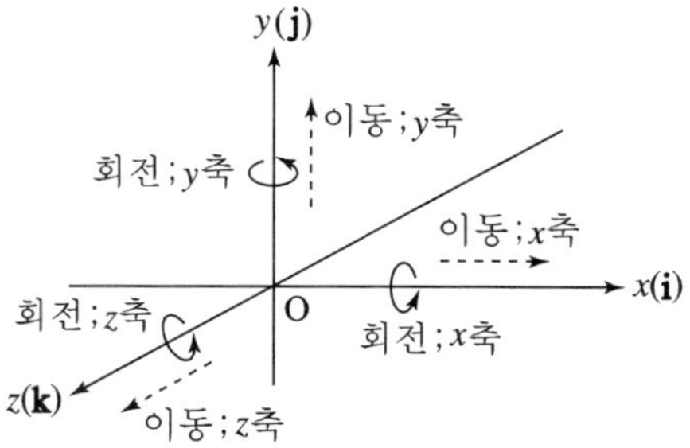

자유도	좌표축	부재축 x	변형
이동	x	축력 P	신장/수축
	y	전단력 V_y	처짐
	z	전단력 V_z	처짐
회전	x	비틂모멘트 T_x	비틂각
	y	휨모멘트 M_y	처짐각
	z	휨모멘트 M_z	처짐각

7.5 3연모멘트식

연속보의 경우 3연모멘트식을 적용하여 지점반력을 구할 수 있다. 3연모멘트식은 그림과 같이 지간 $A \sim B$, $B \sim C$의 θ_{B1}, θ_{B2}가 동일해야 한다는 것을 적합조건식으로 하여 구성된다. 한쪽 또는 양쪽단이 고정단인 경우는 경간길이가 0인 보조경간을 도입하여 3연모멘트식을 구성하면 지점모멘트를 산정할 수 있다.

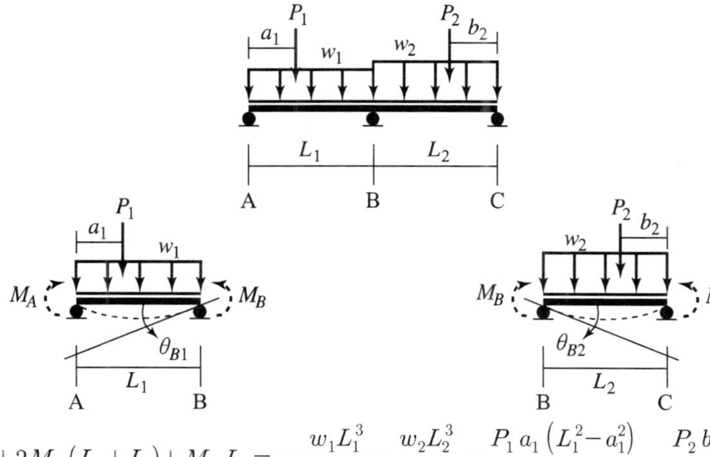

$$M_A L_1 + 2M_B(L_1 + L_2) + M_C L_2 = -\frac{w_1 L_1^3}{4} - \frac{w_2 L_2^3}{4} - \frac{P_1 a_1 (L_1^2 - a_1^2)}{L_1} - \frac{P_2 b_2 (L_2^2 - b_2^2)}{L_2}$$

7-1 1) 모멘트면적법 및 2) 탄성곡선식을 사용하여 단부처짐각/중앙처짐을 구하시오. $(EI = 10^4 kN \cdot m^2)$

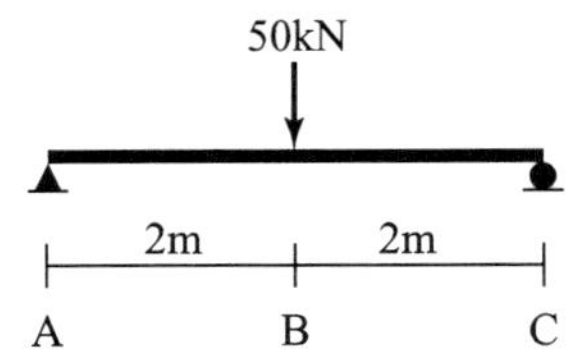

풀이

전체 자유물체도 :

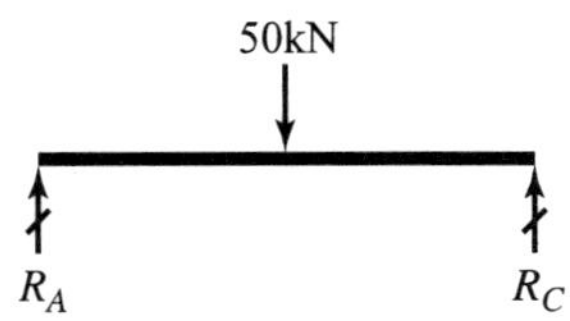

지점반력(평형조건식) : 구조물과 하중 대칭

$R_A = R_C = 50 \times 0.5 = 25\,(kN)$

하중선도/휨모멘트선도/처짐곡선 :

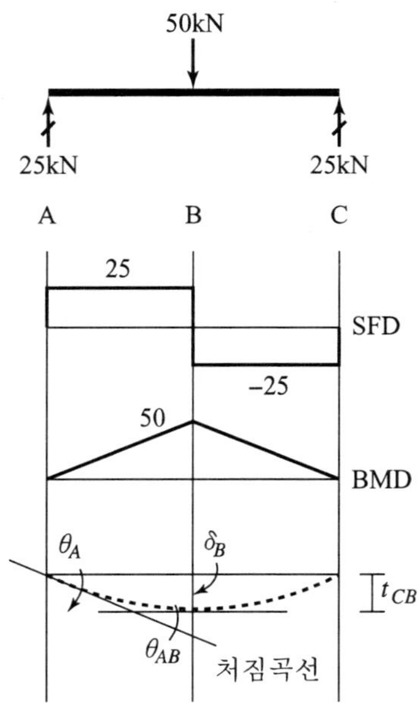

1) 모멘트면적법 : 처짐곡선이 대칭이므로 B점에서의 접선이 수평이다.

처짐각 : $EI\theta_{AB}$는 $A \sim B$간 BMD의 면적 $(\theta_A = \theta_{AB})$

$$EI\theta_{AB} = 50 \times 2 \times 0.5 = 50\,(kN \cdot m^2)$$
$$\theta_A = 5 \times 10^{-3} rad$$

처짐 : EIt_{CB}는 $B \sim C$간 BMD 면적의 C점에 대한 1차모멘트$(t_{CB} = \delta_B)$

$$EIt_{CB} = 50 \times 2 \times 0.5 \times \left(2 \times \frac{2}{3}\right)$$
$$= = 66.67\,(kN \cdot m^3)$$
$$= EI\delta_B$$
$$\delta_B = \frac{66.67}{10{,}000} = 6.67 \times 10^{-3}\,(m)$$

자유물체도 :

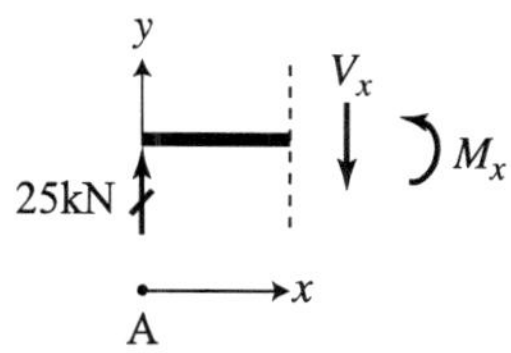

2) 탄성곡선식

휨모멘트식 :

$\sum^{x} M = 0 = 25 \times x - M_x$, $M_x = 25x = EI\delta''$

처짐각 : 반시계방향 양

$EI\theta = 25 \times \frac{1}{2}x^2 + C_1$

$x = 2,\ \theta = 0 \quad \Rightarrow \quad C_1 = -50$

$x = 0 \quad \Rightarrow \quad EI\theta = 0 - 50 \quad ; \quad \theta = -5 \times 10^{-3} rad$

처짐 : 상향 양

$EI\delta = 25 \times \frac{1}{2} \times \frac{1}{3} x^3 - 50x + C_2$

$x = 0,\ \delta = 0 \quad \Rightarrow \quad C_2 = 0$

$x = 2 \quad \Rightarrow \quad EI\delta = 25 \times \frac{1}{2} \times \frac{1}{3} \times 2^3 - 50 \times 2 = -66.7$

$\delta = -6.67 \times 10^{-3} m$

7-2 1) 모멘트면적법 및 2) 탄성곡선식을 사용하여 B점과 C점의 처짐각/처짐을 구하시오. (EI 일정)

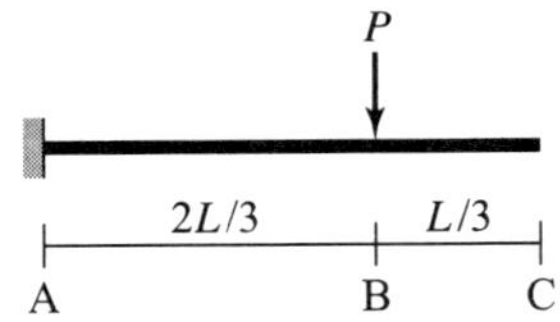

풀이

전체 자유물체도 :

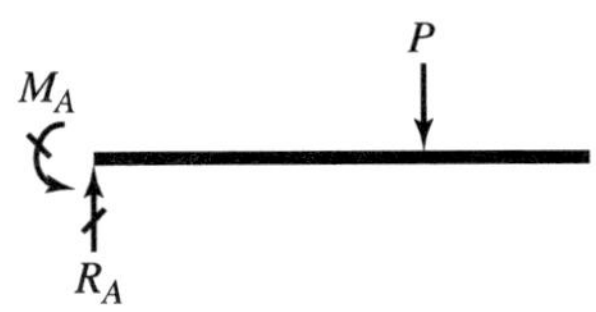

지점반력(평형조건식) :

$$\sum^{A} M = 0 = M_A - P\times\frac{2L}{3} \quad ; \quad M_A = \frac{2PL}{3}$$

$$\sum F_y = 0 = R_A - P \quad ; \quad R_A = P$$

하중선도/휨모멘트선도/처짐곡선 :

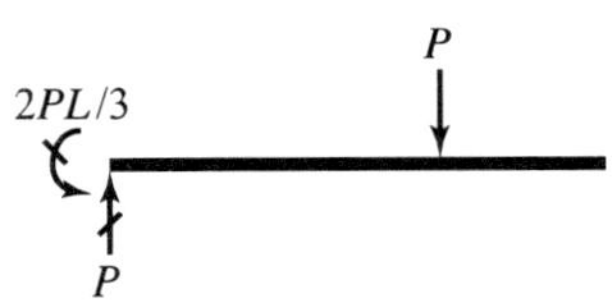

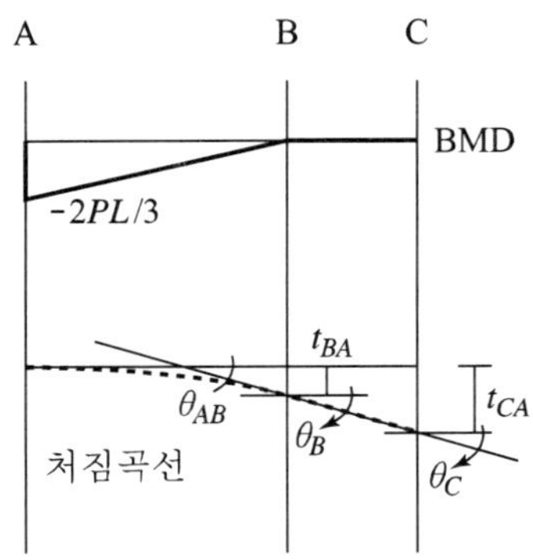

1) 모멘트면적법 : A점의 접선은 보의 원래 위치와 같고, 처짐곡선의 $B\sim C$구간은 직선이다.

처짐각 : $EI\theta_{AB}$는 $A\sim B$간 BMD의 면적 ($\theta_C = \theta_B = \theta_{AB}$)

$$EI\theta_{AB} = \frac{2PL}{3}\times\frac{2L}{3}\times 0.5 = \frac{2PL^2}{9}$$
$$= EI\theta_B = EI\theta_C$$

처짐 : EIt_{BA}, EIt_{CA}는 각각 $A\sim B$간 BMD 면적의 B점, C점에 대한 1차모멘트($\delta_B = t_{BA}$, $\delta_C = t_{CA}$)

$$EIt_{BA} = \left(\frac{2PL}{3}\times\frac{2L}{3}\times 0.5\right)\times\left(\frac{2L}{3}\times\frac{2}{3}\right)$$
$$= \frac{8PL^3}{81} = EI\delta_B$$

$$EIt_{CA} = \left(\frac{2PL}{3}\times\frac{2L}{3}\times 0.5\right)\times\left(\frac{L}{3}+\frac{2L}{3}\times\frac{2}{3}\right)$$
$$= \frac{14PL^3}{81} = EI\delta_C$$

$$\left\{ \begin{aligned} EIt_{CA} &= EIt_{BA} + EI\theta_A\times\frac{L}{3} \\ &= \frac{8PL^3}{81} + \frac{2PL^2}{9}\times\frac{L}{3} \\ &= \frac{14PL^3}{81} \end{aligned} \right\}$$

2) 탄성곡선식

구간 AB $(0 \le x \le 2L/3)$:

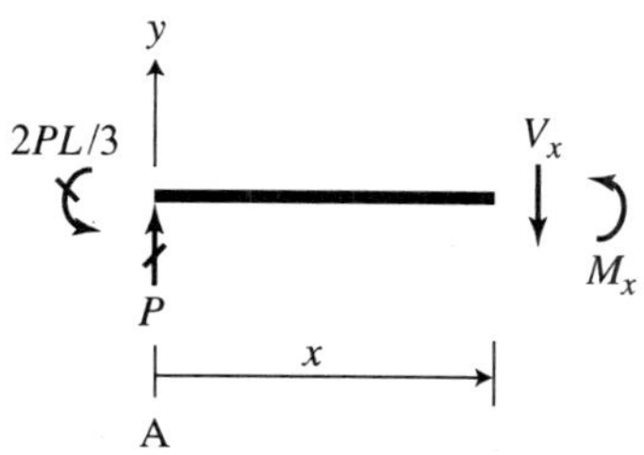

휨모멘트식 :

$$\sum^{x} M = 0 = \frac{2PL}{3} - Px + M_x$$

$$M_x = Px - \frac{2PL}{3} = EI\delta''$$

처짐각 : 반시계방향 양

$$EI\theta = P \times \frac{1}{2}x^2 - \frac{2PL}{3} \times x + C_1$$

$$x = 0,\ \theta = 0 \quad \Rightarrow \quad C_1 = 0$$

$$x = \frac{2L}{3} \ ; \ EI\theta_B = P \times \frac{2L^2}{9} - \frac{4PL^2}{9} = -\frac{2PL^2}{9}$$

처짐 : 상향 양

$$EI\delta = P \times \frac{1}{6}x^3 - \frac{2PL}{3} \times \frac{1}{2}x^2 + C_2$$

$$x = 0,\ \delta = 0 \quad \Rightarrow \quad C_2 = 0$$

$$x = \frac{2L}{3} \ ; \ EI\delta_B = P \times \frac{4L^3}{81} - \frac{4PL^3}{27} = -\frac{8PL^3}{81}$$

구간 BC $(2L/3 \le x \le L)$:

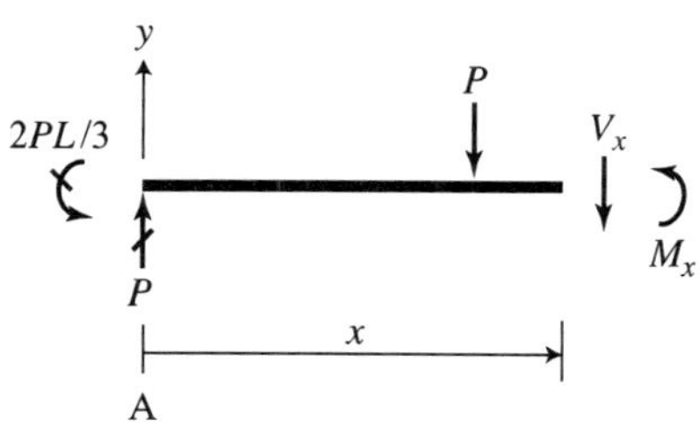

휨모멘트식 :

$$\sum^{x} M = 0 = \frac{2PL}{3} - Px + P\left(x - \frac{2L}{3}\right) + M_x$$

$$M_x = 0 = EI\delta''$$

처짐각 : 반시계방향 양

$$EI\theta = C_1$$

$$x = \frac{2L}{3},\ EL\,\theta_B = -\frac{2PL^2}{9} \quad \Rightarrow \quad C_1 = -\frac{2PL^2}{9}$$

$$EI\theta_C = EI\theta_B = -\frac{2PL^2}{9}$$

처짐 : 상향 양

$$EI\delta = -\frac{2PL^2}{9}x + C_2$$

$$x = \frac{2L}{3},\ EI\delta_B = -\frac{8PL^3}{81} \quad \Rightarrow \quad C_2 = \frac{4PL^3}{81}$$

$$EI\delta_C = -\frac{2PL^2}{9} \times L + \frac{4PL^3}{81} = -\frac{14PL^3}{81}$$

$$\left(\begin{aligned} EI\delta_C &= EI\delta_B + EI\theta_B \times \frac{L}{3} \\ &= -\frac{8PL^3}{81} - \frac{2PL^2}{9} \times \frac{L}{3} = -\frac{14PL^3}{81} \end{aligned} \right)$$

7-3 모멘트면적법을 사용하여 중앙점 C의 처짐을 구하시오($EI = 1.9\times10^5 lb\cdot ft^2$).

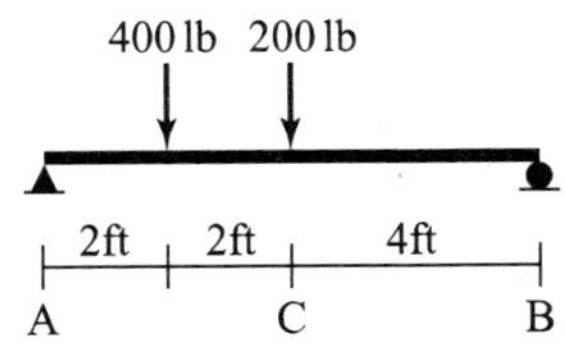

풀이

전체 자유물체도 :

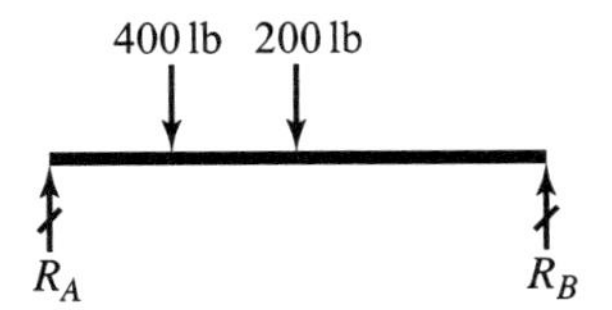

지점반력(평형조건식) :

$$\sum^{A} M = 0 = 400\times2 + 200\times4 - R_B\times8$$
$$R_B = 200\,lb$$
$$\sum F_y = 0 = R_A - 400 - 200 + R_B$$
$$R_A = 400\,lb$$

하중선도/휨모멘트선도/처짐곡선 :

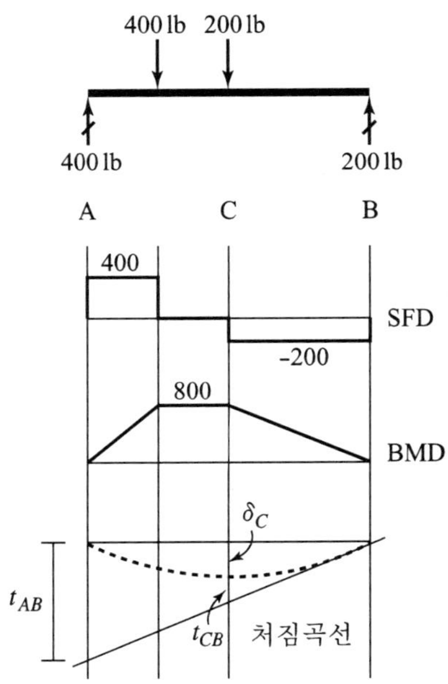

처짐 : $\dfrac{\delta_C + t_{CB}}{t_{AB}} = \dfrac{1}{2}$

EIt_{AB}는 $A\sim B$간 BMD 면적의 A점에 대한 1차모멘트, EIt_{CB}는 $C\sim B$간 BMD 면적의 C점에 대한 1차모멘트

$$EIt_{AB} = 800\times4\times0.5\times\left(4+4\times\frac{1}{3}\right) + 800\times2\times(2+1) + 800\times2\times0.5\times\left(2\times\frac{2}{3}\right) = 1.44\times10^4\,(lb\cdot ft^3)$$

$$EIt_{CB} = 800\times4\times0.5\times\left(4\times\frac{1}{3}\right) = 2.133\times10^3\,(lb\cdot ft^3)$$

$$EI\delta_C = EIt_{AB}\times0.5 - EIt_{CB} = 1.44\times10^4\times0.5 - 2.133\times10^3 = 5067\,(lb\cdot ft^3)$$

$$\delta_C = \frac{5067}{1.9\times10^5} = 0.027\,(ft)$$

7-4 모멘트면적법을 사용하여 D점의 처짐각과 처짐을 구하시오($EI = 4 \times 10^5 kip \cdot ft^2$).

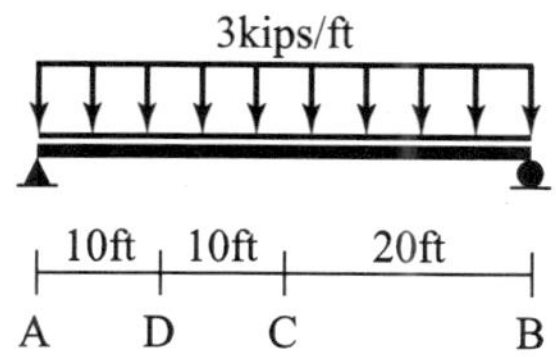

풀이

전체 자유물체도(등가집중하중) :

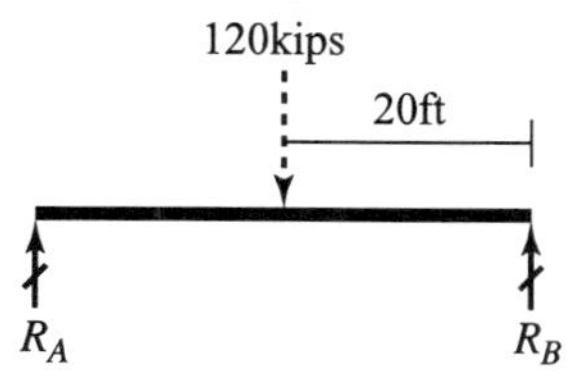

지점반력(평형조건식) : 구조물과 하중이 대칭

$R_A = R_B = 3 \times 40 \times 0.5 = 60\,(kips)$

하중선도/휨모멘트선도/처짐곡선 :

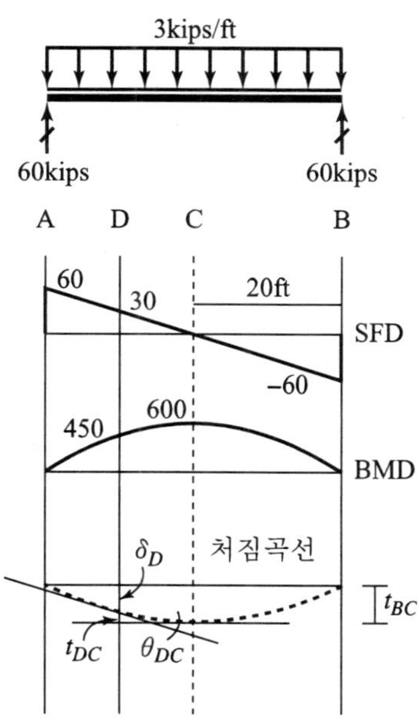

처짐각 : $EI\theta_{DC}$는 $D \sim C$간 BMD의 면적($\theta_D = \theta_{DC}$)

$$EI\theta_{DC} = 450 \times 10 + 150 \times 10 \times \frac{2}{3} = 5.5 \times 10^3\,(kip \cdot ft^2)$$

$$\theta_D = \frac{5.5 \times 10^3}{4 \times 10^5} = 1.38 \times 10^{-2}\,(rad)$$

처짐 : $\delta_D + t_{DC} = t_{BC}$

EIt_{BC}는 $C \sim B$간 BMD 면적의 B점에 대한 1차모멘트, EIt_{DC}는 $D \sim C$간 BMD 면적의 D점에 대한 1차모멘트

$$EIt_{BC} = \left(600 \times 20 \times \frac{2}{3}\right) \times \left(20 \times \frac{5}{8}\right) = 10^5\,(kip \cdot ft^3)$$

$$EIt_{DC} = 450 \times 10 \times 5 + \left(150 \times 10 \times \frac{2}{3}\right) \times \left(10 \times \frac{5}{8}\right) = 2.875 \times 10^4\,(kip \cdot ft^3)$$

$$EI\delta_D = EIt_{BC} - EIt_{DC} = 10^5 - 2.875 \times 10^4 = 7.125 \times 10^4\,(kip \cdot ft^3)$$

$$\delta_D = \frac{7.125 \times 10^4}{4 \times 10^5} = 0.178\,(ft)$$

7-5 모멘트면적법을 사용하여 중앙점의 처짐을 구하시오($EI = 7.6 \times 10^4 kN \cdot m^2$).

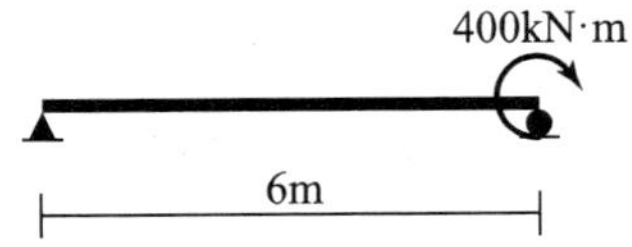

풀이

전체 자유물체도 :

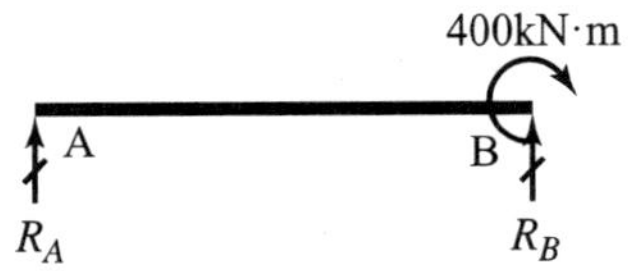

지점반력(평형조건식) :

$$\sum^{B} M = 0 = R_A \times 6 + 400 \quad ; \quad R_A = -66.7\,(kN)$$
$$\sum F_y = 0 = R_A + R_B \quad ; \quad R_B = 66.7\,(kN)$$

하중선도/휨모멘트선도/처짐곡선 :

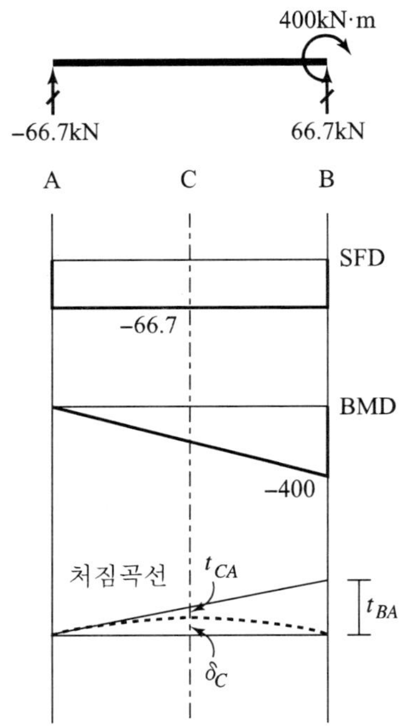

처짐 : $\dfrac{\delta_C + t_{CA}}{t_{BA}} = \dfrac{1}{2}$

EIt_{BA}는 $A \sim B$간 BMD 면적의 B점에 대한 1차모멘트, EIt_{CA}는 $A \sim C$간 BMD 면적의 C점에 대한 1차모멘트

$$EIt_{BA} = 400 \times 6 \times 0.5 \times \left(6 \times \frac{1}{3}\right) = 2400\,(kN \cdot m^3)$$

$$EIt_{CA} = 200 \times 3 \times 0.5 \times \left(3 \times \frac{1}{3}\right) = 300\,(kN \cdot m^3)$$

$$EI\delta_C = EIt_{BA} \times \frac{1}{2} - EIt_{CA}$$
$$= 2400 \times \frac{1}{2} - 300 = 900\,(kN \cdot m^3)$$
$$\delta_C = \frac{900}{7.6 \times 10^4} = 11.8 \times 10^{-3}\,(m)$$

7-6 모멘트면적법을 사용하여 A점과 B점의 처짐각/처짐을 구하시오($EI = 5500\,kN \cdot m^2$).

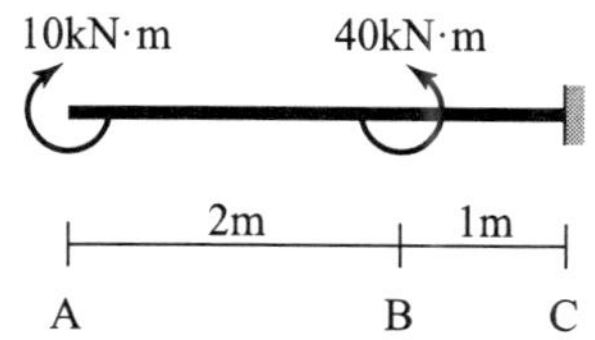

풀이

전체 자유물체도 :

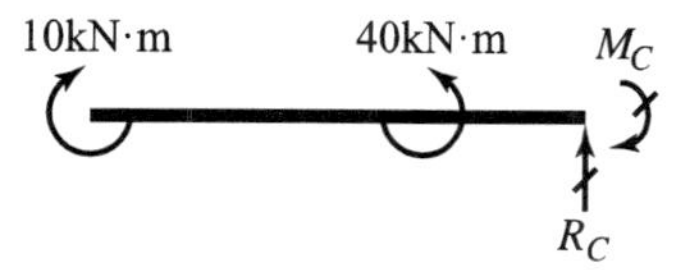

지점반력(평형조건식) :

$$\sum^{A} M = 0 = 10 - 40 + M_C \quad ; \quad M_C = 30\,kN \cdot m$$
$$\sum F_y = 0 = R_C$$

하중선도/휨모멘트선도/처짐곡선 :

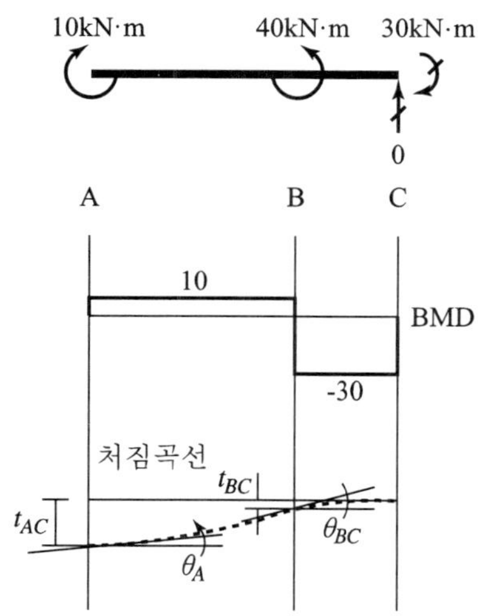

B점(처짐각/처짐) : $EI\theta_{BC}$는 $B \sim C$간 BMD의 면적($\theta_B = \theta_{BC}$), EIt_{BC}는 $B \sim C$간 BMD 면적의 B점에 대한 1차모멘트($\delta_B = t_{BC}$)

$$EI\theta_{BC} = 30 \times 1 = 30\,(kN \cdot m^2)$$
$$\theta_B = \frac{30}{5500} = 5.45 \times 10^{-3}\,rad$$

$$EI\delta_B = EIt_{BC} = 30 \times 1 \times 0.5 = 15\,(kN \cdot m^3)$$
$$\delta_B = \frac{15}{5500} = 2.73 \times 10^{-3}\,(m)$$

A점(처짐각/처짐) : $EI\theta_A$는 $A \sim C$간 BMD의 면적, EIt_{AC}는 $A \sim C$간 BMD 면적의 A점에 대한 1차모멘트($\delta_A = t_{AC}$)

$$EI\theta_A = 30 \times 1 - 10 \times 2 = 10\,(kN \cdot m^2)$$
$$\theta_A = \frac{10}{5500} = 1.82 \times 10^{-3}\,rad$$

$$EI\delta_A = EIt_{AC} = 30 \times 1 \times (2 + 0.5) - 10 \times 2 \times 1 = 55\,(kN \cdot m^3)$$
$$\delta_A = \frac{55}{5500} = 0.01\,(m)$$

7-7 모멘트면적법과 중첩법을 사용하여 자유단의 처짐각/처짐을 구하시오(EI 일정).

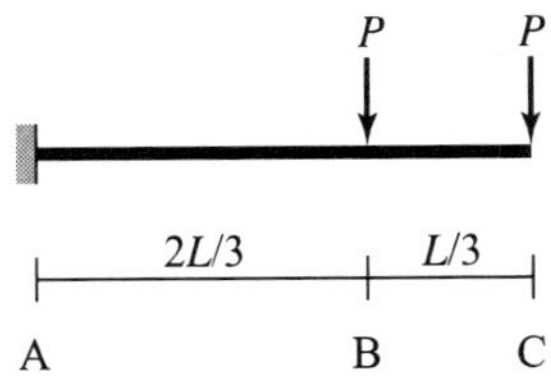

풀이

하중선도/휨모멘트선도/처짐곡선(1) :

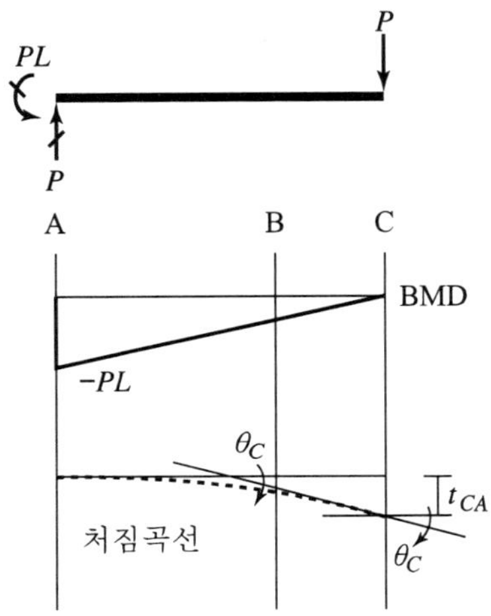

하중선도/휨모멘트선도/처짐곡선(2) :

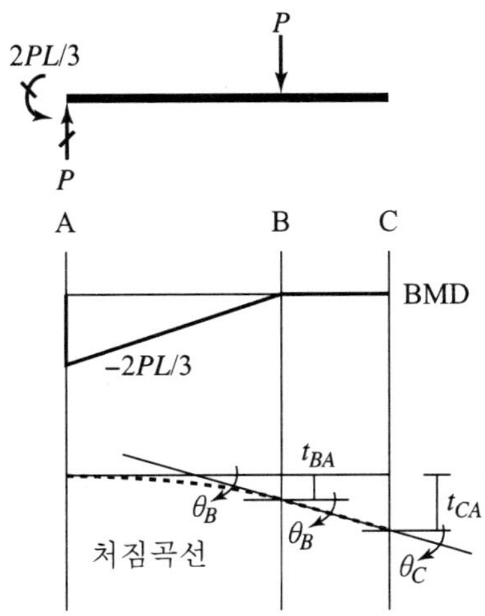

처짐각/처짐(1) : C점의 하중

$$EI\theta_C = PL \times L \times 0.5 = \frac{PL^2}{2}$$

$$EIt_{CA} = (PL \times L \times 0.5) \times \left(L \times \frac{2}{3}\right) = \frac{PL^3}{3}$$

처짐각/처짐(2) : B점의 하중

$$EI\theta_B = \frac{2PL}{3} \times \frac{2L}{3} \times 0.5 = \frac{2PL^2}{9} = EI\theta_C$$

$$EIt_{CA} = \left(\frac{2PL}{3} \times \frac{2L}{3} \times 0.5\right) \times \left(\frac{L}{3} + \frac{2L}{3} \times \frac{2}{3}\right) = \frac{14PL^3}{81}$$

$$\left\{ \begin{aligned} EIt_{CA} &= EIt_{BA} + EI\theta_A \times \frac{L}{3} \\ &= \left(\frac{2PL}{3} \times \frac{2L}{3} \times 0.5\right) \times \left(\frac{2L}{3} \times \frac{2}{3}\right) + \frac{2PL^2}{9} \times \frac{L}{3} \\ &= \frac{14PL^3}{81} \end{aligned} \right\}$$

처짐각/처짐(1+2) : 중첩법

$$\sum EI\theta_C = \frac{PL^2}{2} + \frac{2PL^2}{9} = \frac{13PL^2}{18}$$

$$\sum EI\delta_C = \frac{PL^3}{3} + \frac{14PL^3}{81} = \frac{41PL^3}{81}$$

7-8 모멘트면적법을 사용하여 지간 중앙점과 자유단의 처짐을 구하시오($EI = 1000\,kN \cdot m^2$).

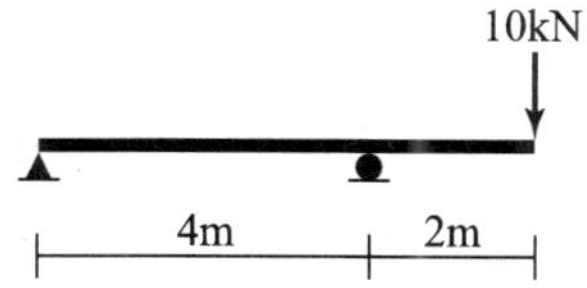

풀이

전체 자유물체도 :

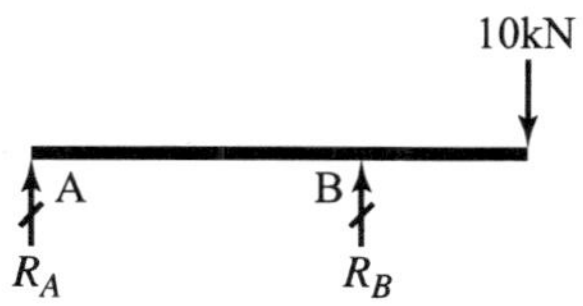

지점반력(평형조건식) :

$$\sum^{A} M = 0 = R_B \times 4 - 10 \times 6 \quad ; \quad R_B = 15\,kN$$
$$\sum F_y = 0 = R_A + R_B - 10 \quad ; \quad R_A = -5\,kN$$

하중선도/휨모멘트선도/처짐곡선 :

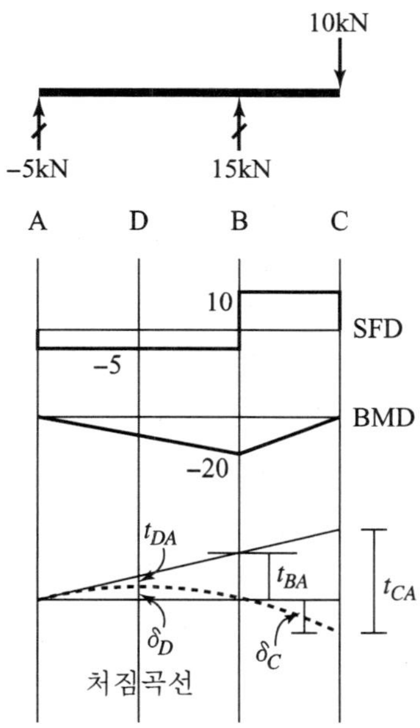

처짐 :

$$EIt_{BA} = 20 \times 4 \times 0.5 \times \left(4 \times \frac{1}{3}\right) = 53.33\,(kN \cdot m^3)$$

$$EIt_{CA} = 20 \times 4 \times 0.5 \times \left(2 + 4 \times \frac{1}{3}\right) + 20 \times 2 \times 0.5 \times \left(2 \times \frac{2}{3}\right) = 160\,(kN \cdot m^3)$$

$$EIt_{DA} = 10 \times 2 \times 0.5 \times \left(2 \times \frac{1}{3}\right) = 6.67\,(kN \cdot m^3)$$

지간 중앙점 D : $\dfrac{\delta_D + t_{DA}}{t_{BA}} = \dfrac{1}{2}$

$$EI\delta_D = EIt_{BA} \times 0.5 - EIt_{DA}$$
$$= 53.33 \times 0.5 - 6.67 = 20\,(kN \cdot m^3)$$
$$\delta_D = \frac{20}{1000} = 0.02\,(m)$$

자유단 C : $\dfrac{t_{BA}}{t_{CA} - \delta_C} = \dfrac{2}{3}$

$$EI\delta_C = EIt_{CA} - EIt_{BA} \times 1.5$$
$$= 160 - 53.33 \times 1.5 = 80\,(kN \cdot m^3)$$
$$\delta_C = \frac{80}{1000} = 0.08\,(m)$$

7-9 모멘트면적법을 사용하여 지간 중앙점의 처짐과 자유단의 처짐각/처짐을 구하시오. $(EI = 6\times 10^5\, kip \cdot ft^2)$

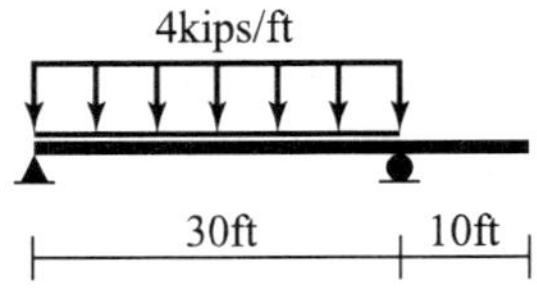

풀이

전체 자유물체도(등가집중하중) :

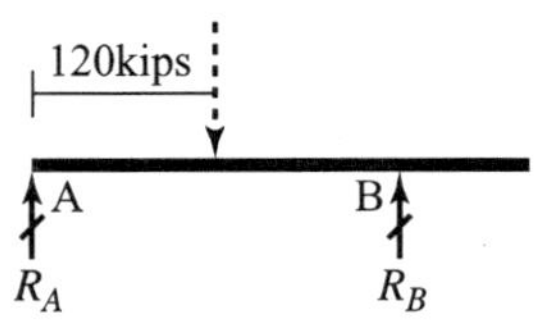

지점반력(평형조건식) :

$$\sum^{B} M = 0 = R_A\times 30 - 120\times 15 \;;\; R_A = 60\,kips$$
$$\sum F_y = 0 = R_A - 120 + R_B \;;\; R_B = 60\,kips$$

하중선도/휨모멘트선도/처짐곡선 :

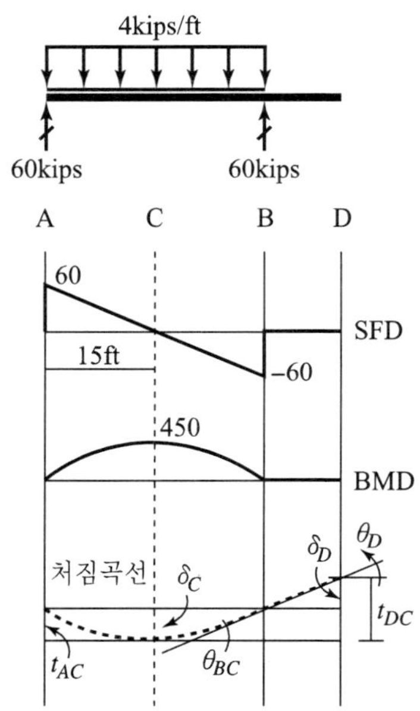

처짐(지간 중앙점 C) : $\delta_C = t_{AC}$

$$EI\delta_C = EIt_{AC} = \left(450\times 15\times \frac{2}{3}\right)\times\left(15\times\frac{5}{8}\right) = 4.219\times 10^4 (kip\cdot ft^3)$$

$$\delta_C = \frac{4.219\times 10^4}{6\times 10^5} = 0.070\,(ft)$$

처짐각/처짐(자유단 D) : 처짐곡선의 $B\sim D$구간은 직선이므로 $\theta_D = \theta_{BC}$, $\delta_D = t_{DC} - t_{AC}$

$$EI\theta_{BC} = 450\times 15\times\frac{2}{3} = 4.5\times 10^3 (kip\cdot ft^2)$$

$$\theta_D = \frac{4.5\times 10^3}{6\times 10^5} = 7.5\times 10^{-3}(rad)$$

$$EIt_{DC} = \left(450\times 15\times\frac{2}{3}\right)\times\left(10 + 15\times\frac{5}{8}\right) = 8.719\times 10^4 (kip\cdot ft^3)$$

$$EI\delta_D = EIt_{DC} - EIt_{AC} = 8.719\times 10^4 - 4.219\times 10^4 = 4.5\times 10^4 (kip\cdot ft^3)$$

$$\delta_D = \frac{4.5\times 10^4}{6\times 10^5} = 0.075\,(ft)$$

$$\{\delta_D = \theta_D\times 10 = 7.5\times 10^{-3}\times 10 = 0.075\,(ft)\}$$

7-10 1) 모멘트면적법 및 2) 탄성곡선식을 사용하여 자유단의 처짐을 구하시오(EI 일정).

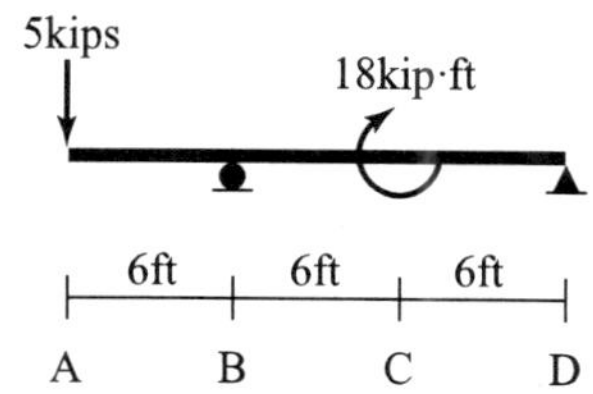

풀이

전체 자유물체도 :

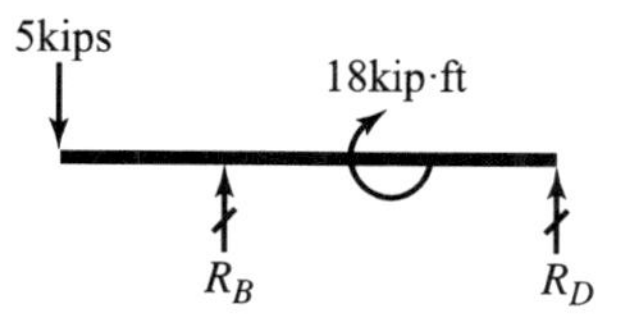

지점반력(평형조건식) :

$$\sum^{D} M = 0 = 5\times 18 - R_B\times 12 - 18$$
$$R_B = 6\,(kips)$$
$$\sum F_y = 0 = 5 - R_B - R_D$$
$$R_D = -1\,(kips)$$

하중선도/휨모멘트선도/처짐곡선 :

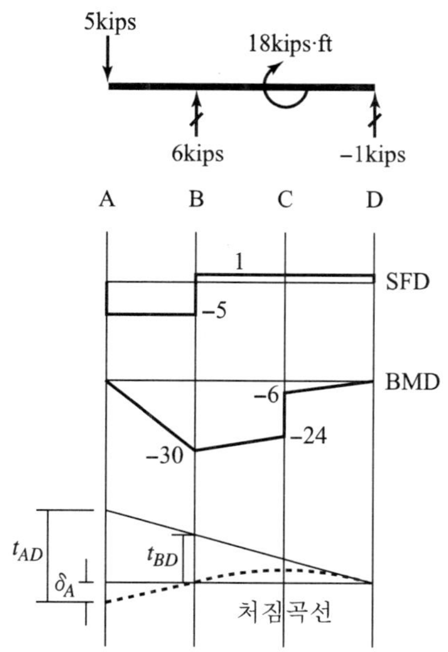

1) 모멘트면적법

처짐(자유단 A) : $\dfrac{t_{BD}}{t_{AD}-\delta_A} = \dfrac{2}{3}$

$$EIt_{BD} = 6\times 6\times\frac{1}{2}\times\left(6\times\frac{1}{3}\right) + 6\times 24\times 3 + 6\times 6\times\frac{1}{2}\times\left(6+6\times\frac{1}{3}\right) = 612\,(kip\cdot ft^3)$$

$$EIt_{AD} = 30\times 6\times\frac{1}{2}\times\left(6\times\frac{2}{3}\right) + 6\times 6\times\frac{1}{2}\times\left(6+6\times\frac{1}{3}\right) + 6\times 24\times(6+3) + 6\times 6\times\frac{1}{2}\times\left(12+6\times\frac{1}{3}\right) = 2052\,(kip\cdot ft^3)$$

$$EI\delta_A = EIt_{AD} - 1.5\times EIt_{BD} = 2052 - 1.5\times 612 = 1134\,(kip\cdot ft^3)$$

2) 탄성곡선식

자유물체도 :

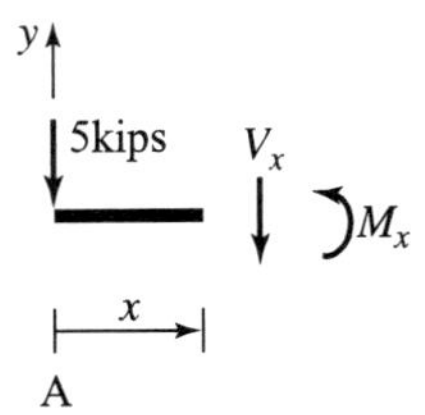

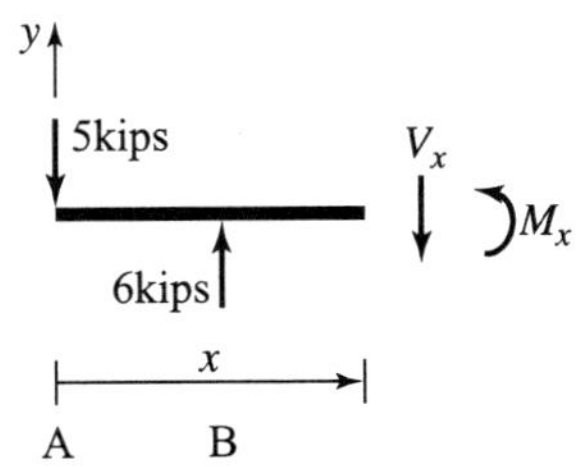

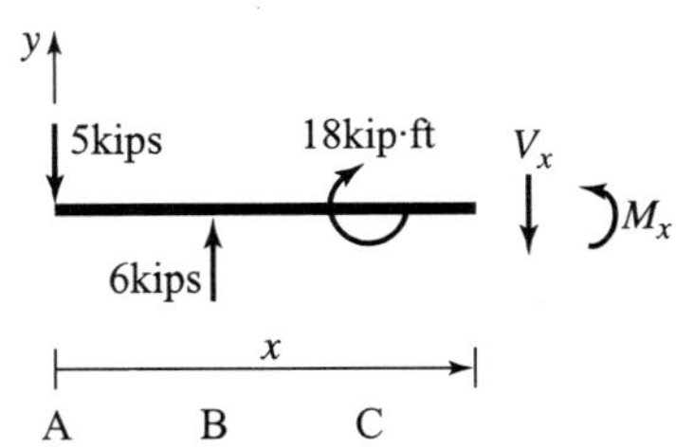

적합조건식 :

$\delta_{x=6} = 0$; $0 = -180 + 6C_1 + C_2$

$0 = -612 + 6D_1 + D_2$

$\delta_{x=18} = 0$; $0 = -1944 + 18E_1 + E_2$

$\delta_{x=12}$; $-2304 + 12D_1 + D_2$

$= -1008 + 12E_1 + E_2$

$\theta_{x=6}$; $-90 + C_1 = -198 + D_1$

$\theta_{x=12}$; $-360 + D_1 = -144 + E_1$

휨모멘트식/탄성곡선식 :

구간 AB $(0 \le x \le 6)$

$$\sum^{x} M = 0 = 5x + M_x$$
$$EI\delta'' = M_x = -5x$$
$$EI\delta' = EI\theta = -5 \times \frac{x^2}{2} + C_1$$
$$EI\delta = -5 \times \frac{x^3}{6} + C_1 x + C_2$$

구간 BC $(6 \le x \le 12)$

$$\sum^{x} M = 0 = 5x - 6 \times (x-6) + M_x$$
$$EI\delta'' = M_x = x - 36$$
$$EI\delta' = EI\theta = \frac{x^2}{2} - 36x + D_1$$
$$EI\delta = \frac{x^3}{6} - 18x^2 + D_1 x + D_2$$

구간 CD $(12 \le x \le 18)$

$$\sum^{x} M = 0 = 5x - 6 \times (x-6) - 18 + M_x$$
$$EI\delta'' = M_x = x - 18$$
$$EI\delta' = EI\theta = \frac{x^2}{2} - 18x + E_1$$
$$EI\delta = \frac{x^3}{6} - 9x^2 + E_1 x + E_2$$

적분상수 :

$C_1 = 219$, $C_2 = -1134$

$D_1 = 327$, $D_2 = -1350$

$E_1 = 111$, $E_2 = -54$

자유단 처짐 :

$$EI\delta_{x=0} = C_2 = -1134\,kip \cdot ft^3$$

7-11 중앙점에서의 개별휨모멘트선도를 사용하여 중앙점의 처짐을 구하시오($EI = 8.9 \times 10^3$ $kN \cdot m^2$).

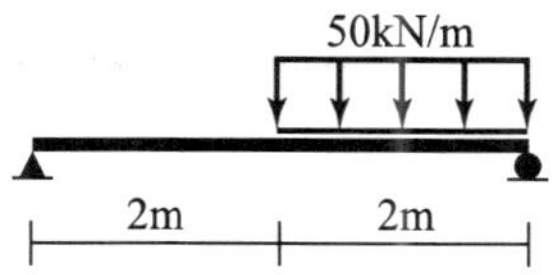

풀이

전체 자유물체도(등가집중하중) :

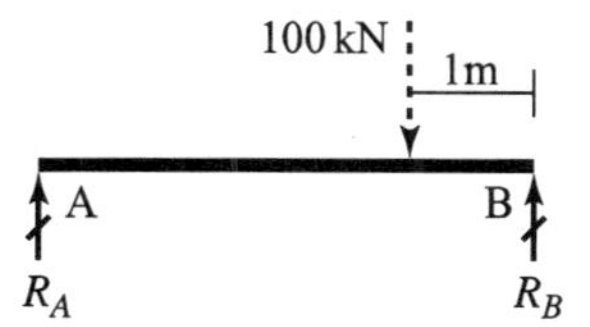

지점반력(평형조건식) :

$$\sum^{B} M = 0 = R_A \times 4 - 100 \times 1 \quad ; \quad R_A = 25\,(kN)$$

$$\sum F_y = 0 = R_A - 100 + R_B \quad ; \quad R_B = 75\,(kN)$$

하중선도/휨모멘트선도/처짐곡선 :

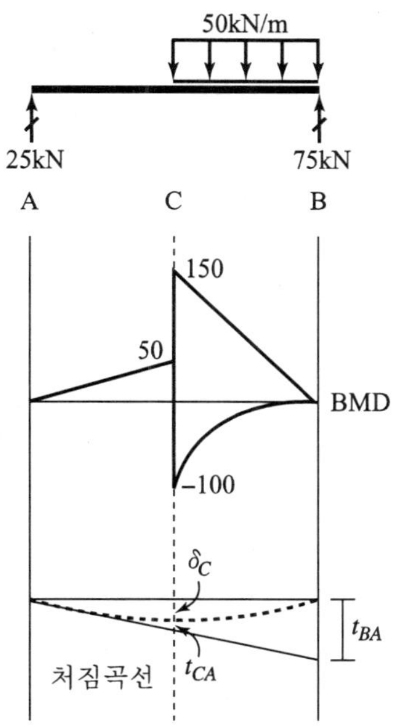

처짐 : $\dfrac{\delta_C + t_{CA}}{t_{BA}} = \dfrac{1}{2}$

$$\begin{aligned} EIt_{BA} &= 50 \times 2 \times 0.5 \times \left(2 + 2 \times \frac{1}{3}\right) \\ &\quad + 150 \times 2 \times 0.5 \times \left(2 \times \frac{2}{3}\right) \\ &\quad - 100 \times 2 \times \frac{1}{3} \times \left(2 \times \frac{3}{4}\right) \\ &= 233.3\,(kN \cdot m^3) \end{aligned}$$

$$EIt_{CA} = 50 \times 2 \times 0.5 \times \left(2 \times \frac{1}{3}\right) = 33.3\,(kN \cdot m^3)$$

$$\begin{aligned} EI\delta_C &= EIt_{BA} \times \frac{1}{2} - EIt_{CA} \\ &= 233.3 \times \frac{1}{2} - 33.3 = 83.4\,(kN \cdot m^3) \end{aligned}$$

$$\delta_C = \frac{83.4}{8.9 \times 10^3} = 9.37 \times 10^{-3}\,(m)$$

7-12 중첩법을 사용하여 자유단의 처짐각/처짐을 구하시오($EI = 1000\,kN \cdot m^2$).

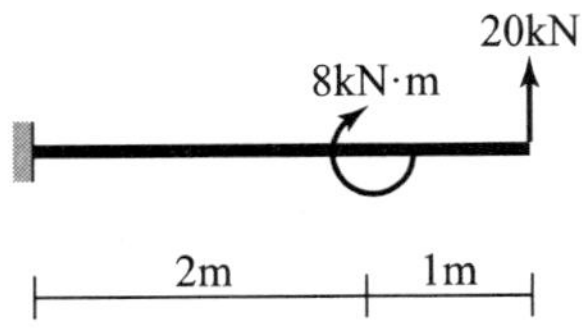

풀이

전체 자유물체도 :

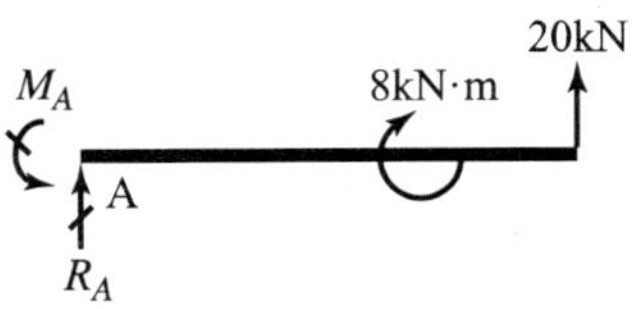

지점반력(평형조건식) :

$$\sum^{A} M = 0 = M_A - 8 + 20 \times 3$$
$$M_A = -52\,kN \cdot m$$
$$\sum F_y = 0 = R_A + 20$$
$$R_A = -20\,kN$$

하중선도/휨모멘트선도/처짐곡선 :

집중하중과 모멘트하중에 대한 휨모멘트선도/처짐곡선을 각각 작성하고 중첩한다(휨모멘트선도를 같이 그리면 A점에서 개별휨모멘트선도를 작성한 결과와 동일하다).

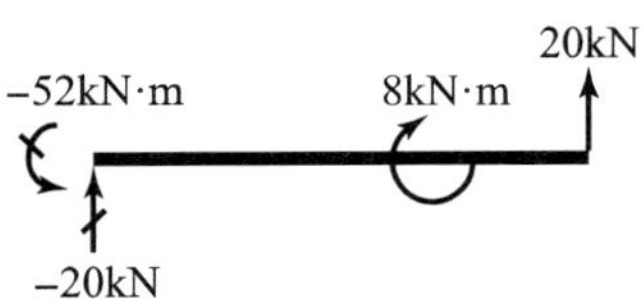

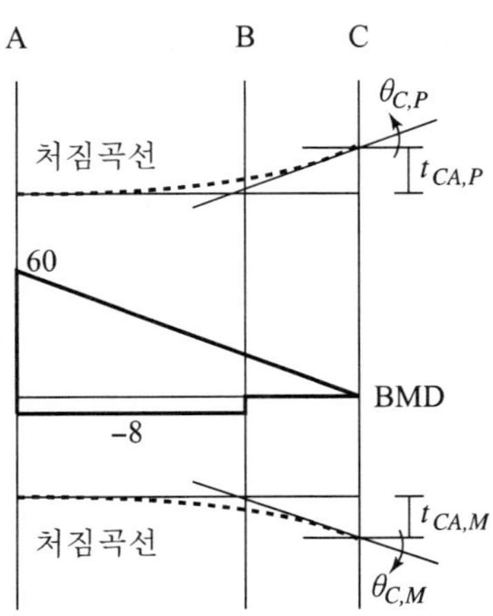

처짐각 :

$$EI\theta_{C,P} = 60 \times 3 \times 0.5 = 90\,(kN \cdot m^2)$$

$$EI\theta_{C,M} = 8 \times 2 = 16\,(kN \cdot m^2)$$

$$EI\theta_C = EI\theta_{C,P} - EI\theta_{C,M} = 90 - 16 = 74\,(kN \cdot m^2)$$

$$\theta_C = \frac{74}{1000} = 0.074\,(rad) \quad ; \quad \theta_{C,P}\text{ 방향}$$

처짐 :

$$EIt_{CA,P} = 60 \times 3 \times 0.5 \times \left(3 \times \frac{2}{3}\right) = 180\,(kN \cdot m^3)$$

$$EIt_{CA,M} = 8 \times 2 \times (1+1) = 32\,(kN \cdot m^3)$$

$$EI\delta_C = EIt_{CA,P} - EIt_{CA,M} = 180 - 32 = 148\,(kN \cdot m^3)$$

$$\delta_C = \frac{148}{1000} = 0.148\,(m) \quad ; \quad t_{CA,P}\text{ 방향}$$

7-13 1) C점에서의 개별휨모멘트선도 및 2) 중첩법을 사용하여 자유단의 처짐각/처짐을 구하시오(EI 일정).

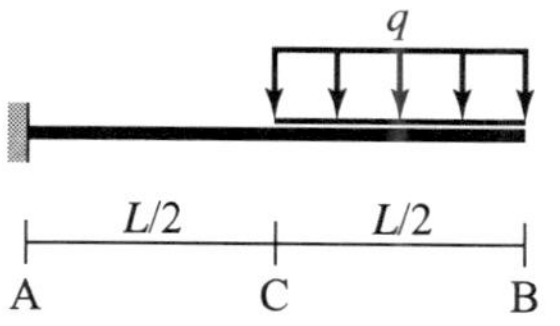

풀이

전체 자유물체도(등가집중하중) :

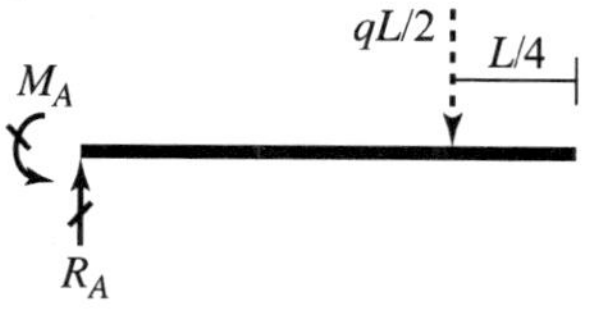

지점반력(평형조건식) :

$$\sum F_y = 0 = R_A - qL/2$$
$$R_A = qL/2$$
$$\sum^{A} M = 0 = M_A - (qL/2)\times(3L/4)$$
$$M_A = \frac{3}{8}qL^2$$

하중선도/휨모멘트선도/처짐곡선 :

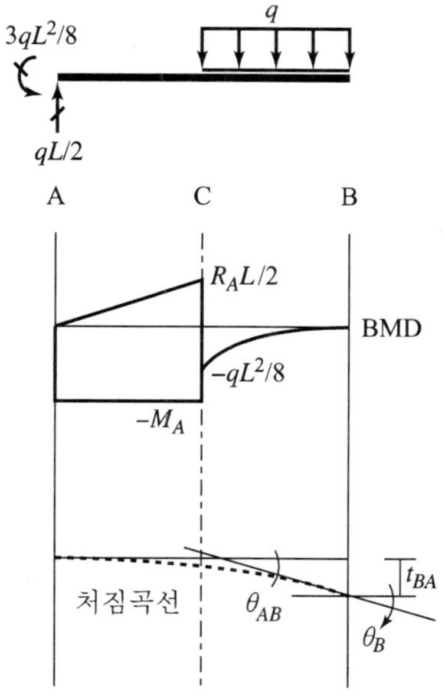

1) 개별휨모멘트선도

처짐각 : $\theta_B = \theta_{AB}$

$$EI\theta_{AB} = \left(M_A \times \frac{L}{2}\right) - \left(\frac{R_A L}{2}\times\frac{L}{2}\times 0.5\right) + \left(\frac{qL^2}{8}\times\frac{L}{2}\times\frac{1}{3}\right)$$
$$= \left(\frac{3qL^2}{8}\times\frac{L}{2}\right) - \left(\frac{qL^2}{4}\times\frac{L}{2}\times 0.5\right) + \frac{qL^3}{48}$$
$$= \frac{7qL^3}{48} \quad ; \quad \theta_B = \frac{7qL^3}{48EI}$$

처짐 : $\delta_B = t_{BA}$

$$EIt_{BA} = \left(M_A\times\frac{L}{2}\right)\times\left(\frac{L}{2}+\frac{L}{4}\right) - \left(\frac{R_A L}{2}\times\frac{L}{2}\times 0.5\right)\times\left(\frac{L}{2}+\frac{L}{2}\times\frac{1}{3}\right) + \left(\frac{qL^2}{8}\times\frac{L}{2}\times\frac{1}{3}\right)\times\left(\frac{L}{2}\times\frac{3}{4}\right)$$
$$= \left(\frac{3qL^2}{8}\times\frac{L}{2}\right)\times\left(\frac{3L}{4}\right) - \left(\frac{qL^2}{4}\times\frac{L}{4}\right)\times\left(\frac{4L}{6}\right) + \frac{qL^3}{48}\times\left(\frac{3L}{8}\right)$$
$$= \frac{41qL^4}{384} = EI\delta_B \quad ; \quad \delta_B = \frac{41qL^4}{384EI}$$

2) 중첩법

AC구간 상/하에 하중재하 :

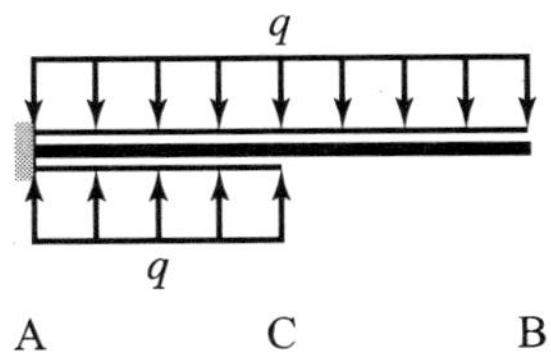

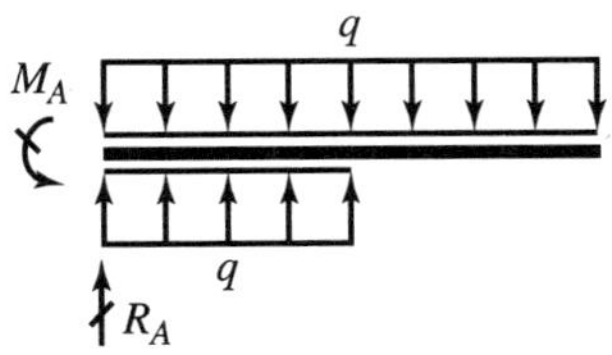

지점반력(평형조건식) : 상재하중(상)

$$\sum F_y = 0 = R_A - qL$$

$$R_A = qL$$

$$\sum^{A} M = 0 = M_A - (qL) \times (L/2)$$

$$M_A = \frac{qL^2}{2}$$

지점반력(평형조건식) : 하재하중(하)

$$\sum F_y = 0 = R_A + qL/2$$

$$R_A = -qL/2$$

$$\sum^{A} M = 0 = M_A + (qL/2) \times (L/4)$$

$$M_A = -\frac{qL^2}{8}$$

휨모멘트선도/처짐곡선 :

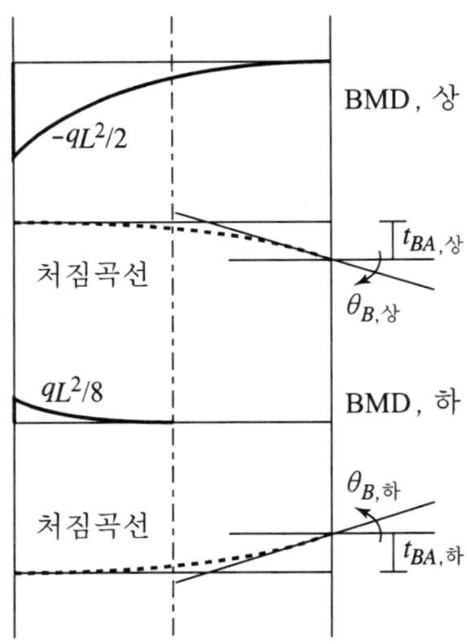

처짐각 : 시계방향 양

$$EI\theta_B = EI\theta_{B,상} - EI\theta_{B,하}$$

$$= \frac{qL^2}{2} \times L \times \frac{1}{3} - \frac{qL^2}{8} \times \frac{L}{2} \times \frac{1}{3}$$

$$= \frac{7qL^3}{48}$$

처짐 : 하향 양

$$EI\delta_B = EI\delta_{B,상} - EI\delta_{B,하}$$

$$= \left(\frac{qL^2}{2} \times L \times \frac{1}{3}\right) \times \frac{3L}{4}$$

$$- \left(\frac{qL^2}{8} \times \frac{L}{2} \times \frac{1}{3}\right) \times \left(\frac{L}{2} + \frac{L}{2} \times \frac{3}{4}\right)$$

$$= \frac{41qL^4}{384}$$

7-14 C점을 기준으로 개별휨모멘트선도를 작성하고 자유단의 처짐을 구하시오(EI 일정).

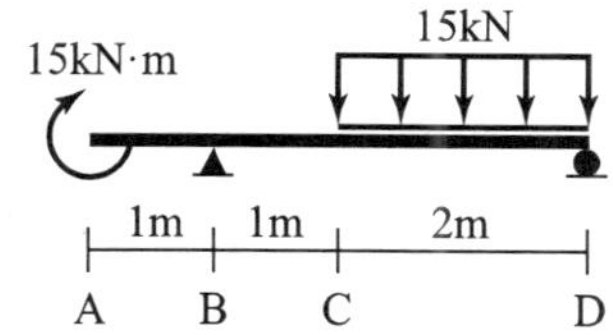

풀이

전체 자유물체도(등가집중하중) :

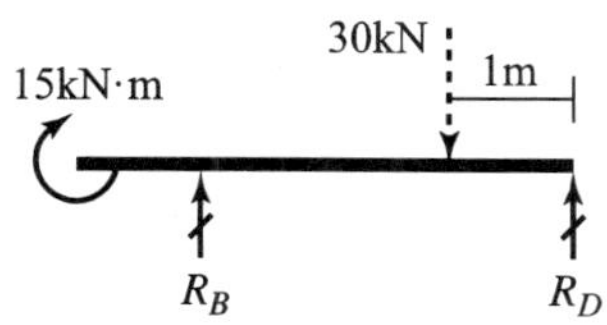

지점반력(평형조건식) :

$$\sum^{B} M = 0 = 15 + 30 \times 2 - R_D \times 3$$
$$R_D = 25\,kN$$
$$\sum F_y = 0 = R_B - 30 + R_D$$
$$R_B = 5\,kN$$

하중선도/개별휨모멘트선도/처짐곡선 :

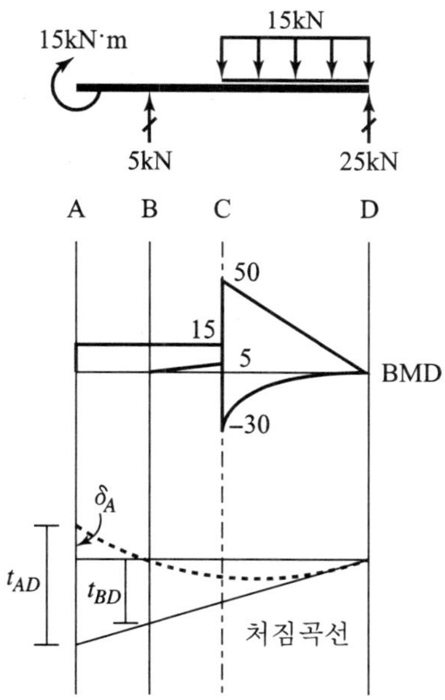

처짐(자유단 A) : $\dfrac{t_{BD}}{t_{AD} - \delta_A} = \dfrac{3}{4}$

$$\begin{aligned} EIt_{BD} &= (50 \times 2 \times 0.5) \times \left(1 + 2 \times \frac{1}{3}\right) \\ &\quad - \left(30 \times 2 \times \frac{1}{3}\right) \times \left(1 + 2 \times \frac{1}{4}\right) \\ &\quad + (15 \times 1) \times 0.5 \\ &\quad + (5 \times 1 \times 0.5) \times \left(1 \times \frac{2}{3}\right) \\ &= 62.5\,(kN \cdot m^3) \end{aligned}$$

$$\begin{aligned} EIt_{AD} &= (50 \times 2 \times 0.5) \times \left(2 + 2 \times \frac{1}{3}\right) \\ &\quad - \left(30 \times 2 \times \frac{1}{3}\right) \times \left(2 + 2 \times \frac{1}{4}\right) \\ &\quad + (15 \times 2) \times 1 \\ &\quad + (5 \times 1 \times 0.5) \times \left(1 + 1 \times \frac{2}{3}\right) \\ &= 117.5\,(kN \cdot m^3) \end{aligned}$$

$$\begin{aligned} EI\delta_A &= EIt_{AD} - EIt_{BD} \times \frac{4}{3} \\ &= 117.5 - 62.5 \times \frac{4}{3} = 34.17\,(kN \cdot m^3) \end{aligned}$$

7-15 전단력선도와 휨모멘트선도를 작성하고 개별휨모멘트를 사용하여 처짐(지간 중앙점 및 자유단)을 구하시오($EI = 1000\,kN \cdot m^2$).

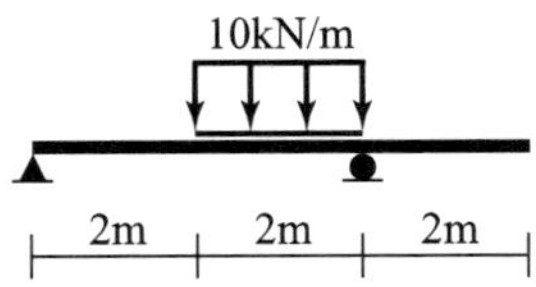

풀이

전체 자유물체도(등가집중하중) :

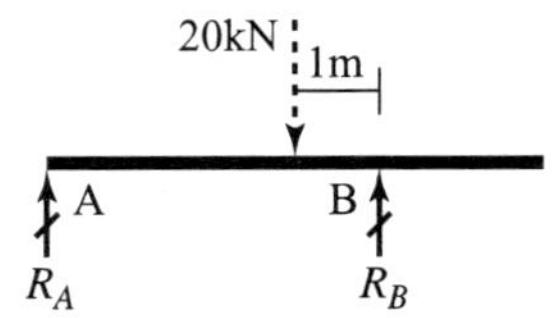

지점반력(평형조건식) :

$$\sum^{B} M = 0 = R_A \times 4 - 20 \times 1$$
$$R_A = 5\,kN$$
$$\sum F_y = 0 = R_A - 20 + R_B$$
$$R_B = 15\,kN$$

하중선도/전단력선도/휨모멘트선도 :

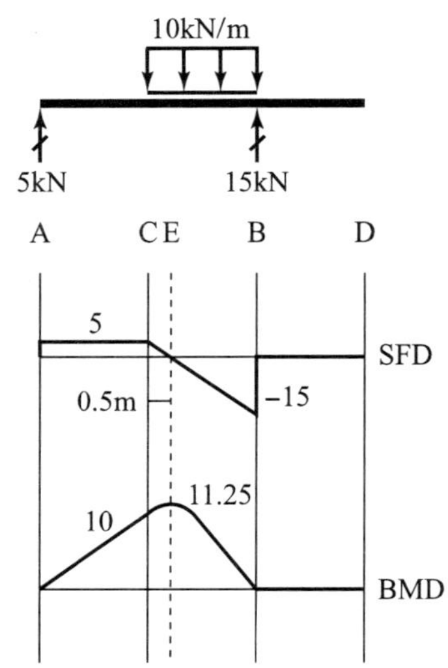

하중선도/개별휨모멘트선도/처짐곡선 :

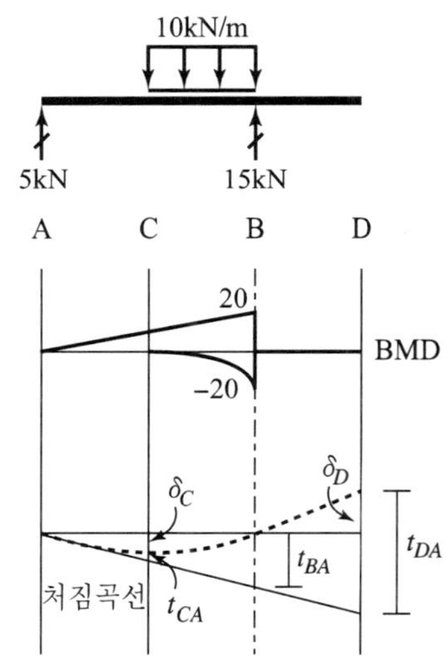

처짐 :

$$EIt_{CA} = (10 \times 2 \times 0.5) \times \left(2 \times \frac{1}{3}\right) = 6.7\,(kN \cdot m^3)$$

$$EIt_{BA} = (20 \times 4 \times 0.5) \times \left(4 \times \frac{1}{3}\right) - \left(20 \times 2 \times \frac{1}{3}\right) \times \left(2 \times \frac{1}{4}\right) = 46.7\,(kN \cdot m^3)$$

$$EIt_{DA} = (20 \times 4 \times 0.5) \times \left(2 + 4 \times \frac{1}{3}\right) - \left(20 \times 2 \times \frac{1}{3}\right) \times \left(2 + 2 \times \frac{1}{4}\right) = 100.0\,(kN \cdot m^3)$$

지간 중앙점 C : $\dfrac{\delta_C + t_{CA}}{t_{BA}} = \dfrac{1}{2}$

$$EI\delta_C = EIt_{BA} \times 0.5 - EIt_{CA} = 46.7 \times 0.5 - 6.7 = 16.7(kN \cdot m^3)$$

$$\delta_C = \frac{16.7}{1000} = 0.017(m)$$

자유단 D : $\dfrac{t_{BA}}{t_{DA} - \delta_D} = \dfrac{2}{3}$

$$EI\delta_D = EIt_{DA} - EIt_{BA} \times 1.5 = 100.0 - 46.7 \times 1.5 = 30(kN \cdot m^3)$$

$$\delta_D = \frac{30}{1000} = 0.030(m)$$

7-16 중간지점을 여분구속으로 하여 부정정보의 반력을 구하시오(EI 일정).

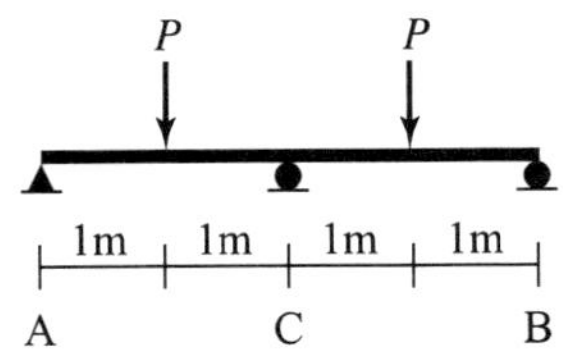

풀이

기본정정보(하중) :

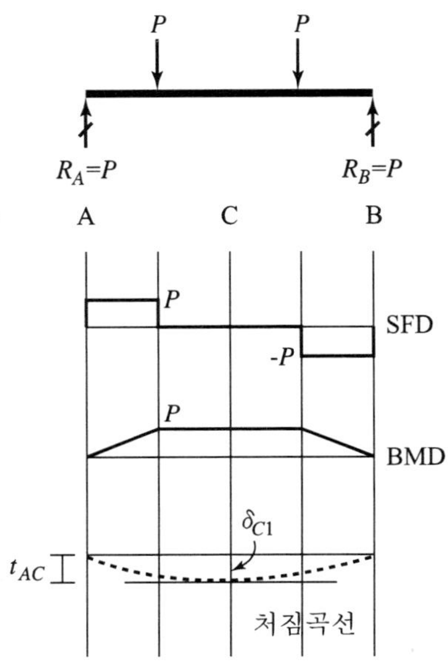

지점반력 : 구조물과 하중이 대칭

$$R_A = R_B = \frac{P+P}{2} = P$$

처짐(하중, C점) : $\delta_{C1} = t_{AC}$

$$EI\delta_{C1} = EIt_{AC}$$

$$= (P\times 1)\times(1+0.5) + (P\times 1\times 0.5)\times\left(1\times\frac{2}{3}\right)$$

$$= \frac{11P}{6}(m^3)$$

기본정정보(여분구속력) :

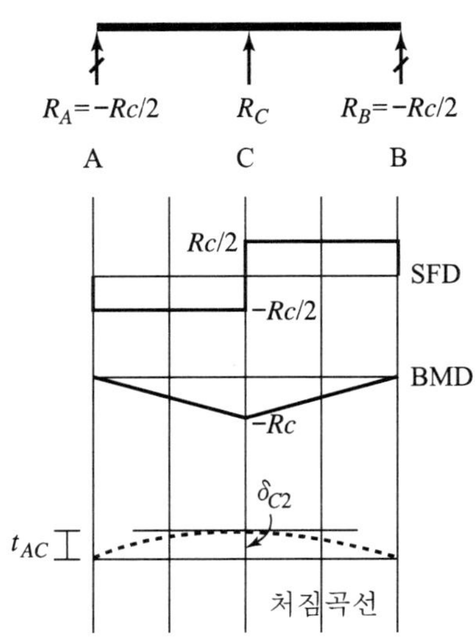

지점반력 : 구조물과 하중이 대칭

$$\sum F_y = 0 = R_A - R_C + R_B$$

$$R_A = R_B = -\frac{R_C}{2}$$

처짐(여분구속력, C점) : $\delta_{C2} = t_{AC}$

$$EI\delta_{C2} = EIt_{AC}$$

$$= (R_C\times 2\times 0.5)\times\left(2\times\frac{2}{3}\right)$$

$$= \frac{4R_C}{3}(m^3)$$

여분구속력 : 이동지점(C)의 처짐은 0이다.

$$\sum EI\delta_C = 0 = EI\delta_{C1} - EI\delta_{C2} = \frac{11P}{6} - \frac{4R_C}{3} \quad ; \quad R_C = \frac{11P}{8}$$

부정정보 :

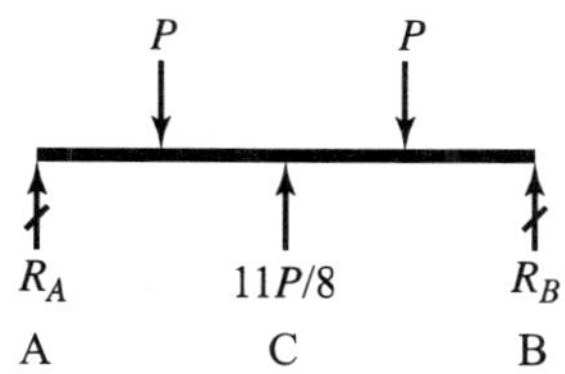

지점반력 : 구조물과 하중이 대칭

$$R_A = R_B = \left(P \times 2 - \frac{11P}{8}\right) \div 2 = \frac{5P}{16}$$

7-17 지점 B를 여분구속으로 하여 부정정보의 반력을 구하시오(EI 일정).

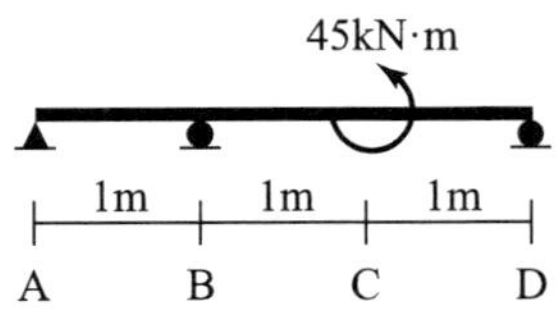

풀이

기본정정보(하중) :

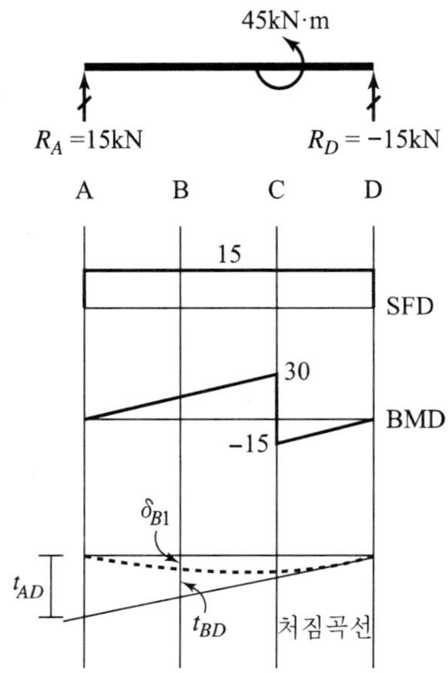

지점반력(평형조건식) :

$$\sum^{D} M = 0 = R_A \times 3 - 45 \quad ; \quad R_A = 15\,kN$$

$$\sum F_y = 0 = R_A + R_D \quad ; \quad R_D = -15\,kN$$

처짐(하중, B점) : $\dfrac{\delta_{B1} + t_{BD}}{t_{AD}} = \dfrac{2}{3}$

$$\begin{aligned} EIt_{BD} &= (-15 \times 1 \times 0.5) \times \left(1 + 1 \times \frac{1}{3}\right) \\ &\quad + (15 \times 1) \times 0.5 \\ &\quad + (15 \times 1 \times 0.5) \times \left(1 \times \frac{2}{3}\right) \\ &= 2.5\,(kN \cdot m^3) \end{aligned}$$

$$\begin{aligned} EIt_{AD} &= (-15 \times 1 \times 0.5) \times \left(2 + 1 \times \frac{1}{3}\right) \\ &\quad + (30 \times 2 \times 0.5) \times \left(2 \times \frac{2}{3}\right) \\ &= 22.5\,(kN \cdot m^3) \end{aligned}$$

$$\begin{aligned} EI\delta_{B1} &= EIt_{AD} \times \frac{2}{3} - EIt_{BD} \\ &= 22.5 \times \frac{2}{3} - 2.5 \\ &= 12.5\,(kN \cdot m^3) \end{aligned}$$

기본정정보(여분구속력) :

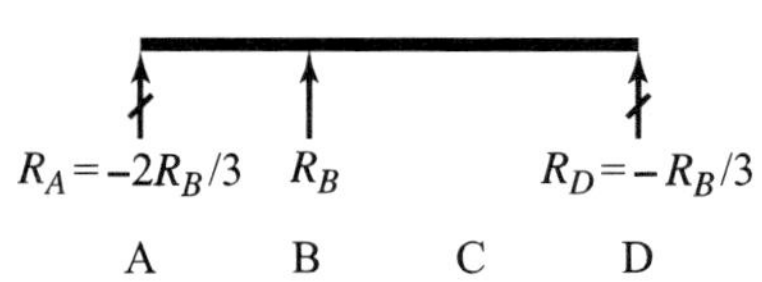

지점반력(평형조건식) :

$$\sum^{D} M = 0 = R_A \times 3 + R_B \times 2$$

$$R_A = -\frac{2R_B}{3}$$

$$\sum F_y = 0 = R_A + R_B + R_D$$

$$R_D = -\frac{R_B}{3}$$

기본정정보(여분구속력) :

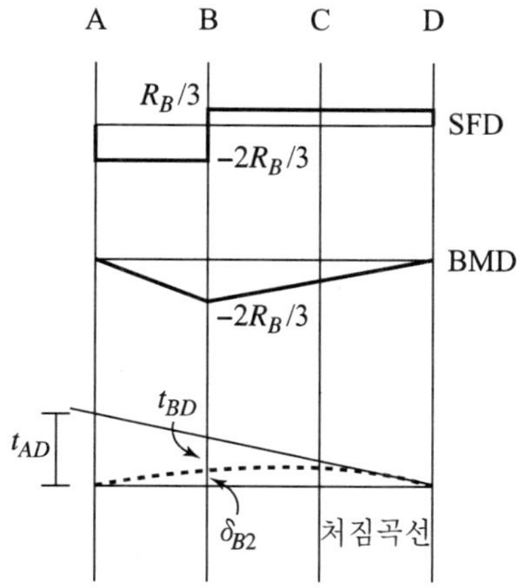

처짐(여분구속력, B점) : $\dfrac{\delta_{B2}+t_{BD}}{t_{AD}} = \dfrac{2}{3}$

$$EIt_{BD} = \left(\frac{2R_B}{3}\times 2\times 0.5\right)\times\left(2\times\frac{1}{3}\right) = \frac{4R_B}{9}\,(m^3)$$

$$EIt_{AD} = \left(\frac{2R_B}{3}\times 2\times 0.5\right)\times\left(1+2\times\frac{1}{3}\right) + \left(\frac{2R_B}{3}\times 1\times 0.5\right)\times\left(1\times\frac{2}{3}\right) = \frac{4R_B}{3}\,(m^3)$$

$$EI\delta_{B2} = EIt_{AD}\times\frac{2}{3} - EIt_{BD} = \frac{4R_B}{3}\times\frac{2}{3} - \frac{4R_B}{9} = \frac{4R_B}{9}\,(m^3)$$

여분구속력 : 이동지점(B)의 처짐은 0이다.

$$\sum EI\delta_B = 0 = EI\delta_{B1} - EI\delta_{B2} = 12.5 - \frac{4R_B}{9} \quad ; \quad R_B = 28.13\,kN$$

부정정보 :

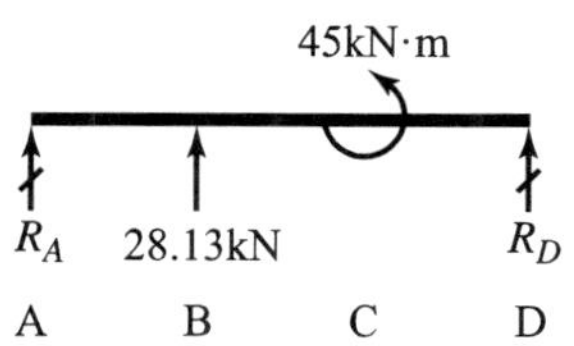

지점반력(평형조건식) :

$$\sum^{D} M = 0 = R_A\times 3 + 28.13\times 2 - 45$$
$$R_A = -3.75\,kN$$

$$\sum F_y = 0 = R_A + 28.13 + R_D$$
$$R_D = -24.38\,kN$$

7-18 부정정보의 전단력선도와 휨모멘트선도를 구하시오(EI 일정).

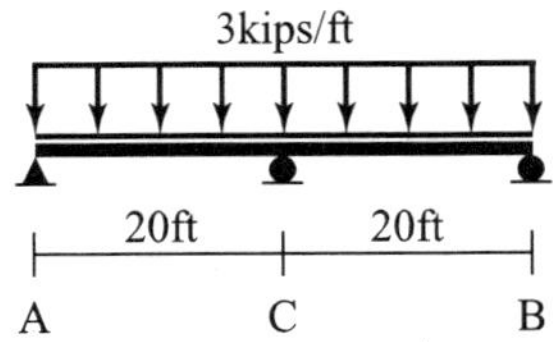

풀이

기본정정보(하중) :

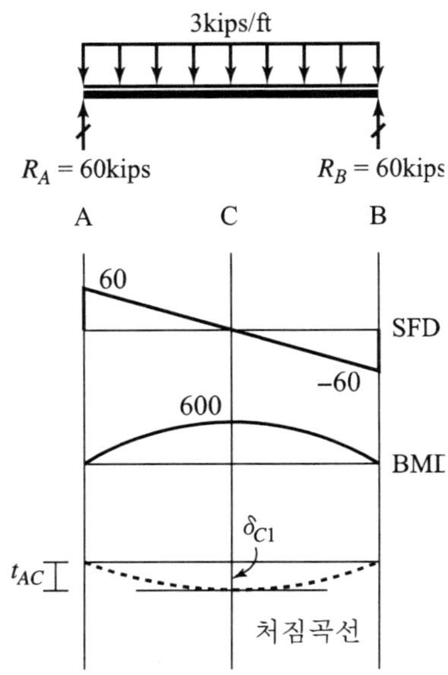

지점반력 : 구조물과 하중이 대칭

$$R_A = R_B = \frac{3\times 40}{2} = 60\,(kips)$$

처짐(하중, C점) : $\delta_{C1} = t_{AC}$

$$EI\delta_{C1} = EIt_{AC}$$
$$= \left(600\times 20\times \frac{2}{3}\right)\times\left(20\times\frac{5}{8}\right)$$
$$= 100000\,(ft^3)$$

기본정정보(여분구속력) :

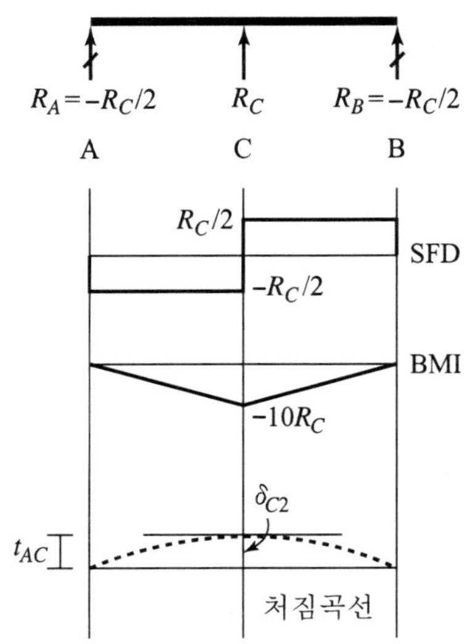

지점반력 : 구조물과 하중이 대칭

$$R_A = R_B = -\frac{R_C}{2}$$

처짐(여분구속력, C점) : $\delta_{C2} = t_{AC}$

$$EI\delta_{C2} = EIt_{AC}$$
$$= (10R_C\times 20\times 0.5)\times\left(20\times\frac{2}{3}\right)$$
$$= \frac{4000R_C}{3}\,(ft^3)$$

여분구속력 : 이동지점(C)의 처짐은 0이다.

$$\sum EI\delta_C = 0 = EI\delta_{C1} - EI\delta_{C2} = 100000 - \frac{4000R_C}{3} \quad ; \quad R_C = 75\,kips$$

부정정보 :
하중선도/전단력선도/휨모멘트선도 :

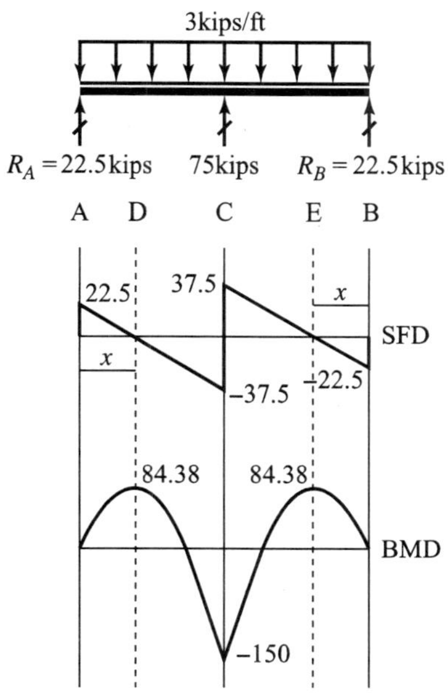

지점반력 : 구조물과 하중이 대칭

$$R_A = (3\times 40 - 75)\times 0.5 = 22.5(kips) = R_B$$

최대휨모멘트 :

$$x = \frac{22.5}{3} = 7.5(ft)$$

$$M_D = 22.5\times 7.5\times 0.5 = 84.38(kip\cdot ft) = M_E$$

$$M_C = M_D - 37.5\times 12.5\times 0.5 = -150(kip\cdot ft)$$

7-19 지점 C를 여분구속으로 하여 부정정보의 반력을 구하시오(EI 일정).

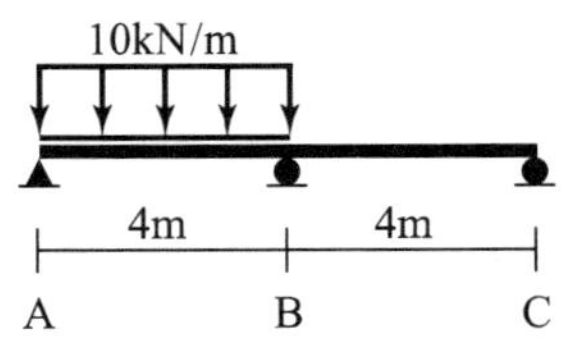

풀이

기본정정보(하중) : $A\sim B$단순보

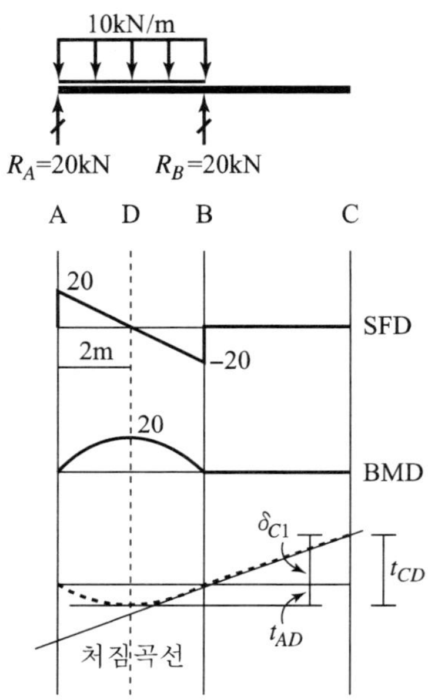

지점반력 : 구조물과 하중이 대칭($B\sim C$구간은 반력계산과 무관하다)

$$R_A = R_B = \frac{10\times 4}{2} = 20\,(kN)$$

처짐(하중, C점) : $\delta_{C1} + t_{AD} = t_{CD}$

$$EIt_{AD} = \left(20\times 2\times \frac{2}{3}\right)\times\left(2\times\frac{5}{8}\right)$$
$$= 33.3\,(kN\cdot m^3)$$

$$EIt_{CD} = \left(20\times 2\times \frac{2}{3}\right)\times\left(4+2\times\frac{5}{8}\right)$$
$$= 140\,(kN\cdot m^3)$$

$$EI\delta_{C1} = EIt_{CD} - EIt_{AD}$$
$$= 140 - 33.3 = 106.6\,(kN\cdot m^3)$$

기본정정보(여분구속력) :

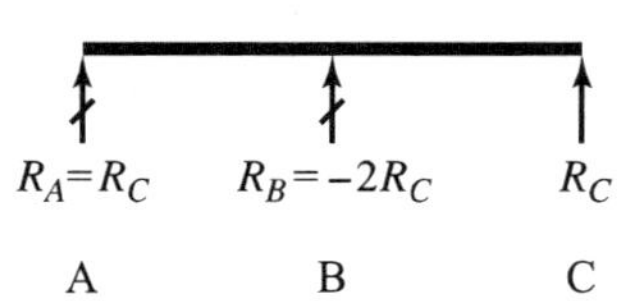

지점반력(평형조건식) :

$$\sum^{B} M = 0 = R_A\times 4 - R_C\times 4 \quad ; \quad R_A = R_C$$
$$\sum F_y = 0 = R_A + R_B + R_C \quad ; \quad R_B = -2R_C$$

기본정정보(여분구속력) :

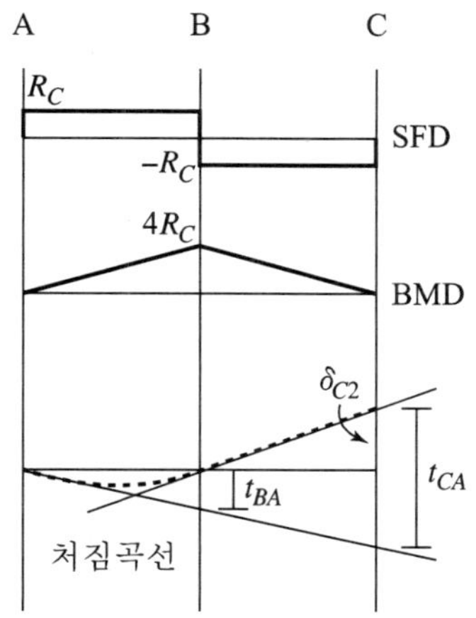

처짐(여분구속력, C점) : $\dfrac{t_{BA}}{t_{CA}-\delta_{C2}} = \dfrac{1}{2}$

$$EIt_{BA} = (4R_C \times 2)\times\left(4\times\frac{1}{3}\right) = 10.67R_C(m^3)$$

$$EIt_{CA} = (4R_C \times 2)\times\left(4+4\times\frac{1}{3}\right) + (4R_C\times 2)\times\left(4\times\frac{2}{3}\right) = 64R_C(m^3)$$

$$EI\delta_{C2} = EIt_{CA} - EIt_{BA}\times 2 = 64R_C - 10.67R_C\times 2 = 42.66R_C(m^3)$$

여분구속력 : 이동지점(C)의 처짐은 0이다.

$$\sum EI\delta_C = 0 = EI\delta_{C1} + EI\delta_{C2} = 106.6 + 42.66R_C \quad ; \quad R_C = -2.5\,kN$$

부정정보 :

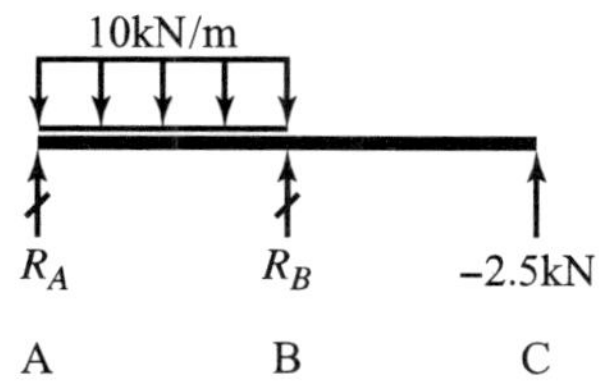

지점반력(평형조건식) :

$$\sum^{A} M = 0 = 10\times 4\times 2 - R_B\times 4 - (-2.5)\times 8$$
$$R_B = 25\,kN$$
$$\sum F_y = 0 = R_A - 10\times 4 + R_B + (-2.5)$$
$$R_A = 17.5\,kN$$

7-20 부정정보의 전단력선도와 휨모멘트선도를 구하시오(EI 일정).

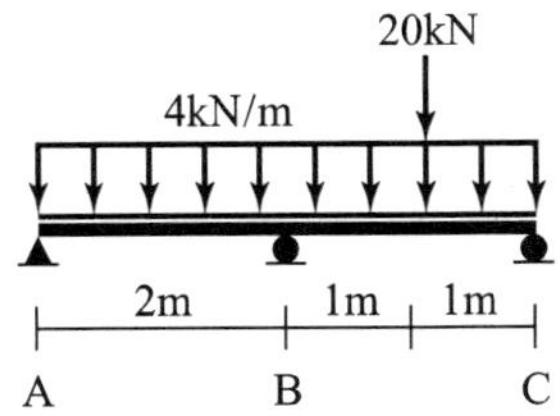

풀이

기본정정보(하중1) :

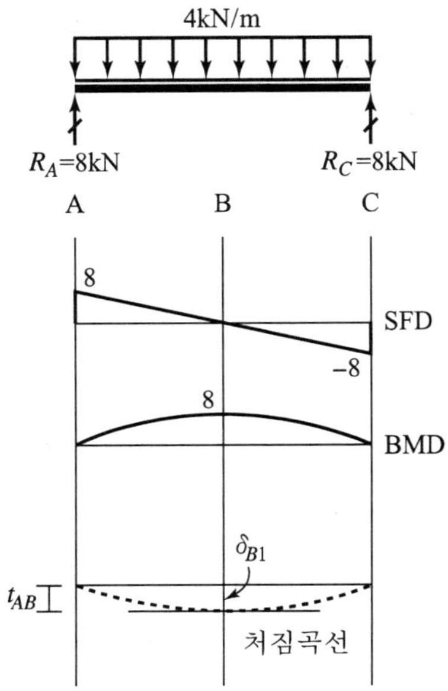

지점반력 : 구조물과 하중이 대칭

$$R_A = R_C = \frac{4\times 4}{2} = 8\,(kN)$$

처짐(하중1, B점) : $\delta_{B1} = t_{AB}$

$$EI\delta_{B1} = EIt_{AB} = \left(8\times 2\times \frac{2}{3}\right)\times\left(2\times\frac{5}{8}\right) = 13.33\,(m^3)$$

기본정정보(하중2) :

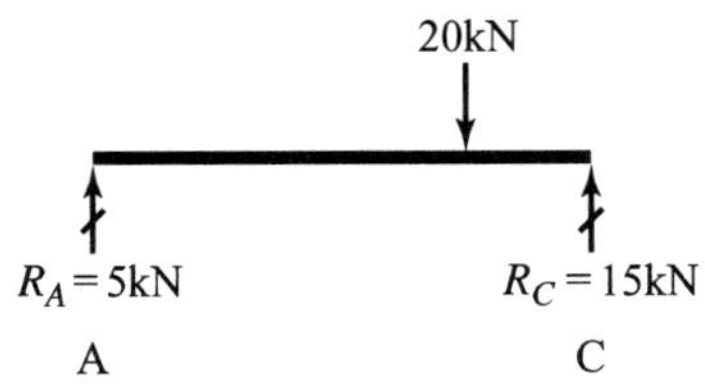

지점반력(평형조건식) :

$$\sum^{C} M = 0 = R_A\times 4 - 20\times 1$$
$$R_A = 5\,kN$$

$$\sum F_y = 0 = R_A - 20 + R_C$$
$$R_C = 15\,kN$$

기본정정보(하중2) :

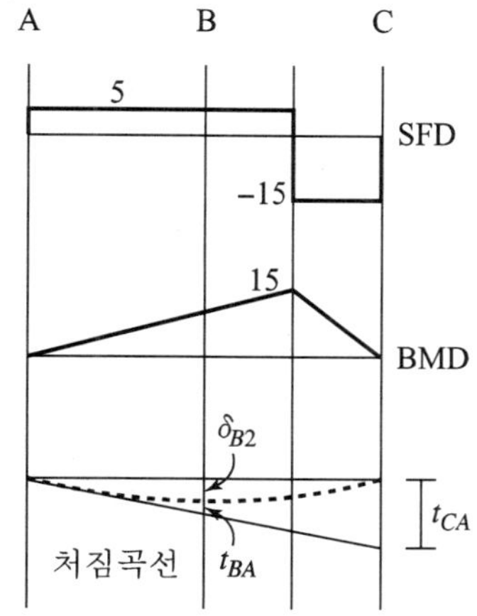

처짐(하중2, B점) : $\dfrac{\delta_{B2}+t_{BA}}{t_{CA}}=\dfrac{1}{2}$

$$EIt_{CA} = (15\times3\times0.5)\times\left(1+3\times\frac{1}{3}\right)+(15\times1\times0.5)\times\left(1\times\frac{2}{3}\right) = 50(kN\cdot m^3)$$

$$EIt_{BA} = (10\times2\times0.5)\times\left(2\times\frac{1}{3}\right) = 6.67(kN\cdot m^3)$$

$$EI\delta_{B2} = EIt_{CA}\times0.5-EIt_{BA} = 50\times0.5-6.67 = 18.33(kN\cdot m^3)$$

기본정정보(여분구속력) :

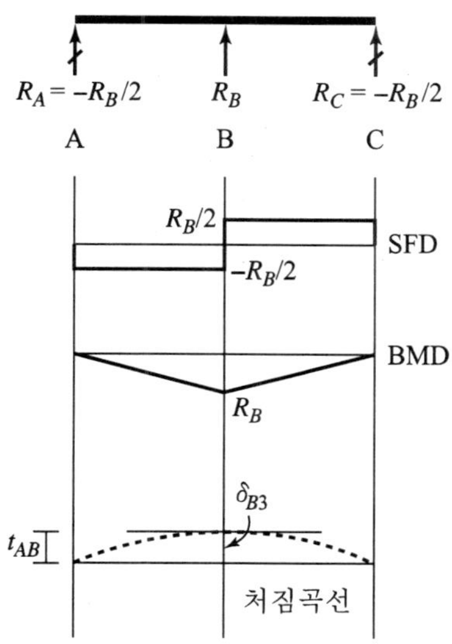

지점반력 : 구조물과 하중이 대칭

$$R_A=R_C=-\frac{R_B}{2}$$

처짐(여분구속력, B점) : $\delta_{B3}=t_{AB}$

$$EI\delta_{B3} = EIt_{AB} = (R_B\times2\times0.5)\times\left(2\times\frac{2}{3}\right) = \frac{4R_B}{3}(m^3)$$

여분구속력 : 이동지점(B)의 처짐은 0이다.

$$\sum EI\delta_B = 0 = EI\delta_{B1}+EI\delta_{B2}-EI\delta_{B3} = 13.33+18.33-\frac{4R_B}{3} \quad ; \quad R_B = 23.75\,kN$$

부정정보 :

하중선도/전단력선도/휨모멘트선도 :

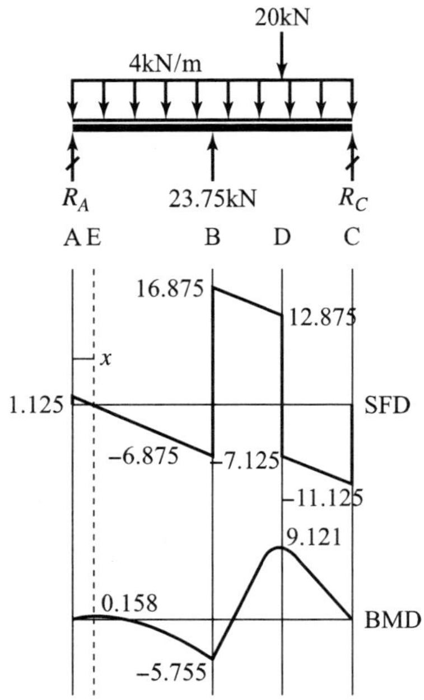

지점반력(평형조건식) :

$$\sum^{A} M = 0 = 4\times4\times2-23.75\times2 +20\times3-R_C\times4$$

$$R_C = 11.125\,kN$$

$$\sum F_y = 0 = R_A-4\times4+23.75-20+R_C$$

$$R_A = 1.125 \quad kN$$

전단력 :

$$V_{A+} = 1.125\,(kN)$$
$$V_{B-} = V_{A+}-4\times2 = -6.875\,(kN)$$
$$V_{B+} = V_{B-}+23.75 = 16.875\,(kN)$$
$$V_{D-} = V_{B+}-4 = 12.875\,(kN)$$
$$V_{D+} = V_{D-}-20 = -7.125\,(kN)$$
$$V_{C-} = V_{D+}-4 = -11.125\,(kN)$$

휨모멘트 :

$$x = \frac{1.125}{4} = 0.28\,(m)$$
$$M_E = 1.125\times0.28\times0.5 = 0.158\,(kN\cdot m)$$
$$M_B = 0.158-6.875\times(2-0.28)\times0.5 = -5.755\,(kN\cdot m)$$
$$M_D = -5.755+(16.875+12.875)\times1\times0.5 = 9.121\,(kN\cdot m)$$
$$M_C = 9.121-(7.125+11.125)\times1\times0.5 \cong 0$$

7-21 부정정보의 전단력선도와 휨모멘트선도를 구하시오(EI 일정).

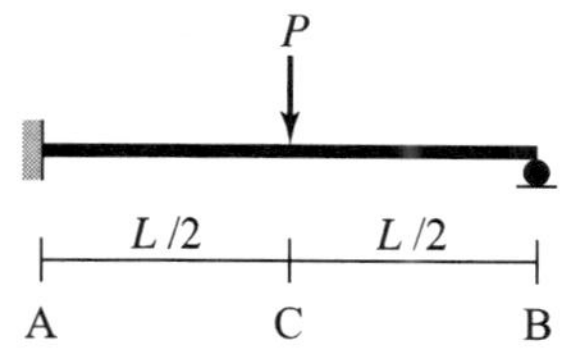

풀이

기본정정보(하중) :

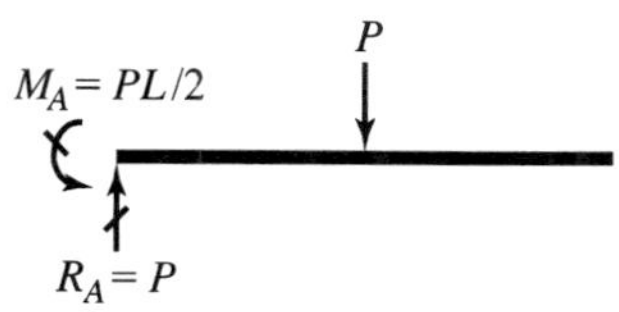

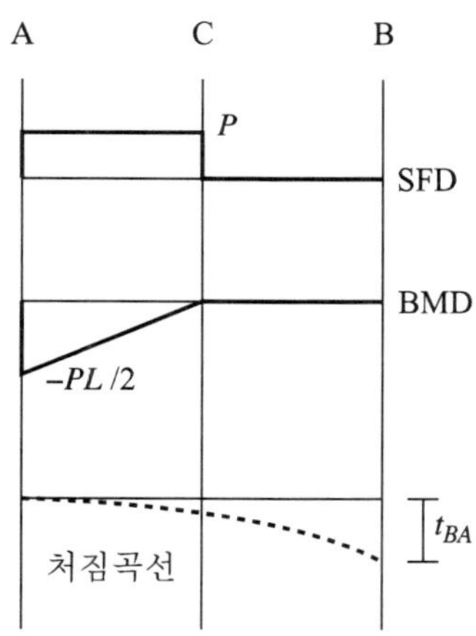

지점반력(평형조건식) :

$$\sum^{A} M = 0 = M_A - P \times \frac{L}{2} \quad ; \quad M_A = \frac{PL}{2}$$

$$\sum F_y = 0 = R_A - P \quad ; \quad R_A = P$$

처짐(하중, B점) : $\delta_{B1} = t_{BA}$

$$EI\delta_{B1} = EIt_{BA} = \left(\frac{PL}{2} \times \frac{L}{2} \times 0.5\right) \times \left(\frac{L}{2} + \frac{L}{2} \times \frac{2}{3}\right) = \frac{5PL^3}{48}$$

기본정정보(여분구속력) :

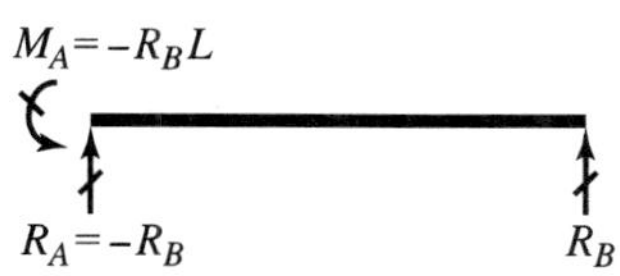

지점반력(평형조건식) :

$$\sum^{A} M = 0 = M_A + R_B \times L \quad ; \quad M_A = -R_B L$$

$$\sum F_y = 0 = R_A + R_B \quad ; \quad R_A = -R_B$$

기본정정보(여분구속력) :

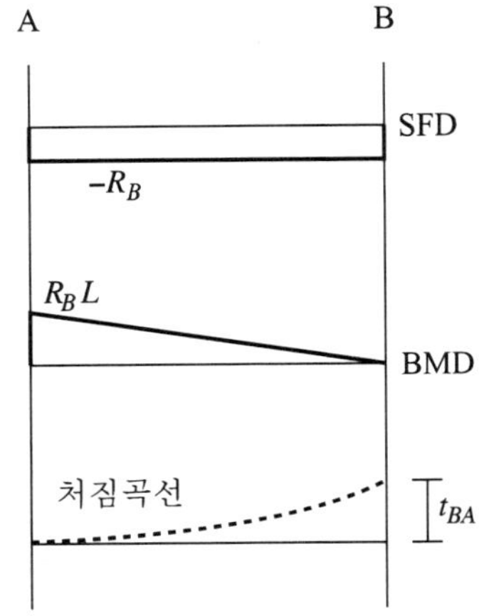

처짐(여분구속력, B점) : $\delta_{B2}=t_{BA}$

$$\begin{aligned} EI\delta_{B2} &= EIt_{BA} \\ &= (R_B L\times L\times 0.5)\times\left(L\times\frac{2}{3}\right) \\ &= \frac{R_B L^3}{3} \end{aligned}$$

여분구속력 : 이동지점(B)의 처짐은 0이다.

$$\sum EI\delta_B = 0 = EI\delta_{B1} - EI\delta_{B2} = \frac{5PL^3}{48} - \frac{R_B L^3}{3} \quad ; \quad R_B = \frac{5P}{16}$$

부정정보 :

하중선도/전단력선도/휨모멘트선도 :

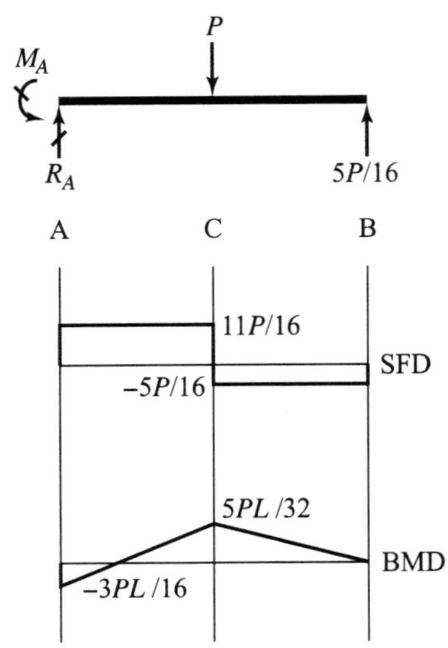

지점반력(평형조건식) :

$$\sum^{A} M = 0 = M_A - P\times\frac{L}{2} + \frac{5P}{16}\times L$$

$$M_A = \frac{3PL}{16}$$

$$\sum F_y = 0 = R_A - P + \frac{5P}{16} \quad ; \quad R_A = \frac{11P}{16}$$

휨모멘트(C점) :

$$M_C = -\frac{3PL}{16} + \frac{11P}{16}\times\frac{L}{2} = \frac{5PL}{32}$$

7-22 A지점을 여분구속으로 하여 부정정보의 전단력선도와 휨모멘트선도를 구하시오(EI 일정).

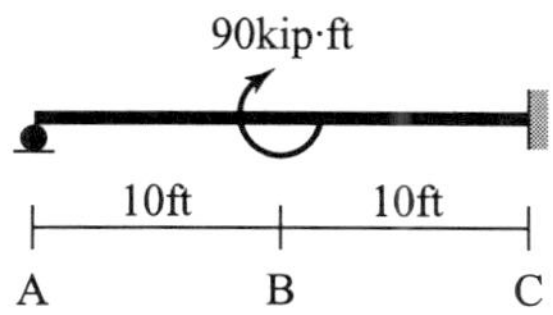

풀이

기본정정보(하중) :

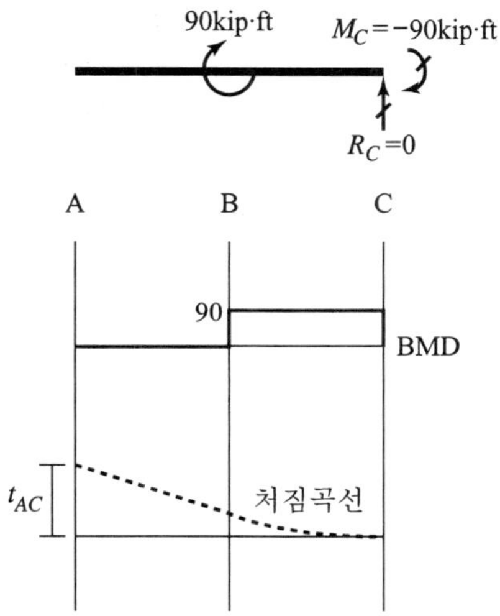

지점반력(평형조건식) :

$$\sum^{C} M = 0 = 90 + M_C \quad ; \quad M_C = -90\,kip \cdot ft$$
$$\sum F_y = 0 = R_C \quad ; \quad R_C = 0$$

처짐(하중, A점) : $\delta_{A1} = t_{AC}$

$$\begin{aligned} EI\delta_{A1} &= EIt_{AC} \\ &= (90 \times 10) \times (10 + 5) \\ &= 1.35 \times 10^4 (kip \cdot ft^3) \end{aligned}$$

기본정정보(여분구속력) :

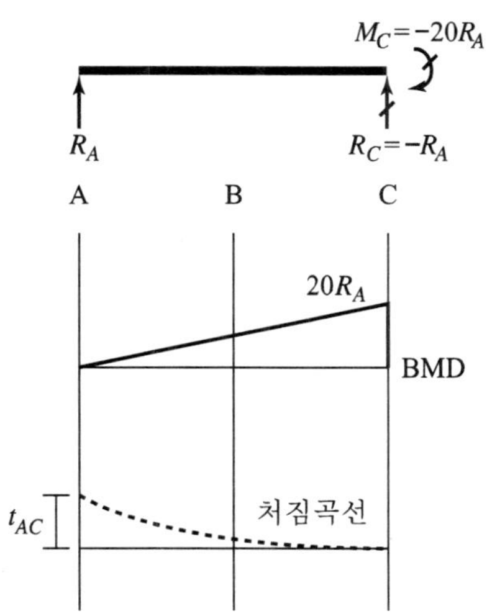

지점반력(평형조건식) :

$$\sum^{C} M = 0 = R_A \times 20 + M_C \quad ; \quad M_C = -20R_A$$
$$\sum F_y = 0 = R_A + R_C \quad ; \quad R_C = -R_A$$

처짐(여분구속력, A점) : $\delta_{A2} = t_{AC}$

$$\begin{aligned} EI\delta_{A2} &= EIt_{AC} \\ &= (20R_A \times 20 \times 0.5) \times \left(20 \times \frac{2}{3}\right) \\ &= 2.67 \times 10^3 R_A (ft^3) \end{aligned}$$

여분구속력 : 이동지점(A)의 처짐은 0이다.

$$\sum EI\delta_A = 0 = EI\delta_{A1} + EI\delta_{A2} = 1.35\times10^4 + 2.67\times10^3 R_A \quad ; \quad R_A = -5.06\,kips$$

부정정보 :

하중선도/전단력선도/휨모멘트선도 :

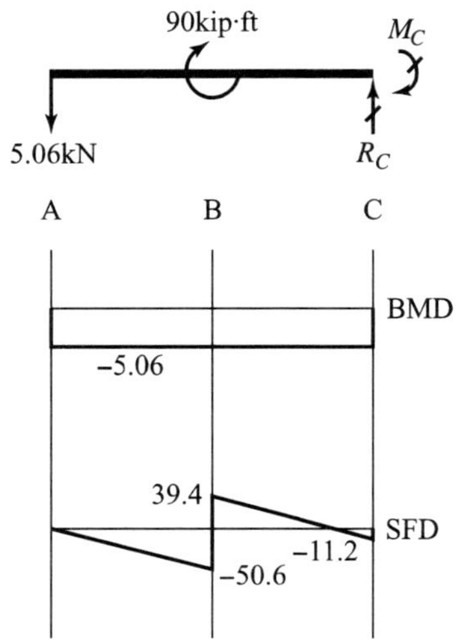

지점반력(평형조건식) :

$$\sum^{C} M = 0 = 5.06\times20 - 90 - M_C$$
$$M_C = 11.2\,kip\cdot ft$$
$$\sum F_y = 0 = 5.06 - R_C$$
$$R_C = 5.06\,kips$$

휨모멘트 :

$$M_{B-} = -5.06\times10 = -50.6\,(kip\cdot ft)$$
$$M_{B+} = M_{B-} + 90 = 39.4\,(kip\cdot ft)$$
$$M_{C-} = M_{B+} - 5.06\times10 = -11.2\,(kip\cdot ft)$$

7-23 외팔보를 기본정정보로 하여 버팀캔틸레버보의 전단력선도와 휨모멘트선도를 구하시오. (EI 일정)

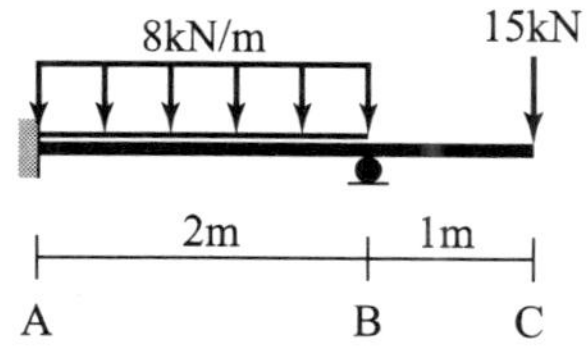

풀이

기본정정보(분포하중1, 집중하중2) :

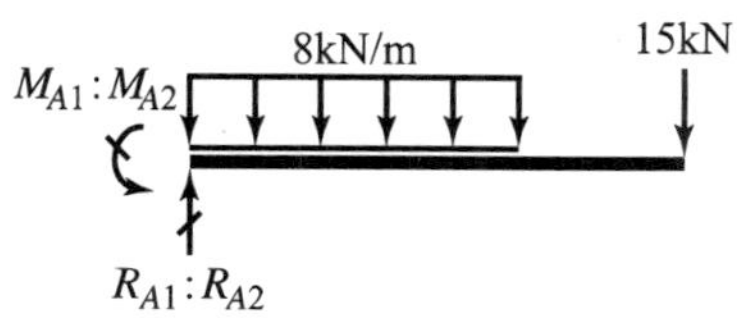

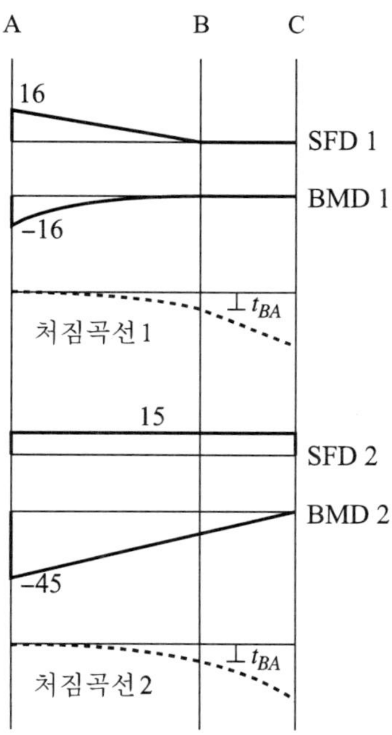

지점반력(평형조건식) :

분포하중(1) :

$$\sum^{A} M = 0 = M_{A1} - 8 \times 2 \times 1$$

$$M_{A1} = 16\,kN \cdot m$$

$$\sum F_y = 0 = R_{A1} - 8 \times 2 \quad ; \quad R_{A1} = 16\,kN$$

집중하중(2) :

$$\sum^{A} M = 0 = M_{A2} - 15 \times 3$$

$$M_{A2} = 45\,kN \cdot m$$

$$\sum F_y = 0 = R_{A2} - 15 \quad ; \quad R_{A2} = 15\,kN$$

처짐 :

분포하중(1) : $\delta_{B1} = t_{BA}$

$$EI\delta_{B1} = EIt_{BA} = \left(16 \times 2 \times \frac{1}{3}\right) \times \left(2 \times \frac{3}{4}\right) = 16\,(kN \cdot m^3)$$

집중하중(2) : $\delta_{B2} = t_{BA}$

$$EI\delta_{B2} = EIt_{BA} = (30 \times 2 \times 0.5) \times \left(2 \times \frac{2}{3}\right) + (15 \times 2) \times 1 = 70\,(kN \cdot m^3)$$

기본정정보(여분구속력) :

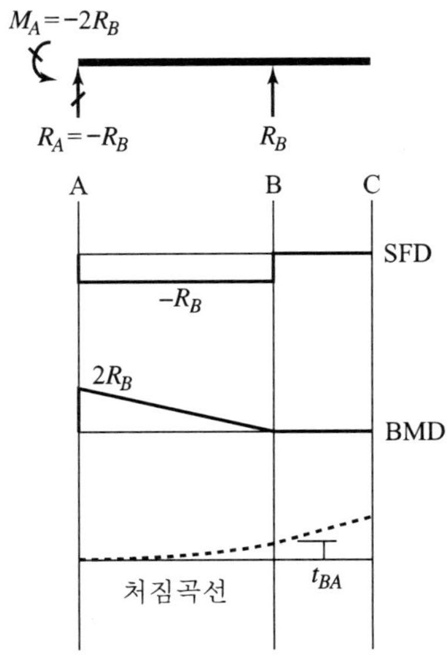

지점반력(평형조건식) :

$$\sum^{A} M = 0 = M_A + R_B \times 2$$
$$M_A = -2R_B$$
$$\sum F_y = 0 = R_A + R_B$$
$$R_A = -R_B$$

처짐(여분구속력, B점) : $\delta_{B3} = t_{BA}$

$$EI\delta_{B3} = EIt_{BA}$$
$$= (2R_B \times 2 \times 0.5) \times \left(2 \times \frac{2}{3}\right)$$
$$= \frac{8}{3} R_B (m^3)$$

여분구속력 : 이동지점(B)의 처짐은 0이다.

$$\sum EI\delta_B = 0 = EI\delta_{B1} + EI\delta_{B2} - EI\delta_{B3} = 16 + 70 - \frac{8}{3}R_B \quad ; \quad R_B = 32.25\,kN$$

부정정보 :

하중선도/전단력선도/휨모멘트선도 :

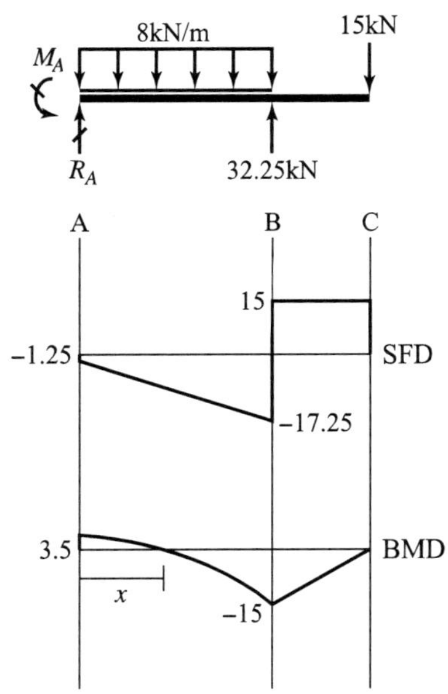

지점반력(평형조건식) :

$$\sum^{A} M = 0 = M_A - 8 \times 2 \times 1 + 32.25 \times 2 - 15 \times 3$$
$$M_A = -3.5\,kN \cdot m$$
$$\sum F_y = 0 = R_A - 8 \times 2 + 32.25 - 15$$
$$R_A = -1.25\,kN$$

휨모멘트 :

$$M_B = 3.5 - (1.25 + 17.25) \times 2 \times 0.5$$
$$= -15\,kN \cdot m$$

$$3.5 - 1.25 \times x - 8 \times x \times \frac{x}{2} = 0 \quad ; \quad x = 0.792\,m$$

7-24 B지점을 여분구속으로 하여 부정정보의 반력을 구하시오(EI 일정).

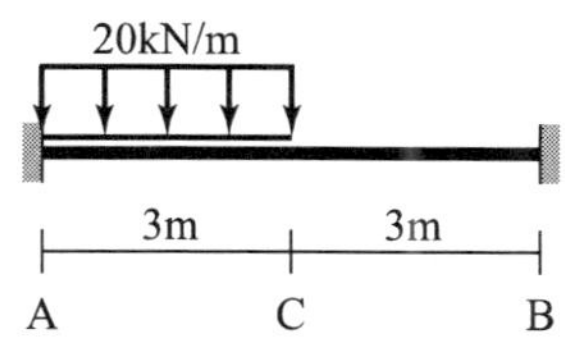

풀이

기본정정보(하중) :

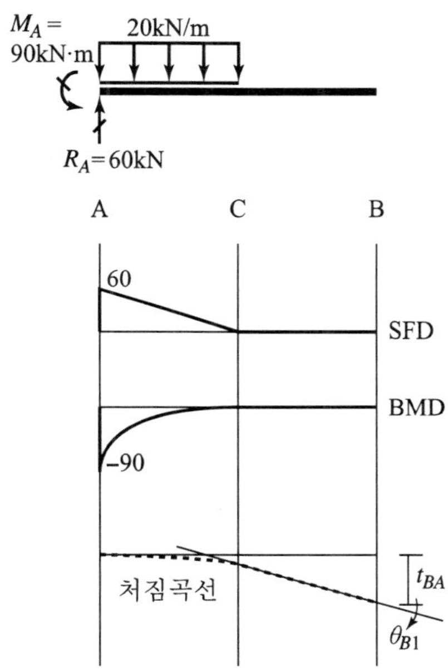

지점반력(평형조건식) :

$$\sum^{A} M = 0 = M_A - 20 \times 3 \times 1.5$$
$$M_A = 90\,kN \cdot m$$
$$\sum F_y = 0 = R_A - 20 \times 3 \quad ; \quad R_A = 60\,kN$$

처짐각/처짐(하중, B점) : $\delta_{B1} = t_{BA}$

$$EI\theta_{B1} = 90 \times 3 \times \frac{1}{3} = 90\,(kN \cdot m^2)$$
$$EI\delta_{B1} = EIt_{BA}$$
$$= \left(90 \times 3 \times \frac{1}{3}\right) \times \left(3 + 3 \times \frac{3}{4}\right)$$
$$= 472.5\,(kN \cdot m^3)$$

기본정정보(여분구속력1) :

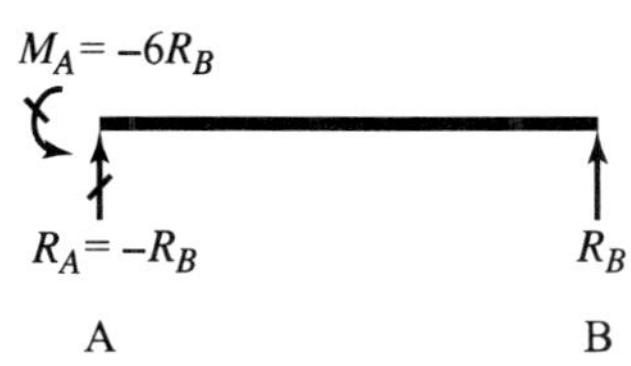

지점반력(평형조건식) :

$$\sum^{A} M = 0 = M_A + R_B \times 6 \quad ; \quad M_A = -6R_B$$
$$\sum F_y = 0 = R_A + R_B \quad ; \quad R_A = -R_B$$

기본정보(여분구속력1) :

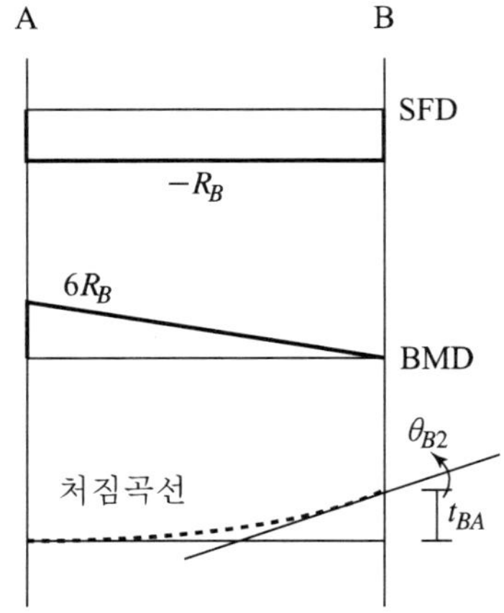

처짐각/처짐(여분구속력1, B점) : $\delta_{B2} = t_{BA}$

$$EI\theta_{B2} = 6R_B \times 6 \times 0.5 = 18R_B(m^2)$$
$$EI\delta_{B2} = EIt_{BA} = (6R_B \times 6 \times 0.5) \times \left(6 \times \frac{2}{3}\right) = 72R_B(m^3)$$

기본정보(여분구속력2) :

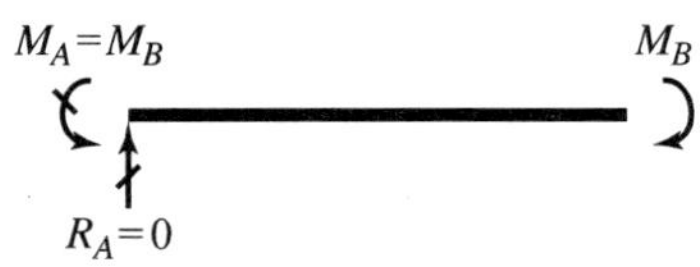

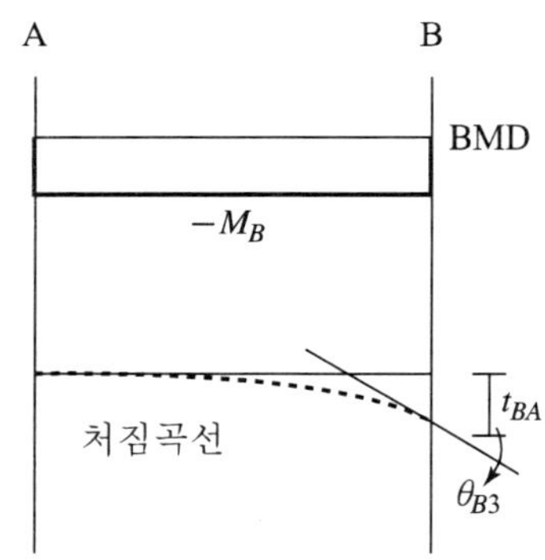

지점반력(평형조건식) :

$$\sum^{A} M = 0 = M_A - M_B$$
$$M_A = M_B$$
$$\sum F_y = 0 = R_A$$

처짐각/처짐(여분구속력2, B점) : $\delta_{B3} = t_{BA}$

$$EI\theta_{B3} = M_B \times 6 = 6M_B(m)$$
$$EI\delta_{B3} = EIt_{BA} = M_B \times 6 \times 3 = 18M_B(m^2)$$

여분구속력 : 고정지점(B)의 처짐각, 처짐은 0이다.

$$\sum EI\theta_B = 0 = EI\theta_{B1} - EI\theta_{B2} + EI\theta_{B3} = 90 - 18R_B + 6M_B \quad \cdots (1)$$
$$\sum EI\delta_B = 0 = EI\delta_{B1} - EI\delta_{B2} + EI\delta_{B3} = 472.5 - 72R_B + 18M_B \quad \cdots (2)$$

식 (1), (2) : $R_B = 11.25\,kN$; $M_B = 18.75\,kN \cdot m$

부정정보 :

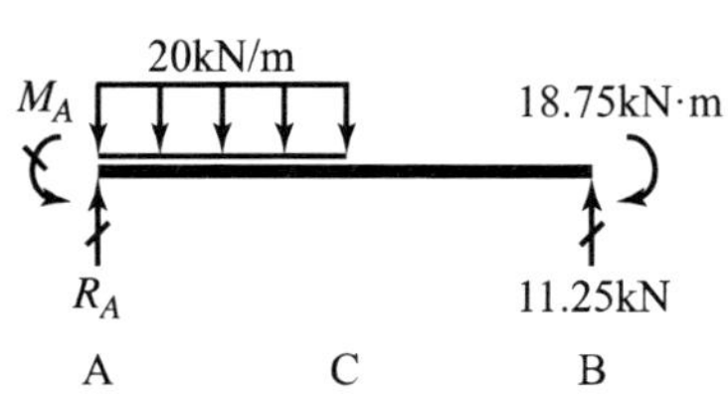

지점반력(평형조건식) :

$$\sum^{A} M = 0 = M_A - 20 \times 3 \times 1.5 - 18.75 + 11.25 \times 6$$
$$M_A = 41.25\,kN \cdot m$$
$$\sum F_y = 0 = R_A - 20 \times 3 + 11.25$$
$$R_A = 48.75\,kN$$

7-25 단순보를 기본정정보로 하여 부정정보의 전단력선도와 휨모멘트선도를 구하시오(EI 일정).

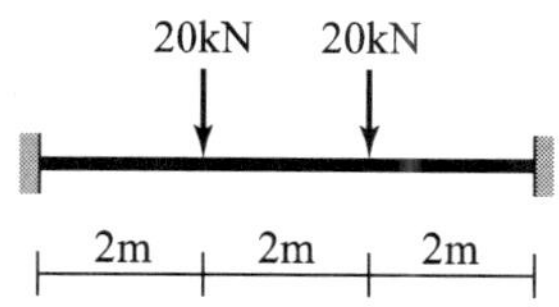

풀이

기본정정보(하중) :

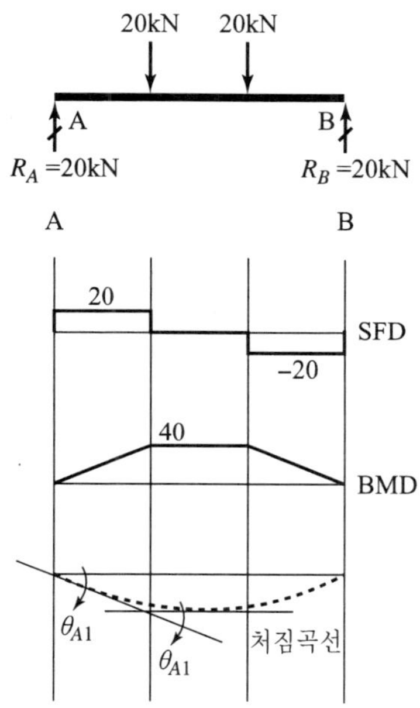

지점반력 : 구조물과 하중이 대칭

$R_A = R_B = 20\,kN$

처짐각(하중, A점) : 처짐곡선이 대칭이므로 보 중앙점의 접선은 수평이고, A점의 접선과의 교각이 θ_{A1}과 같다.

$EI\theta_{A1} = 40 \times 2 \times 0.5 + 40 \times 1 = 80\,(kN \cdot m^2)$

기본정정보(여분구속력) :

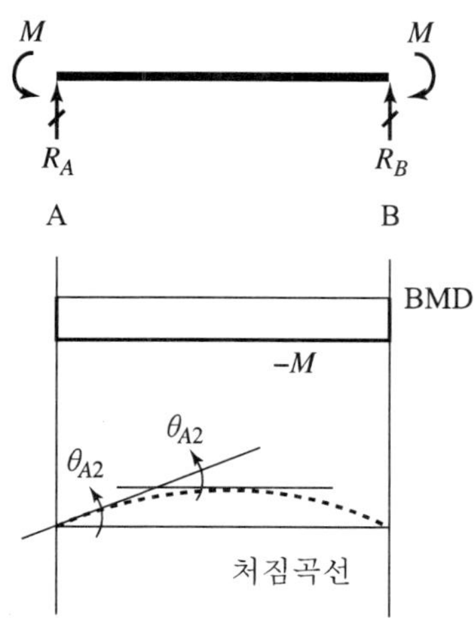

지점반력(평형조건식) : 구조물과 하중(여분구속력)이 대칭이므로 반력도 대칭이다.

$\sum^{A} M = 0 = M - M + R_B \times 6 \quad ; \quad R_B = 0$

$\sum F_y = 0 = R_A + R_B \quad ; \quad R_A = 0$

처짐각(여분구속력, A점) : 여분구속력에 의한 처짐곡선도 대칭이므로 보 중앙점의 접선(수평)과 A점의 접선과의 교각이 θ_{A2}와 같다.

$EI\theta_{A2} = M \times 3 = 3M\,(m^2)$

여분구속력 : 양 고정지점의 처짐각은 O이다.

$$\sum EI\theta_A = 0 = EI\theta_{A1} - EI\theta_{A2} = 80 - 3M \quad ; \quad M = 26.7\,kN \cdot m$$

부정정보 :

하중선도/전단력선도/휨모멘트선도 :

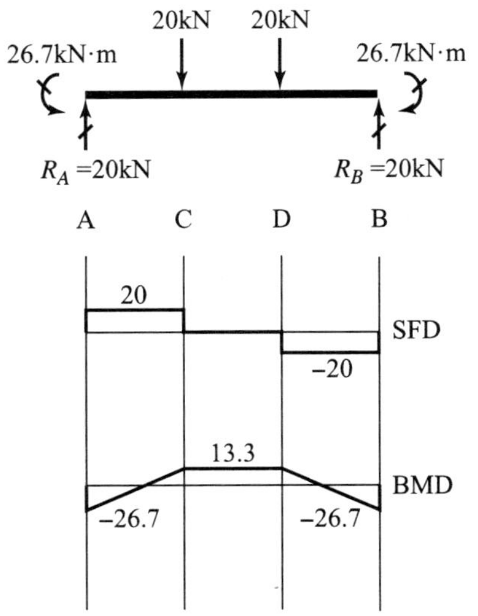

지점반력 : 구조물과 하중이 대칭

$$R_A = R_B = 20 \times 2 \times \frac{1}{2} = 20\,(kN)$$

휨모멘트 :

$M_{A-} = 0$

$M_{A+} = M_{A-} - M_A = -26.7\,(kN \cdot m)$

$M_C = M_{A+} + 20 \times 2 = 13.33\,(kN \cdot m) = M_D$

$M_{B-} = M_D - 20 \times 2 = -26.7\,(kN \cdot m)$

$M_{B+} = M_{B-} + M_B = -26.7 + 26.7 = 0$

7-26 B지점을 여분구속으로 하여 부정정보의 전단력선도와 휨모멘트선도를 구하시오(EI 일정).

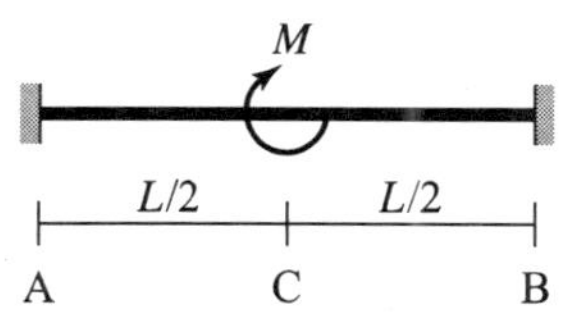

풀이

기본정정보(하중) :

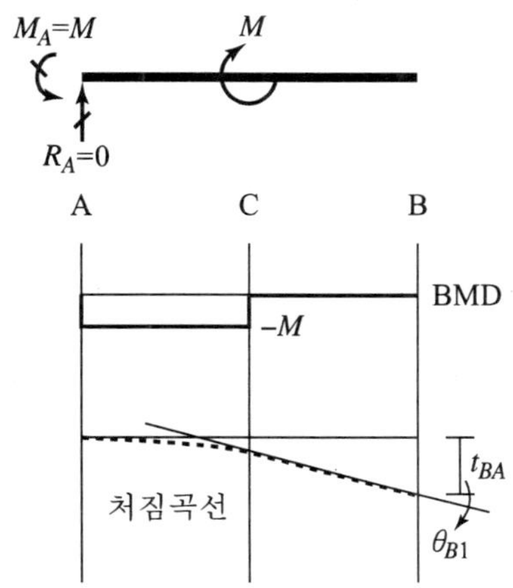

지점반력(평형조건식) :

$$\sum^{A} M = 0 = M_A - M \quad ; \quad M_A = M$$
$$\sum F_y = 0 = R_A$$

처짐각/처짐(하중, B점) : $\delta_{B1} = t_{BA}$

$$EI\theta_{B1} = M \times \frac{L}{2} = \frac{ML}{2}$$
$$EI\delta_{B1} = EIt_{BA}$$
$$= \left(M \times \frac{L}{2}\right) \times \left(\frac{L}{2} + \frac{L}{4}\right) = \frac{3ML^2}{8}$$

기본정정보(여분구속력1) :

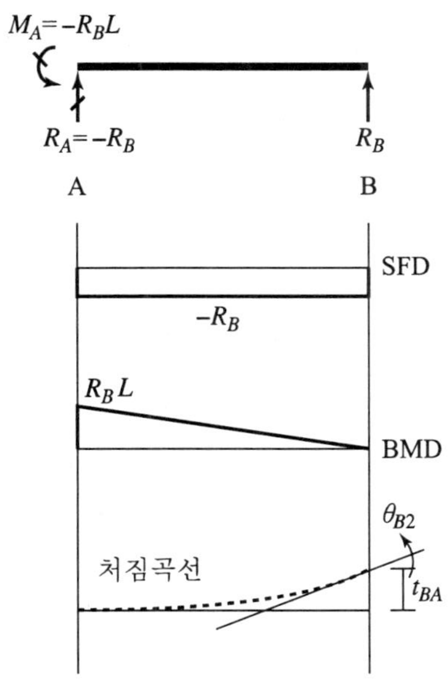

지점반력(평형조건식) :

$$\sum^{A} M = 0 = M_A + R_B \times L \quad ; \quad M_A = -R_B L$$
$$\sum F_y = 0 = R_A + R_B \quad ; \quad R_A = -R_B$$

처짐각/처짐(여분구속력1, B점) : $\delta_{B2} = t_{BA}$

$$EI\theta_{B2} = R_B L \times L \times 0.5 = \frac{R_B L^2}{2}$$
$$EI\delta_{B2} = EIt_{BA}$$
$$= (R_B L \times L \times 0.5) \times \left(L \times \frac{2}{3}\right)$$
$$= \frac{R_B L^3}{3}$$

기본정정보(여분구속력2) :

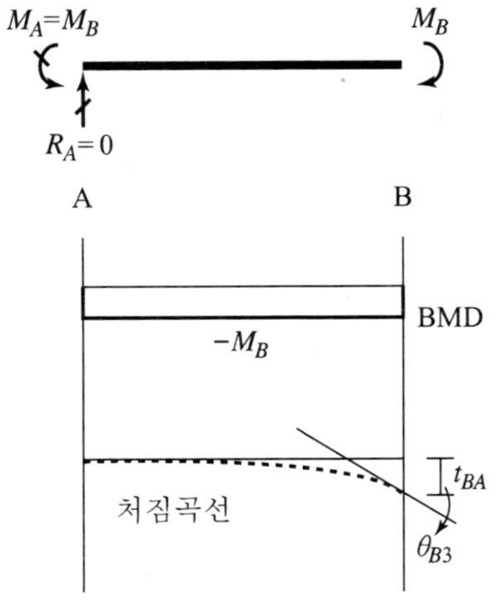

지점반력(평형조건식) :

$$\sum^{A} M = 0 = M_A - M_B \quad ; \quad M_A = M_B$$
$$\sum F_y = 0 = R_A$$

처짐각/처짐(여분구속력2, B점) : $\delta_{B3} = t_{BA}$

$$EI\theta_{B3} = M_B \times L = M_B L$$
$$EI\delta_{B3} = EIt_{BA} = M_B \times L \times \frac{L}{2} = \frac{M_B L^2}{2}$$

여분구속력 : 고정지점(B)의 처짐각, 처짐은 0이다.

$$\sum EI\theta_B = 0 = EI\theta_{B1} - EI\theta_{B2} + EI\theta_{B3} = \frac{ML}{2} - \frac{R_B L^2}{2} + M_B L \qquad \cdots (1)$$

$$\sum EI\delta_B = 0 = EI\delta_{B1} - EI\delta_{B2} + EI\delta_{B3} = \frac{3ML^2}{8} - \frac{R_B L^3}{3} + \frac{M_B L^2}{2} \qquad \cdots (2)$$

식 (1), (2) : $R_B = \dfrac{3M}{2L} \quad ; \quad M_B = \dfrac{M}{4}$

부정정보 :

하중선도/전단력선도/휨모멘트선도 :

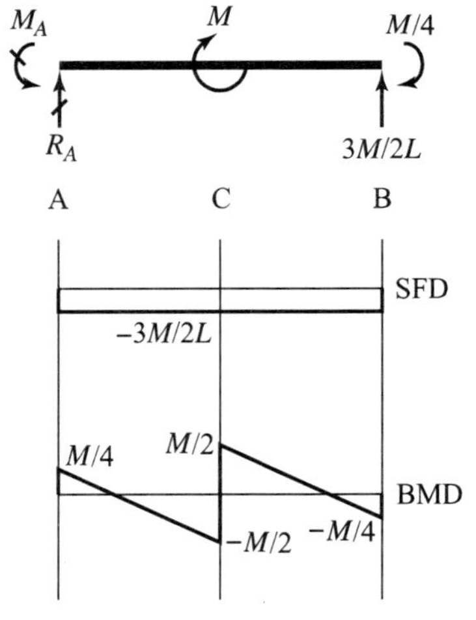

지점반력(평형조건식) :

$$\sum^{A} M = 0 = M_A - M - \frac{M}{4} + \frac{3M}{2L} \times L$$
$$M_A = -\frac{M}{4}$$
$$\sum F_y = 0 = R_A + \frac{3M}{2L} \quad ; \quad R_A = -\frac{3M}{2L}$$

휨모멘트 :

$$M_{A-} = 0$$
$$M_{A+} = M_{A-} - M_A = 0 - \left(-\frac{M}{4}\right) = \frac{M}{4}$$
$$M_{C-} = M_{A+} - \frac{3M}{2L} \times \frac{L}{2} = -\frac{M}{2}$$
$$M_{C+} = M_{C-} + M = \frac{M}{2}$$
$$M_{B-} = M_{C+} - \frac{3M}{2L} \times \frac{L}{2} = -\frac{M}{4}$$
$$M_{B+} = M_{B-} + M_B = -\frac{M}{4} + \frac{M}{4} = 0$$

7-27 3연모멘트식을 사용하여 전단력선도와 휨모멘트선도를 구하시오(EI 일정).

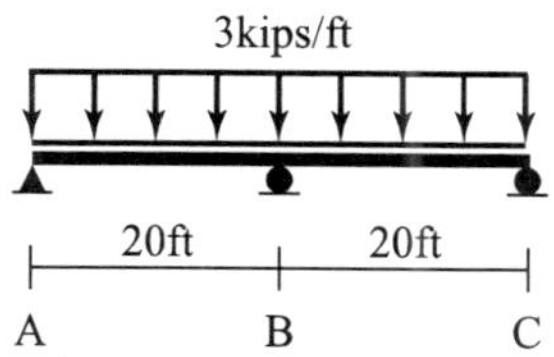

풀이

3연모멘트식(지간 AC) :

$$2M_B \times (20+20) = -\frac{3\times 20^3}{4}\times 2 \quad ; \quad M_B = -150\,kip\cdot ft$$

자유물체도 :

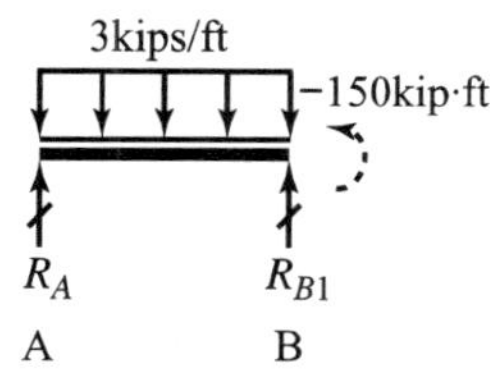

지점반력(평형조건식) : AB, BC 지간은 대칭

$$\sum^{A} M = 0 = R_{B1}\times 20 - 3\times 20\times 10 + (-150)$$
$$R_{B1} = 37.5\,kips$$
$$\sum F_y = 0 = R_A - 3\times 20 + R_{B1}$$
$$R_A = 22.5\,kips$$
$$R_B = R_{B1}\times 2 = 75\,(kips)$$
$$R_C = R_A = 22.5\,kips$$

하중선도/전단력선도/휨모멘트선도 :

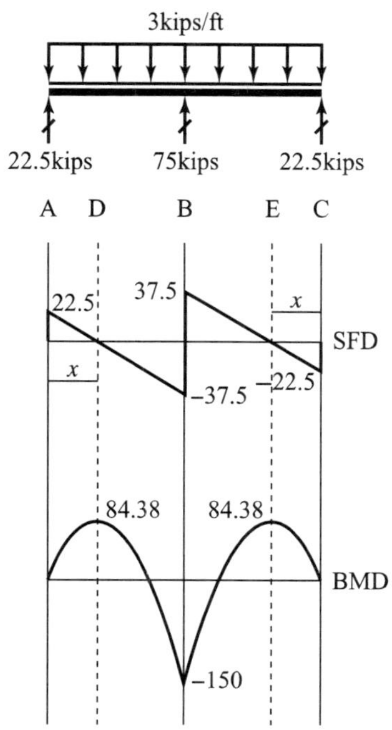

휨모멘트 :

$$x = \frac{22.5}{3} = 7.5\,(ft)$$
$$M_D = 22.5\times 7.5\times 0.5 = 84.38\,(kip\cdot ft) = M_E$$

7-28 3연모멘트식을 사용하여 전단력선도와 휨모멘트선도를 구하시오(EI 일정).

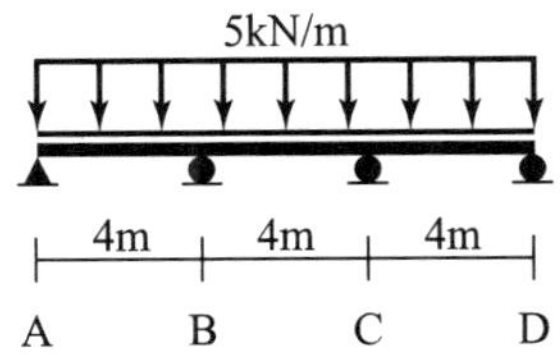

풀이

3연모멘트식(지간 AC, 대칭) :

$$M_A \times 0 + 2M_B \times (4+4) + M_C \times 4 = -\frac{5 \times 4^3}{4} \times 2$$

$$M_B = M_C \quad ; \quad 20M_B = -160 \quad ; \quad M_B = -8\,kN \cdot m$$

자유물체도 :

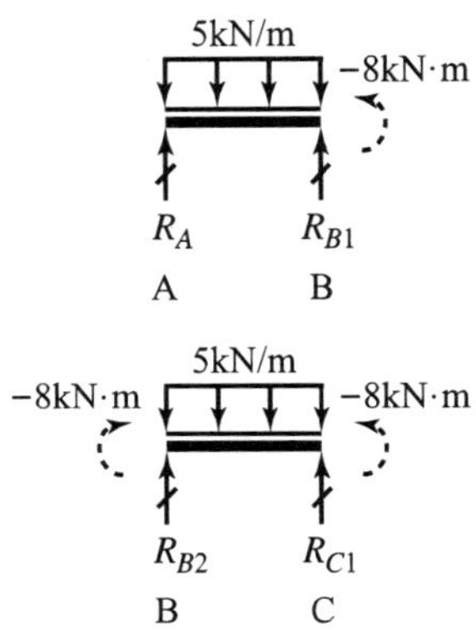

지점반력(평형조건식) :

지간 AB :

$$\sum^{A} M = 0 = R_{B1} \times 4 - 5 \times 4 \times 2 + (-8)$$

$$R_{B1} = 12\,kN$$

$$\sum F_y = 0 = R_A - 5 \times 4 + R_{B1} \quad ; \quad R_A = 8\,kN$$

지간 BC : 구조물과 하중이 대칭

$$R_{B2} = R_{C1} = 5 \times 4 \times \frac{1}{2} = 10\,(kN)$$

하중선도/전단력선도/휨모멘트선도 :

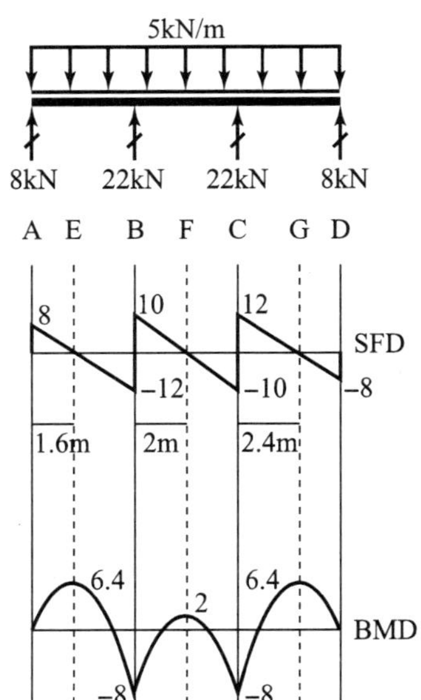

지점반력 R_B, R_C, R_D : 구조물과 하중이 대칭

$$R_B = R_{B1} + R_{B2} = 12 + 10 = 22\,(kN) = R_C$$

$$R_D = R_A = (5 \times 4 \times 3 - 22 \times 2) \times \frac{1}{2} = 8\,(kN)$$

휨모멘트 :

$$M_E = 8 \times 1.6 \times 0.5 = 6.4\,(kN \cdot m) = M_G$$

$$M_F = -8 + 10 \times 2 \times 0.5 = 2\,(kN \cdot m)$$

7-29 3연모멘트식을 사용하여 전단력선도와 휨모멘트선도를 구하시오(EI 일정).

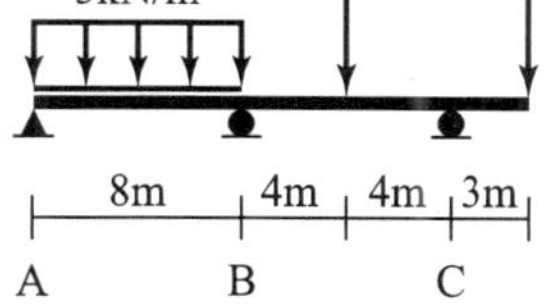

풀이

3연모멘트식(지간 AC) : $M_A = 0$, $10\,kN$에 의한 C점의 모멘트 $M_C = 30\,kN \cdot m$

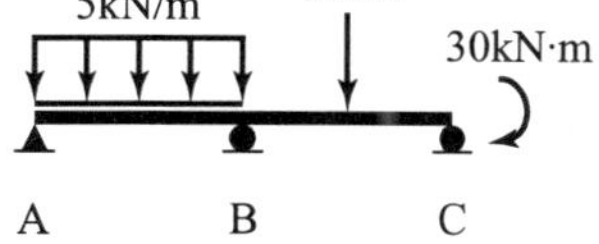

$$2M_B \times (8+8) + (-30) \times 8 = -\frac{5 \times 8^3}{4} - \frac{20 \times 4 \times (8^2 - 4^2)}{8} \quad ; \quad M_B = -27.5\,kN \cdot m$$

자유물체도(지간 AB & BC) :

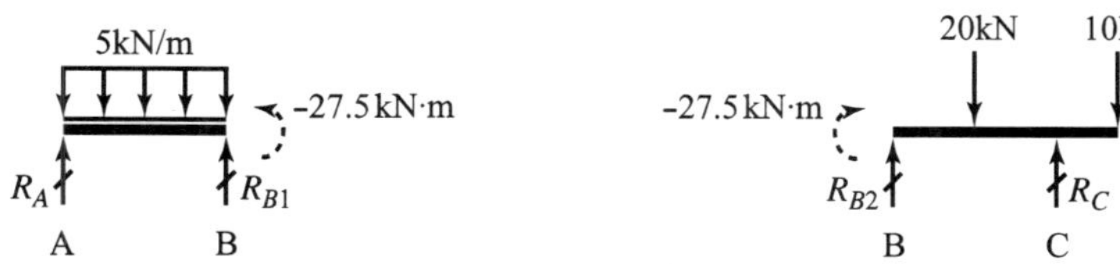

지점반력(평형조건식) :

$$\sum^{A} M = 0 = R_{B1} \times 8 - 5 \times 8 \times 4 + (-27.5) \quad ; \quad R_{B1} = 23.44\,kN$$
$$\sum F_y = 0 = R_A - 5 \times 8 + R_{B1} \quad ; \quad R_A = 16.56\,kN$$

$$\sum^{B} M = 0 = 10 \times 11 - R_C \times 8 + 20 \times 4 + (-27.5) \quad ; \quad R_C = 20.31\,kN$$
$$\sum F_y = 0 = R_{B2} - 20 + R_C - 10 \quad ; \quad R_{B2} = 9.69\,kN$$

$$R_B = R_{B1} + R_{B2} = 33.13\,kN$$

하중선도/전단력선도/휨모멘트선도 :

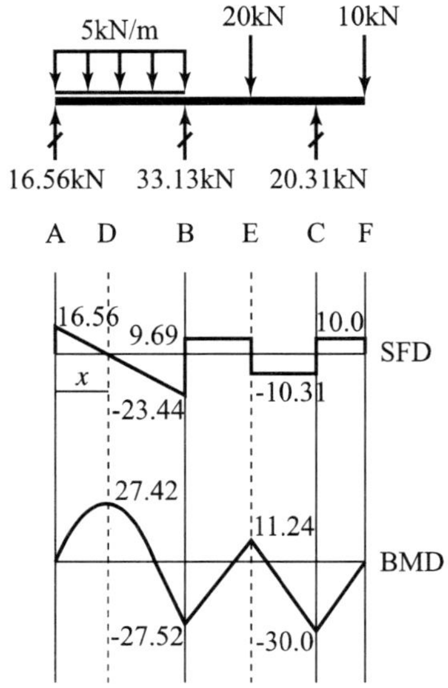

휨모멘트 :

$$x = \frac{16.56}{5} = 3.312(m)$$

$$M_D = 16.56 \times 3.312 \times 0.5 = 27.42(kN \cdot m)$$

$$M_B = M_D - 23.44 \times 4.688 \times 0.5 = -27.52(kN \cdot m)$$

$$M_E = M_B + 9.69 \times 4 = 11.24(kN \cdot m)$$

$$M_C = M_E - 10.31 \times 4 = -30.0(kN \cdot m)$$

$$M_F = M_C + 10.0 \times 3 = 0$$

7-30 3연모멘트식을 사용하여 전단력선도와 휨모멘트선도를 구하시오(EI 일정).

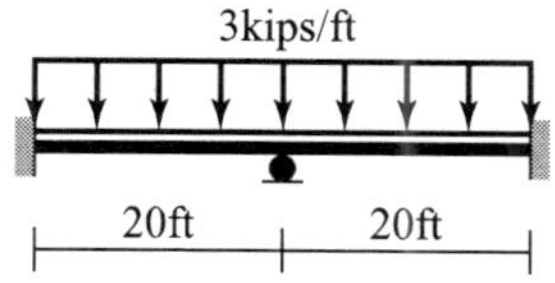

풀이

3연모멘트식 : 길이가 0인 보조경간 DA, CE

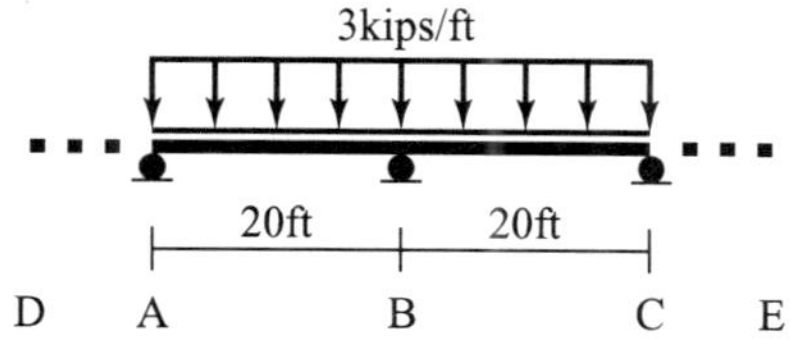

지간 DB, AC :

$$M_D \times 0 + 2M_A \times (0+20) + M_B \times 20 = -\frac{3 \times 20^3}{4}$$

$$2M_A + M_B = -300 \quad \cdots (1)$$

$$M_A \times 20 + 2M_B \times (20+20) + M_C \times 20 = -\frac{3 \times 20^3}{4} \times 2$$

$$M_A + 4M_B + M_C = -600 \quad \cdots (2)$$

(2)식(대칭)에서 $M_A = M_C \Rightarrow 2M_B + M_A = -300 \quad \cdots (3)$

(1), (3)식에서 $M_B = -100\,kip \cdot ft$, $M_C = M_A = -100\,kip \cdot ft$

자유물체도 :

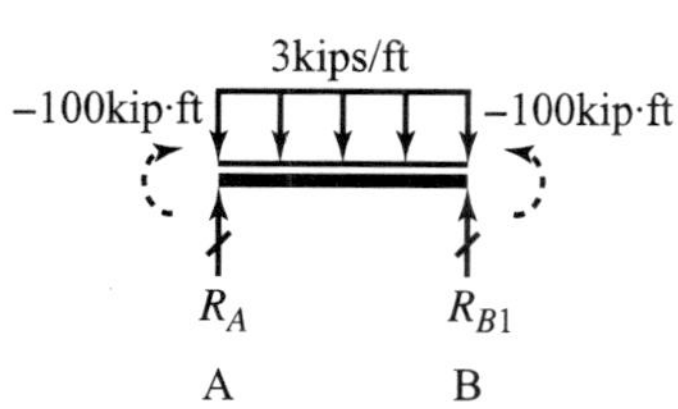

지점반력 : 구조물과 하중이 대칭

$R_A = R_{B1} = 3 \times 20 \times 0.5 = 30\,(kips)$

하중선도/전단력선도/휨모멘트선도 :

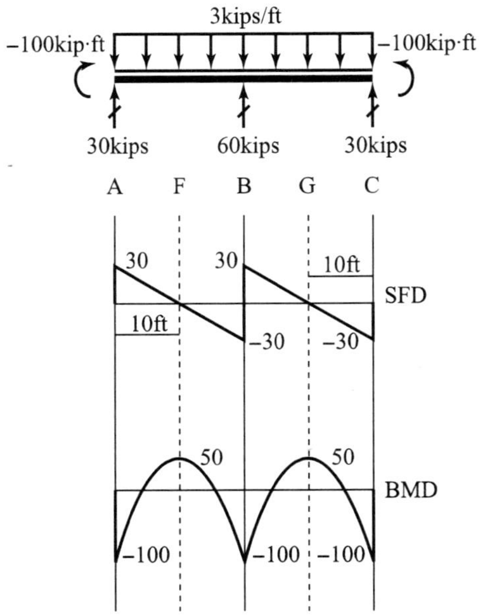

지점반력 : 지간 AB와 BC가 동일

$R_B = R_{B1} \times 2 = 60(kips)$

휨모멘트 :

$$M_F = -100 + 30 \times 10 \times 0.5 = 50(kip \cdot ft) = M_G$$

8 2축휨, 모어원, 기둥

8.1 2축휨

2축휨에 의한 응력은 각 축에 대한 응력을 구하고 중첩한다. 그림에서 고정지점에 작용하는 휨모멘트는 M_y와 M_z가 되고 A, B, C, D의 수직응력은 부호를 고려하여 산정한다. 이 경우 변 AB와 BC에서 인장응력이 중첩되므로 B에서 최대인장응력이 발생하고 최대압축응력은 D에서 발생한다.

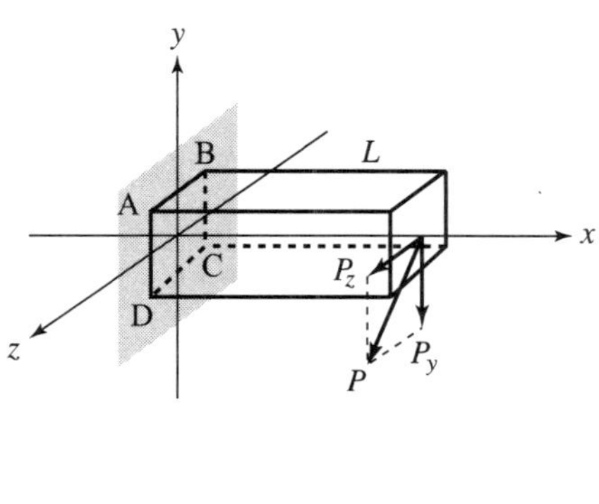

고정지점의 휨모멘트 :

$$M_y = P_z L,\ M_z = P_y L$$

수직응력 :

$$\sigma_x = \pm \frac{M_y}{S_y} \pm \frac{M_z}{S_z} = \pm \frac{P_z L}{S_y} \pm \frac{P_y L}{S_z}$$

편심재하된 기둥부재의 경우는 하중의 편심에 의한 모멘트를 고려하여야 한다. 고정지점의 단면중심 D점에는 압축력 P와 휨모멘트 M_z가 내력으로 작용하고 최대인장응력은 B점에서 발생한다. 콘크리트부재와 같이 인장응력이 발생하지 않아야 한다면 최대편심은 최대인장응력이 0이 되는 $e = b/6$ 가 된다.

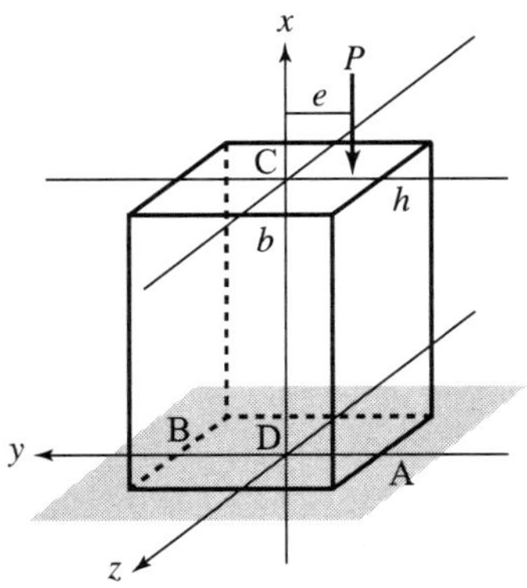

D점의 휨모멘트 :

$$M_z = Pe$$

수직응력 :

$$\sigma_B = -\frac{P}{A} \pm \frac{M_z}{S_z} = -\frac{P}{bh} \pm \frac{Pe}{hb^2/6}$$

이중편심, 즉 y축에서의 편심을 e_y, z축에서의 편심을 e_z라 하면 수직응력은 다음과 같다. $(e_z,\ e_y)$를 하중 재하점의 좌표 $(y,\ z)$로 대체하고 좌변 σ를 0으로 하면 수직응력이 0이 되는 영응력선을 구할 수 있다.

$$\sigma = -\frac{P}{A} \pm \frac{M_y}{S_y} \pm \frac{M_z}{S_z} = -\frac{P}{bh} \pm \frac{Pe_y}{bh^2/6} \pm \frac{Pe_z}{hb^2/6}$$

8.2 모어원

동일한 단면력을 받는 구조부재에서 부재축에 수직이 아닌 경사단면의 응력은 다르게 산정되므로 이를 검토해야 한다. 축하중 P에 의한 경사단면(경사각 θ)의 응력은 다음과 같다(수직단면의 단면적 A).

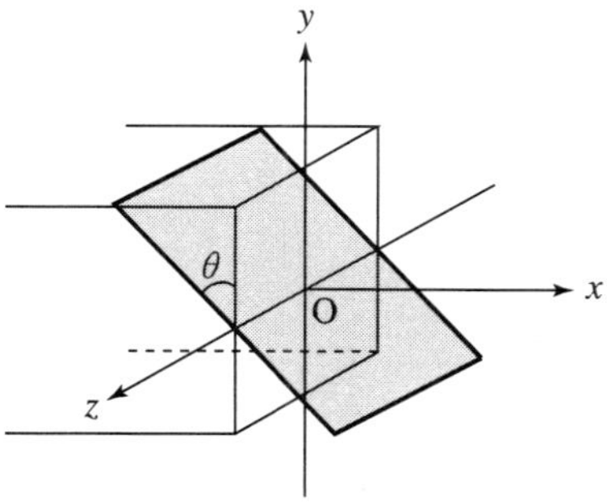

경사단면의 응력 :

$$\sigma_\theta = \frac{P\cos\theta}{A/\cos\theta} = \frac{P}{A}cos^2\theta$$

$$\tau_\theta = \frac{P\sin\theta}{A/\cos\theta} = \frac{P}{A}sin\theta\cos\theta = \frac{P}{2A}sin2\theta$$

최대 수직/전단 응력 :

$$\theta = 0 \quad ; \quad \sigma_{\theta,\max} = \frac{P}{A}$$

$$\theta = 45^\circ \quad ; \quad \tau_{\theta,\max} = \frac{P}{2A}$$

모어원은 경사단면의 응력을 도해법으로 구하는 방법이다. 도해법의 부호규약은 그림과 같이 수직단면에 작용하는 인장응력, 반시계방향 짝힘이 되는 전단응력이 양이다. 경사단면의 경사각도 반시계방향이 양이다. 모어원의 작성은 수직응력에 의한 중심 C점, 수직단면에 작용하는 응력을 좌표로 하는 V점을 표기하여 CV를 반지름으로 작성한다.

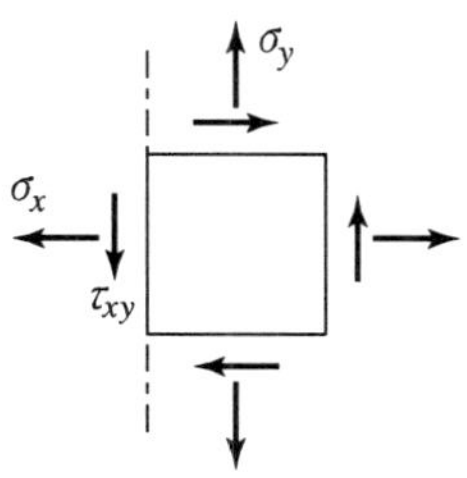

C점의 σ좌표 : $\dfrac{\sigma_x + \sigma_y}{2}$

V점의 좌표 : (σ_x, τ_x)

반지름 CV : $r = \sqrt{\left(\dfrac{\sigma_x - \sigma_y}{2}\right)^2 + \tau_x^2}$

경사각 θ의 경사단면 응력은 V점에서 경사각 θ의 VP선을 작도하여 모어원과의 교점 P를 구하고 P점의 σ축에 대한 대칭점인 S점의 좌표로 구한다. 모어원 상 임의점의 좌표인 수직/전단응력이 발생하는 경사단면은 역순(S-P-VP-θ)으로 구한다. 모어원과 σ축 교점이 주응력(최대/최소 수직응력)이고, 최대 수직응력 σ_1이 작용하는 주평면은 역순에 의해 $\sigma_1 - \sigma_1 - V\sigma_1 - \theta_1$의 순서로 구한다. 최대 전단응력 $\tau_{\max}$가 작용하는 평면도 $\tau_{\max} - \tau_{\min} - V\tau_{\min} - \theta_s$의 순서로 구한다.

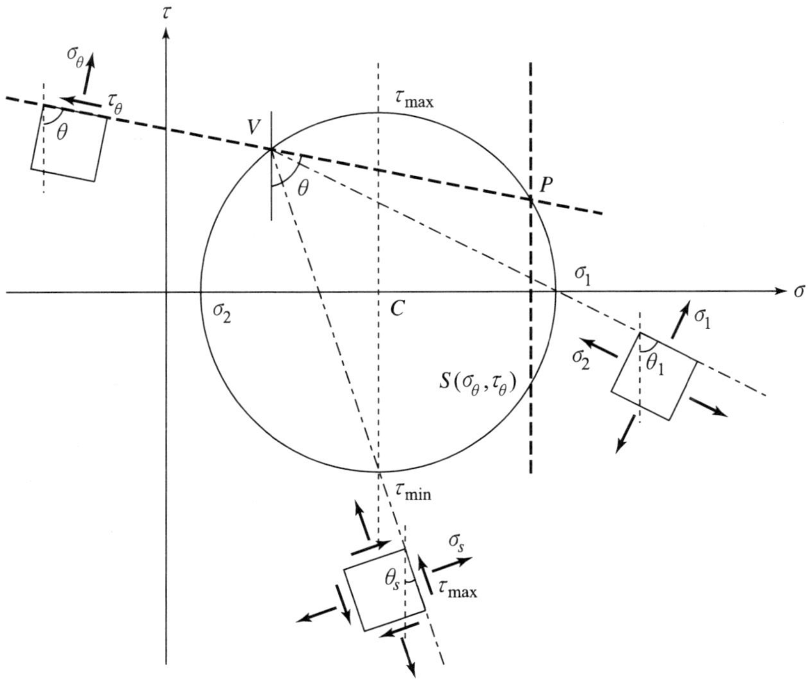

8.3 기둥

기둥은 세장비에 따라 장주, 중간주, 단주로 구분한다. 압축하중 하에서 단주는 압축응력이 허용응력을 초과하면 압축파괴가 일어난다. 반면 장주의 경우는 압축응력이 허용응력을 초과하지 않더라도 파괴되며 이를 좌굴이라 하며, 이 하중을 임계하중(오일러공식)이라 한다. 양단 핀지지 기둥의 임계하중은 다음과 같다.

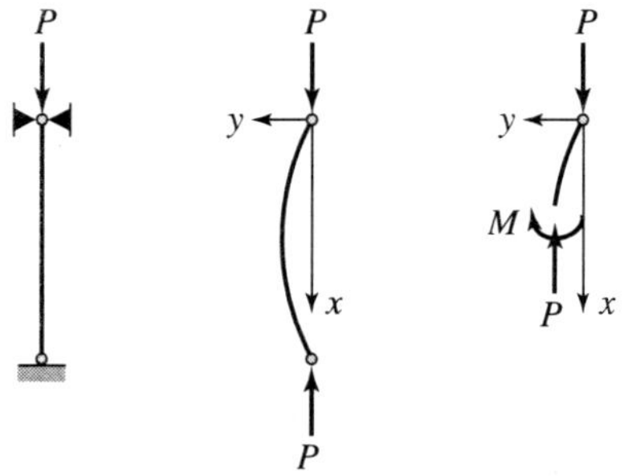

$$\frac{d^2y}{dx^2} = \frac{M}{EI} = -\frac{P}{EI}y$$

$$p^2 = \frac{P}{EI} \Rightarrow y = A\sin px + B\cos px$$

$$\begin{Bmatrix} x = 0 \ , y = 0 \\ x = L \ , y = 0 \end{Bmatrix} \Rightarrow A\sin pL = 0$$

$$pL = n\pi \Rightarrow P = \frac{n^2\pi^2 EI}{L^2}$$

$$\text{임계하중 및 탄성곡선식}: n = 1 \quad \Rightarrow \quad P_{cr} = \frac{\pi^2 EI}{L^2} \quad ; \quad y = A\sin\frac{\pi x}{L}$$

양단의 지지조건이 다른 경우에도 탄성곡선식의 형상(변곡점 간의 길이)을 고려하여 오일러공식과 유효길이계수 k를 적용하고 임계하중을 구할 수 있다.

핀－핀　　고정－핀　　핀－고정　　자유－고정

$$\left\{ P_{cr} = \frac{\pi^2 EI}{L_e^2} \quad ; \quad L_e = kL \right\}$$

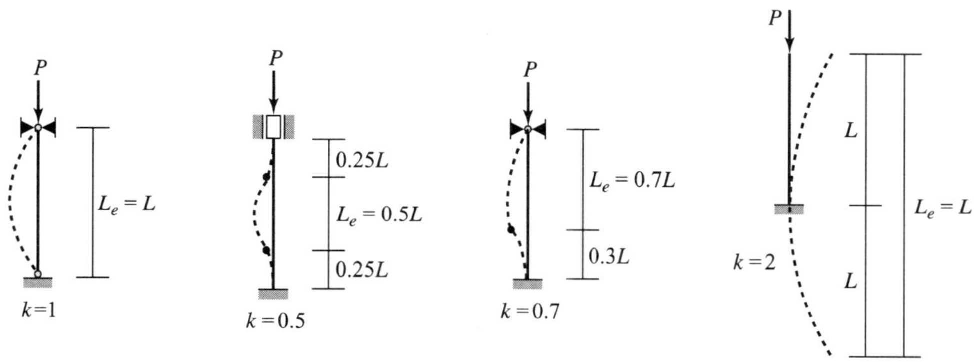

$$P_{cr} = \frac{\pi^2 EI}{L^2} \qquad P_{cr} = \frac{4\pi^2 EI}{L^2} \qquad P_{cr} = \frac{2.04\,\pi^2 EI}{L^2} \qquad P_{cr} = \frac{0.25\,\pi^2 EI}{L^2}$$

좌굴은 단면의 회전반경이 작은 약축방향으로 발생하므로 오일러공식의 단면2차모멘트는 약축의 단면2차모멘트를 적용해야 한다. 기둥의 내하력을 향상하기 위해서는 그림과 같이 횡지지부재를 사용하여 유효길이를 조정한다.

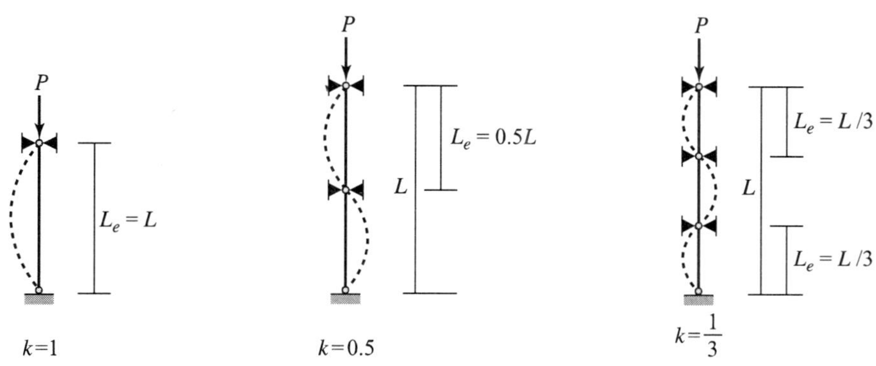

임계하중 P_{cr} 하의 응력을 임계응력 σ_{cr}이라 하고 기둥단면의 회전반경 r을 사용하면 세장비 L/r의 함수가 된다. 이론적으로는 강재의 재료특성(탄성계수, 항복강도)에 따라 오일러 공식을 적용할 수 있는 세장비의 범위가 정해진다. 설계기준은 실험결과를 반영하여 단주와 장주의 중간에 중간주를 설정하고 안전계수를 고려하는 실험식을 제시하고 있다.

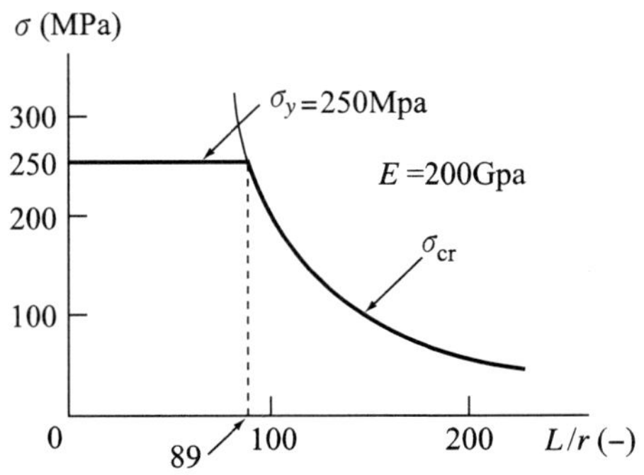

$$\sigma_{cr} = \frac{P_{cr}}{A} = \frac{\pi^2 E A r^2}{A L^2} = \frac{\pi^2 E}{(L/r)^2}$$

8-1 단면의 도심 C에 작용하는 휨모멘트 $3.5kN\cdot m$에 의한 A점, B점, D점의 휨응력을 구하시오.

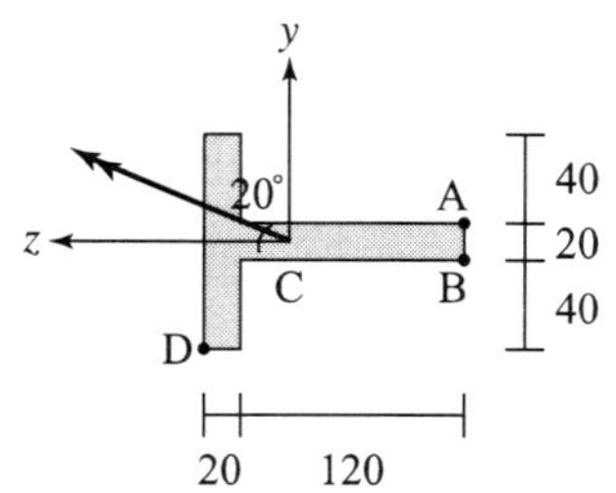

풀이

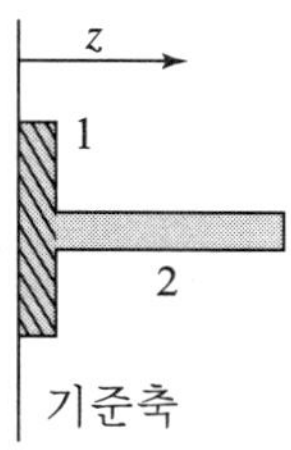

수평축 단면2차모멘트 :

$$I_z = \frac{2\times10^3}{12} + \frac{12\times2^3}{12} = 174.7(cm^4)$$

수직축 도심위치(개별요소) :

$$\bar{z} = \frac{\sum A_i z_i}{\sum A_i} = \frac{2\times10\times1+2\times12\times8}{2\times10+2\times12} = \frac{212}{44} = 4.82(cm)$$

수직도심축에 대한 단면2차모멘트(평행축정리) :

$$I_y = \frac{10\times2^3}{12} + \frac{2\times12^3}{12} + 20\times(4.82-1)^2 + 24\times(4.82-8)^2 = 6.67+288.0+291.8+242.7 = 829.2(cm^4)$$

모멘트 직각성분 :

$$M_y = 3.5\times\sin20^\circ = 1.20(kN\cdot m)$$
$$M_z = 3.5\times\cos20^\circ = 3.29(kN\cdot m)$$

휨응력 : M_y, M_z에 대해 A점(압축/압축), B점(압축/인장), D점(인장/인장)이다.

$$\sigma_A = -\frac{M_y|z_A|}{I_y} - \frac{M_z|y_A|}{I_z} = \left(-\frac{1.20\times10^3\times0.0918}{829.2\times10^{-8}} - \frac{3.29\times10^3\times0.01}{174.7\times10^{-8}}\right)\times10^{-6} = -32.1(MPa)$$

$$\sigma_B = -\frac{M_y|z_B|}{I_y} + \frac{M_z|y_B|}{I_z} = \left(-\frac{1.20\times10^3\times0.0918}{829.2\times10^{-8}} + \frac{3.29\times10^3\times0.01}{174.7\times10^{-8}}\right)\times10^{-6} = 5.5(MPa)$$

$$\sigma_D = \frac{M_y|z_D|}{I_y} + \frac{M_z|y_D|}{I_z} = \left(\frac{1.20\times10^3\times0.0482}{829.2\times10^{-8}} + \frac{3.29\times10^3\times0.05}{174.7\times10^{-8}}\right)\times10^{-6} = 101.1(MPa)$$

8-2 사각형 단면 부재($A = 50 \times 50\,mm$)에 인장하중이 작용하는 경우, 허용인장하중 및 30° 경사면의 수직/전단응력을 구하시오(허용 인장/전단응력 ; $120/55\,MPa$).

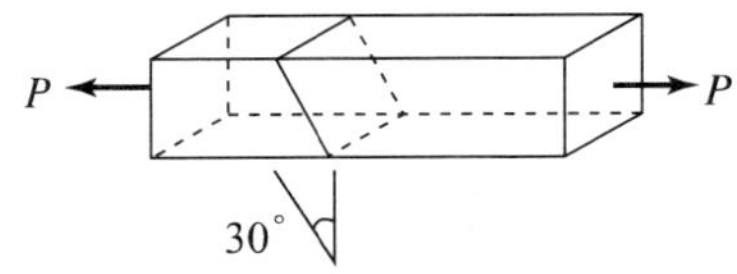

풀이

경사면(수직/수평 하중) :

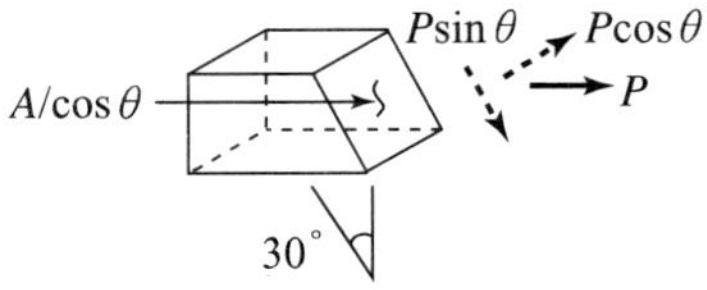

경사면 응력 :

$$\sigma_\theta = \frac{P\cos\theta}{A/\cos\theta} = \frac{P}{A}cos^2\theta$$

$$\tau_\theta = \frac{P\sin\theta}{A/\cos\theta} = \frac{P}{A}sin\theta\cos\theta = \frac{P}{2A}sin2\theta$$

최대 수직/전단 응력 :

$$\theta = 0 \quad ; \quad \sigma_{\theta,\max} = \frac{P}{A}$$

$$\theta = 45° \quad ; \quad \tau_{\theta,\max} = \frac{P}{2A}$$

허용인장하중 P :

$$\sigma_{a,\theta=0} = 120 = \frac{P}{A} \quad ; \quad P_{a,\sigma} = 120 \times 10^3 \times 0.05^2 = 300\,(kN)$$

$$\tau_{a,\theta=45°} = 55 = \frac{P}{2A} \quad ; \quad P_{a,\tau} = 55 \times 10^3 \times 2 \times 0.05^2 = 275\,(kN) \quad \Rightarrow \quad P_a = 275\,kN$$

수직/전단응력(30° 경사면) :

$$\sigma_{\theta=30°} = \frac{P}{A}cos^2 30° = \frac{275 \times 10^3}{0.05^2} \times \frac{3}{4} \times 10^{-6} = 82.5\,(MPa)$$

$$\tau_{\theta=30°} = \frac{P}{2A}sin60° = \frac{275 \times 10^3}{2 \times 0.05^2} \times \frac{\sqrt{3}}{2} \times 10^{-6} = 47.6\,(MPa)$$

8-3 모어원을 작성하고 주응력/주평면 및 최대전단응력과 작용평면을 도해법으로 구하시오.

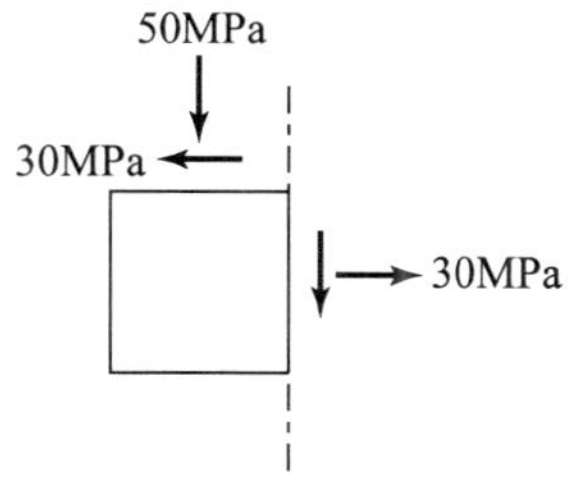

풀이

V점(수직단면 응력) :

$\sigma_x = 30\,MPa$, $\sigma_y = -50\,MPa$, $\tau_x = -30\,MPa \Rightarrow V(30, -30)$

C점(모어원 중심) :

$$\frac{\sigma_x + \sigma_y}{2} = -10(MPa) \Rightarrow C(-10, 0)$$

반지름 r :

$$r = \sqrt{\left(\frac{\sigma_x - \sigma_y}{2}\right)^2 + \tau_x^2} = \sqrt{(40)^2 + (-30)^2} = 50(MPa) \quad ; \tau_{\max}$$

모어원 :

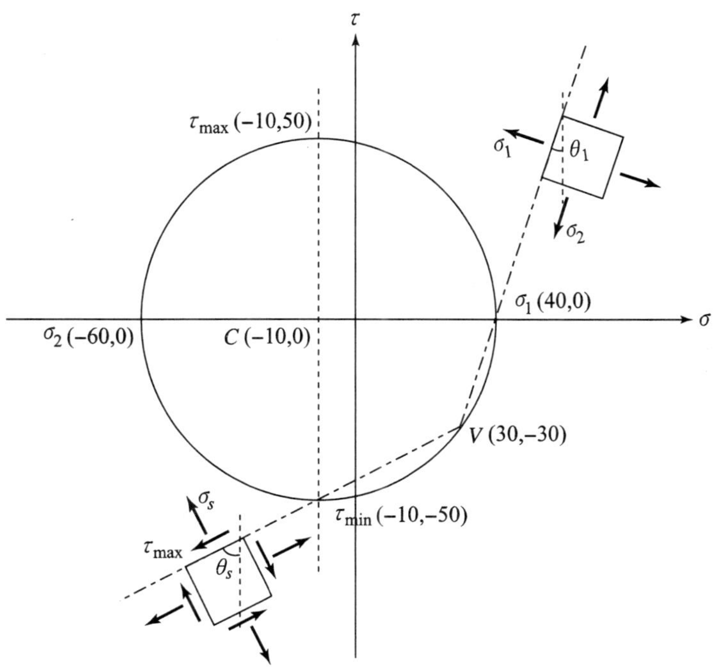

주응력/주평면 :

$$\sigma_1 = \frac{\sigma_x + \sigma_y}{2} + r = -10 + 50 = 40(MPa)$$

$$\sigma_2 = \frac{\sigma_x + \sigma_y}{2} - r = -10 - 50 = -60(MPa)$$

$$|\theta_1| = \tan^{-1}\left(\frac{40-30}{30}\right) = 18.4^\circ \quad ; \quad \theta_1 = -18.4^\circ$$

최대전단응력/작용면 :

$$\tau_{\max} = r = 50\,MPa \quad ; \quad \sigma_s = -10\,MPa$$

$$|\theta_S| = \tan^{-1}\left\{\frac{30-(-10)}{50-30}\right\} = 63.4^\circ \quad ; \quad \theta_S = -63.4^\circ$$

8-4 모어원을 작성하고 주응력/주평면, 최대전단응력과 작용평면 및 60° 경사면의 응력을 도해법으로 구하시오.

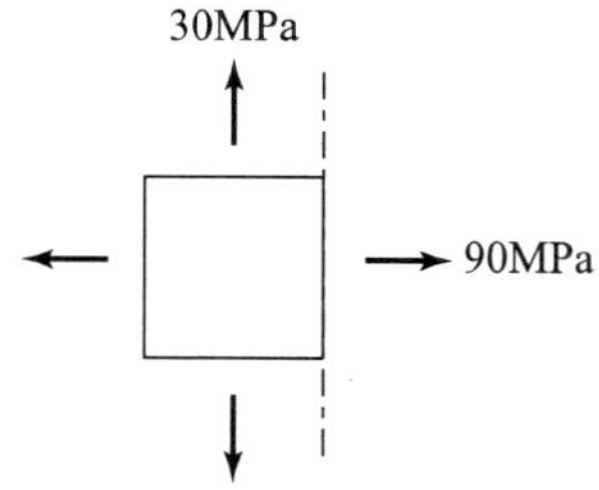

풀이

V점(수직단면 응력) :

$$\sigma_x = 90\,MPa \quad , \quad \sigma_y = 30\,MPa \quad , \quad \tau_x = 0 \quad \Rightarrow \quad V(90,\,0)$$

C점(모어원 중심) :

$$\frac{\sigma_x + \sigma_y}{2} = 60\,(MPa) \quad \Rightarrow \quad C(60,\,0)$$

반지름 r :

$$r = \sqrt{\left(\frac{\sigma_x - \sigma_y}{2}\right)^2 + \tau_x^2} = \sqrt{(30)^2 + 0^2} = 30\,(MPa) \quad ; \ \tau_{max}$$

모어원 :

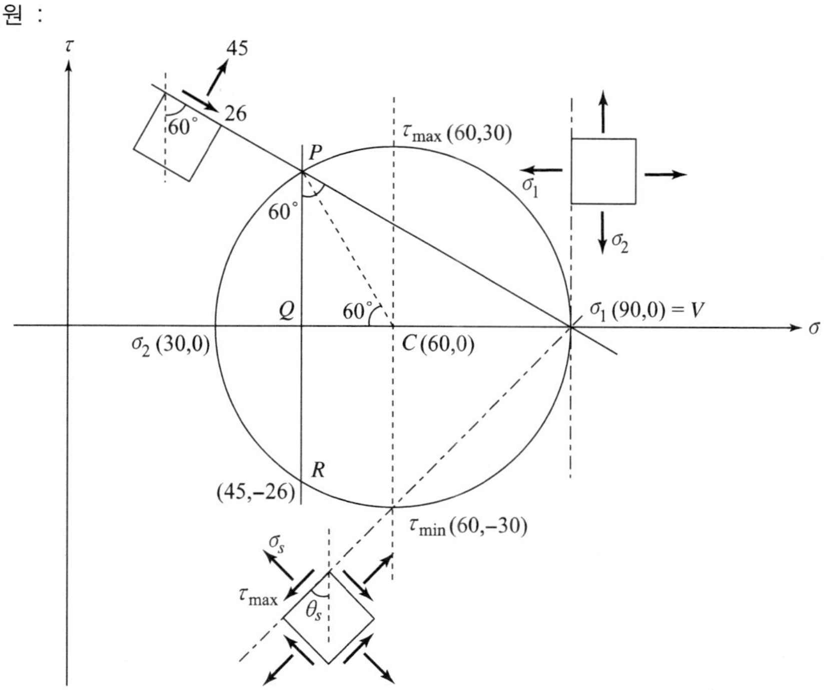

주응력/주평면 :

$\sigma_1 = \dfrac{\sigma_x + \sigma_y}{2} + r = 60 + 30 = 90\,(MPa)$; $\sigma_2 = \dfrac{\sigma_x + \sigma_y}{2} - r = 60 - 30 = 30\,(MPa)$

$\theta_1 = 0^\circ$

최대전단응력/작용면 :

$\tau_{\max} = r = 30\,MPa$; $\sigma_s = 60\,MPa$

$|\theta_S| = \tan^{-1}\left(\dfrac{90 - 60}{0 + 30}\right) = 45^\circ$; $\theta_S = -45^\circ$

V점 통과 60° 경사면과 원의 교점 P, σ축 대칭점 R, PR과 σ축 교점 Q :

$\angle VPQ = 60^\circ = \angle PCQ$; $\overline{CP} = r$

$\Rightarrow$ $\overline{PQ} = r\sin 60^\circ = 26.0$; $\overline{CQ} = r\cos 60^\circ = 15$

60° 경사면의 응력(R점 좌표) :

$\sigma = 45\,MPa$; $\tau = -26\,MPa$

8-5 전단력과 휨모멘트의 절대값이 최대가 되는 지점에서 상부플랜지와 연결되는 복부판 요소의 주응력/주평면을 구하시오.

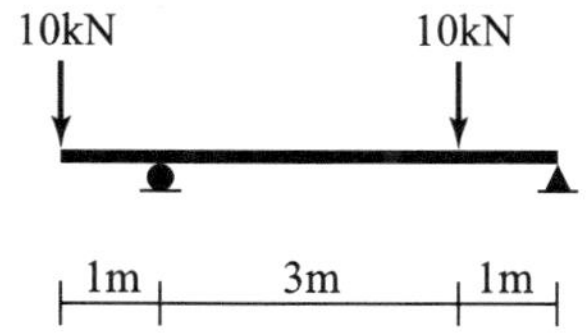

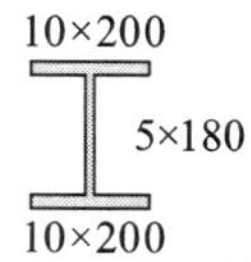

(단위 : mm)

풀이

전체 자유물체도 :

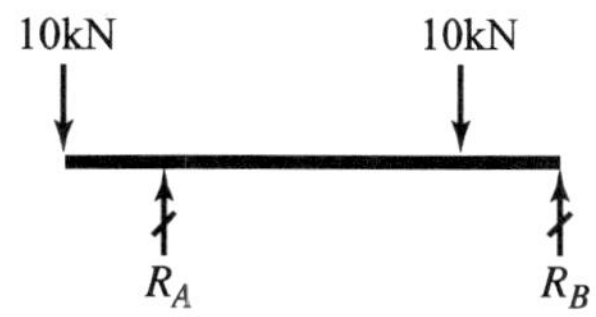

지점반력(평형조건식) :

$$\sum^{A} M = 0 = 10\times1 - 10\times3 + R_B\times4 \quad ; \quad R_B = 5\,kN$$
$$\sum F_y = 0 = 10 - R_A + 10 - R_D \quad ; \quad R_A = 15\,kN$$

단면2차모멘트 : 수평축 대칭단면이므로 도심은 중앙이고 전체사각형(20×20)과 제외부분 사각형(19.5×18)으로 계산

$$I = \frac{20\times20^3}{12} - \frac{19.5\times18^3}{12} = 3856\,(cm^4)$$

하중선도/전단력선도/휨모멘트선도 :

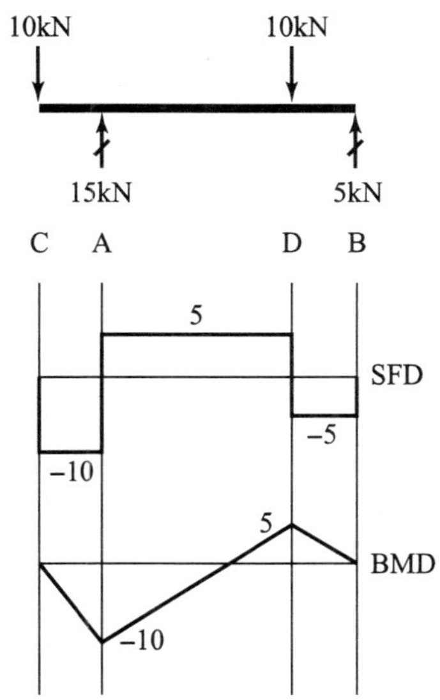

접합부 휨응력 : $M = -10\,kN\cdot m$

$$\sigma = \frac{My}{I} = \frac{-10\times10^3\times(-0.09)}{3856\times10^{-8}}\times10^{-6} = 23.3\,(MPa)$$

접합부 전단응력 : $V = -10\,kN$

$$\tau = \frac{VQ}{It} = \frac{-10\times10^3\times(0.01\times0.2\times0.095)}{3856\times10^{-8}\times0.005}\times10^{-6} = -9.85\,(MPa)$$

응력요소 : A 점의 왼쪽

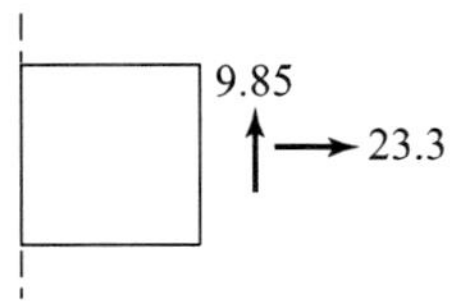

V점(수직단면 응력) :

$\sigma_x = 23.3\,MPa$, $\sigma_y = 0$, $\tau_x = 9.85\,MPa$

$\Rightarrow \quad V(23.3,\ 9.85)$

C점(모어원 중심) :

$$\frac{\sigma_x + \sigma_y}{2} = 11.65\,(MPa) \quad \Rightarrow \quad C(11.65,\ 0)$$

반지름 r :

$$r = \sqrt{\left(\frac{\sigma_x - \sigma_y}{2}\right)^2 + \tau_x^2} = \sqrt{(11.65)^2 + 9.85^2} = 15.26\,(MPa) \quad ; \quad \tau_{\max}$$

모어원 :

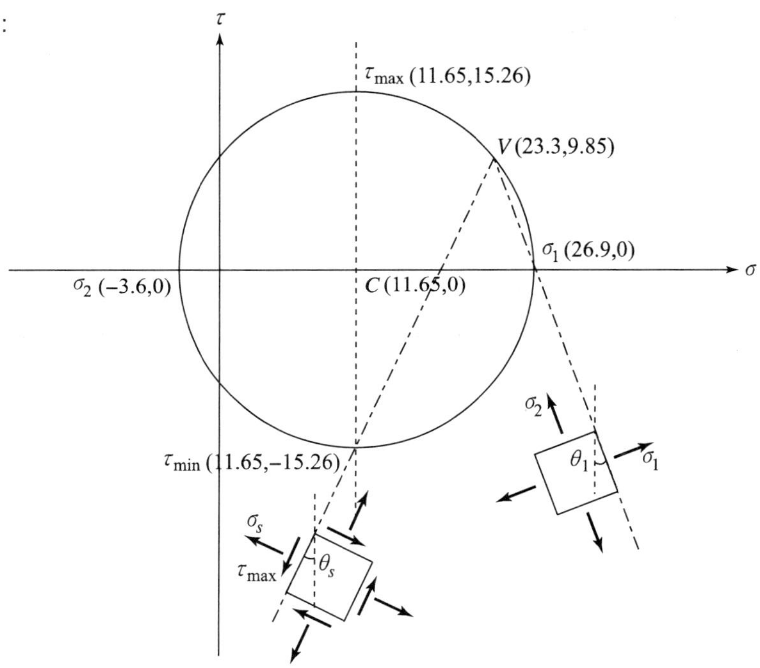

주응력/주평면 :

$$\sigma_1 = \frac{\sigma_x + \sigma_y}{2} + r = 11.65 + 15.26 = 26.9\,(MPa)$$

$$\sigma_2 = \frac{\sigma_x + \sigma_y}{2} - r = 11.65 - 15.26 = -3.6\,(MPa)$$

$$\theta_1 = \tan^{-1}\left(\frac{26.9 - 23.3}{9.85}\right) = 20.1^\circ$$

최대전단응력/작용면 :

$$\tau_{\max} = r = 15.26\,MPa \quad ; \quad \sigma_s = 11.65\,MPa$$

$$|\theta_S| = \tan^{-1}\left(\frac{23.3 - 11.65}{9.85 + 15.26}\right) = 24.9^\circ \quad ; \quad \theta_S = -24.9^\circ$$

8-6 휨모멘트선도의 최대부모멘트 위치에서 상부플랜지와 연결되는 복부판 요소의 주응력/주평면을 구하시오.

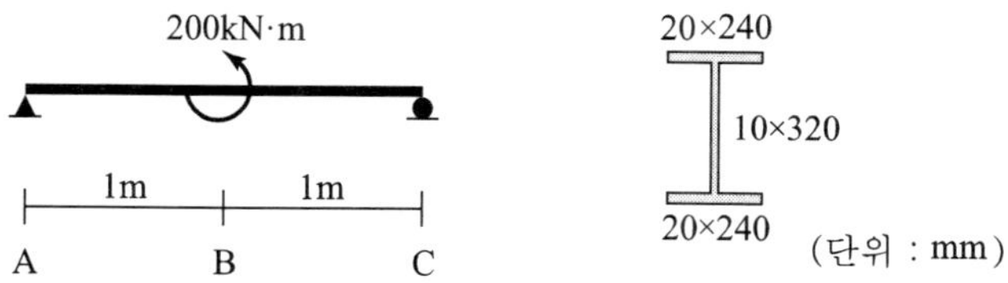

풀이

전체 자유물체도 :

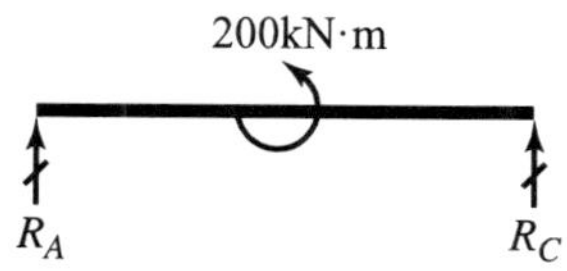

지점반력(평형조건식) :

$$\sum^{A} M = 0 = 200 + R_C \times 2 \quad ; \quad R_C = -100\,kN$$

$$\sum F_y = 0 = R_A + R_C \quad ; \quad R_A = 100\,kN$$

단면2차모멘트 :

$$I = \frac{24 \times 36^3}{12} - \frac{23 \times 32^3}{12} = 30507\,(cm^4)$$

하중선도/전단력선도/휨모멘트선도 :

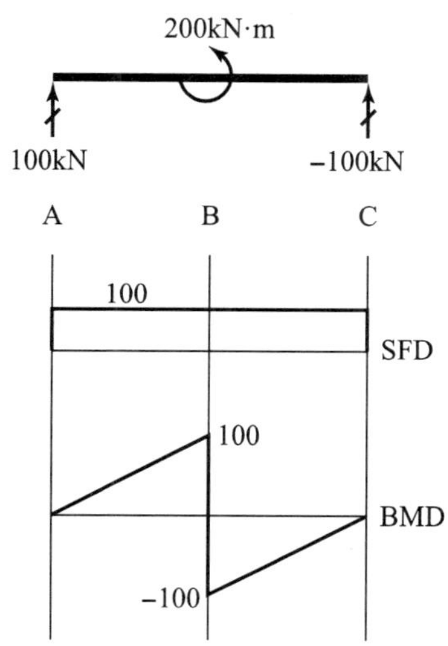

접합부 휨응력 : $M = -100\,kN \cdot m$

$$\sigma = \frac{My}{I}$$

$$= \frac{-100 \times 10^3 \times (-0.16)}{30507 \times 10^{-8}} \times 10^{-6}$$

$$= 52.4\,(MPa)$$

접합부 전단응력 : $V = 100\,kN$

$$\tau = \frac{VQ}{It}$$

$$= \frac{100 \times 10^3 \times (0.02 \times 0.24 \times 0.17)}{30507 \times 10^{-8} \times 0.01} \times 10^{-6}$$

$$= 26.7\,(MPa)$$

응력요소 : B점의 오른쪽

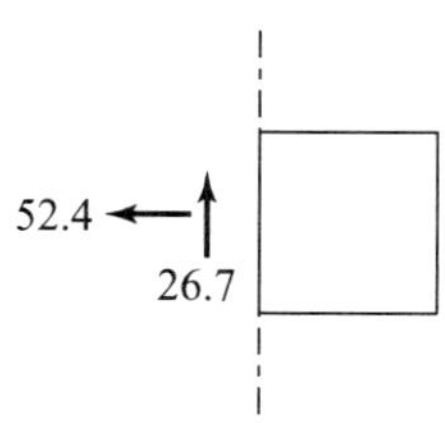

V점(수직단면 응력) :

$\sigma_x = 52.4\,MPa$, $\sigma_y = 0$, $\tau_x = -26.7\,MPa$

$\Rightarrow$ $V(52.4, -26.7)$

C점(모어원 중심) :

$$\frac{\sigma_x + \sigma_y}{2} = 26.2\,(MPa) \quad \Rightarrow \quad C(26.2,\,0)$$

반지름 r :

$$r = \sqrt{\left(\frac{\sigma_x - \sigma_y}{2}\right)^2 + \tau_x^2} = \sqrt{(26.2)^2 + (-26.7)^2} = 37.4\,(MPa) \quad ; \tau_{\max}$$

모어원 :

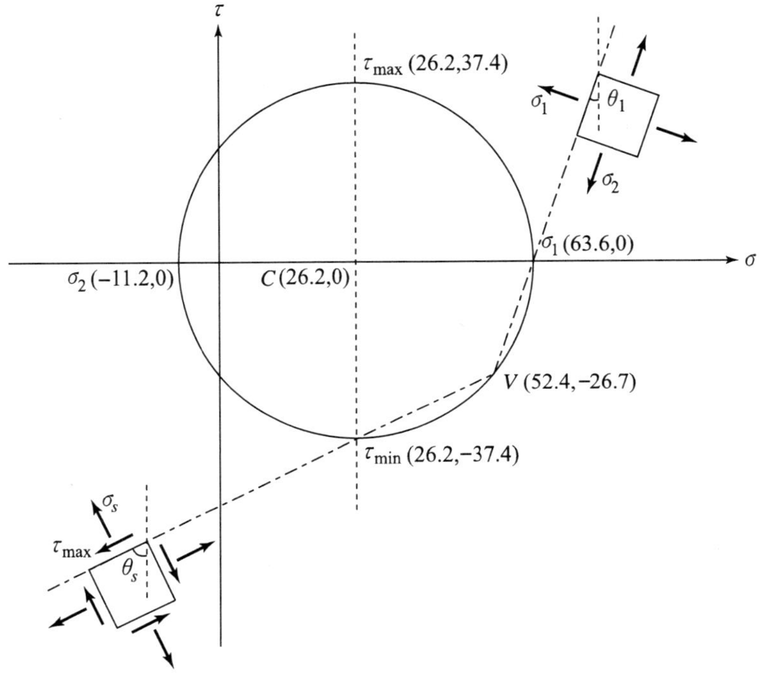

주응력/주평면 :

$$\sigma_1 = \frac{\sigma_x + \sigma_y}{2} + r = 26.2 + 37.4 = 63.6\,(MPa)$$

$$\sigma_2 = \frac{\sigma_x + \sigma_y}{2} - r = 26.2 - 37.4 = -11.2\,(MPa)$$

$$\theta_1 = \tan^{-1}\left(\frac{63.6 - 52.4}{26.7}\right) = 22.8^\circ \quad ; \quad \theta_1 = -22.8^\circ$$

최대전단응력/작용면 :

$$\tau_{\max} = r = 37.4\,MPa \quad ; \quad \sigma_s = 26.2\,MPa$$

$$|\theta_S| = \tan^{-1}\left(\frac{52.4 - 26.2}{37.4 - 26.7}\right) = 67.8^\circ \quad ; \quad \theta_S = -67.8^\circ$$

8-7 고정－핀 지지되어 있는 기둥(길이 L)의 좌굴하중 P_{cr}을 구하시오.

풀이

고정－핀 지지 기둥 : 구조물이 대칭이 아니므로 수평반력이 발생한다.

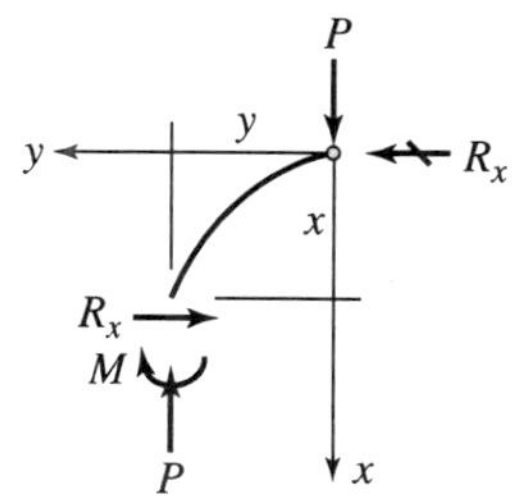

휨모멘트식(평형조건식) :

$$\sum^{x} M = 0 = Py - R_x x + M \quad \Rightarrow \quad M = -Py + R_x x$$

탄성곡선식의 미분방정식 :

$$\frac{d^2y}{dx^2} = \frac{M}{EI} = -\frac{P}{EI}y + \frac{R_x}{EI}x \quad ; \quad p^2 = \frac{P}{EI} \quad \Rightarrow \quad \frac{d^2y}{dx^2} + p^2 y = \frac{R_x}{EI}x$$

해(일반해, 특수해) :

$$y_g = A\sin px + B\cos px \quad ; \quad y_p = \frac{R_x}{p^2 EI}x = \frac{R_x}{P}x$$

탄성곡선식 :

$$y = A\sin px + B\cos px + \frac{R_x}{P}x$$

$$y' = Ap\cos px - Bp\sin px + \frac{R_x}{P}$$

경계조건 :

$$\begin{cases} y(0) = 0 & \Rightarrow \quad 0 = B \\ y(L) = 0 & \Rightarrow \quad 0 = A\sin pL + \dfrac{R_x}{P}L \\ y'(L) = 0 & \Rightarrow \quad 0 = Ap\cos pL + \dfrac{R_x}{P} \end{cases} \quad \Rightarrow \quad \tan pL = pL$$

좌굴하중 :

$$pL = 4.4934 \quad \Rightarrow \quad P_{cr} = \frac{20.2EI}{L^2} = \frac{\pi^2 EI}{(0.7L)^2}$$

8-8 양단이 핀－핀 지지되어 있는 기둥(길이 $10m$)의 임계하중 P_{cr}과 허용하중 P_a를 구하시오. 기둥의 약축방향은 중간에 횡지지되어 있다($E = 200\,GPa$, $F.S. = 2$).

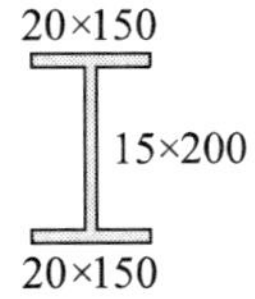

(단위 : mm)

풀이

단면2차모멘트 : 강축은 전체 사각형(15×24)에서 제외부분 사각형(6.75×20) 2개로 구분하고, 약축은 3개의 사각형(2×15 두 개, 15×20)으로 구분한다.

강축 :

$$I_{\max} = \frac{15 \times 24^3}{12} - 2 \times \frac{6.75 \times 20^3}{12} = 8280\,(cm^4)$$

약축 :

$$I_{\min} = \frac{2 \times 15^3}{12} \times 2 + \frac{20 \times 1.5^3}{12} = 1131\,(cm^4)$$

강축/약축 : 각 축으로 단면2차모멘트, 유효길이가 다르다.

강축 :

$$P_{cr} = \frac{\pi^2 E I_{\max}}{L^2} = \frac{\pi^2 \times 200 \times 10^9 \times 0.8280 \times 10^{-4}}{10^2} \times 10^{-3} = 1634\,(kN)$$

약축 :

$$P_{cr} = \frac{\pi^2 E I_{\max}}{L_e^2} = \frac{\pi^2 \times 200 \times 10^9 \times 0.1131 \times 10^{-4}}{5^2} \times 10^{-3} = 893\,(kN)$$ ➡ 임계하중

허용하중 :

$$P_a = \frac{P_{cr}}{F.S.} = \frac{893}{2} = 446\,(kN)$$

8-8 AB 부재($I_{\min} = 50\,cm^4$)의 허용하중 W를 오일러공식으로 구하시오. 탄성계수는 $E = 200\,GPa$이고, 안전계수는 $F.S. = 2$이다.

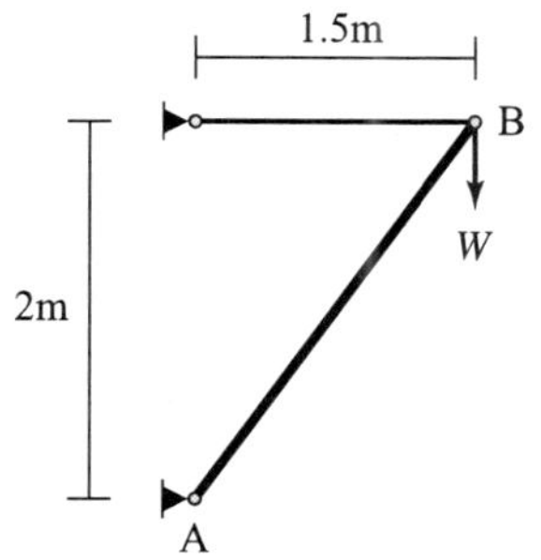

풀이

절점 B의 자유물체도 :

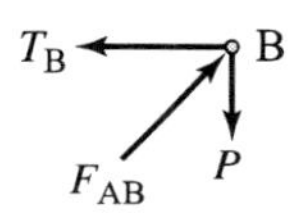

부재력(평형조건식) :

$\sum F_y = 0 = F_{AB} \times 0.8 - P$; $F_{AB} = 1.25\,W$

임계하중/허용하중 : 오일러공식(양단 핀 지지)

$$P_{cr} = \frac{\pi^2 E I_{\min}}{L^2} = \frac{\pi^2 \times 200 \times 10^9 \times 50 \times 10^{-8}}{2.5^2} \times 10^{-3} = 157.9\,(kN)$$

$$F_{AB,a} = \frac{P_{cr}}{F.S.} = \frac{157.9}{2} = 79.0\,(kN) = 1.25\,W \quad ; \quad W = 63.2\,kN$$

찾아보기

국승규

· 서울대학교 토목공학과

· 서울대학교 토목공학과 공학석사

· 독일 Aachen University of Technology
  토목공학 공학박사

· 현) 부경대학교 토목공학과 교수

재료역학 문제해설 정가 12,000원

인 쇄 2013년 3월 2일 초판 1쇄
발 행 2013년 3월 10일 초판 1쇄
저 자 국승규
발행인 정우용
발행처 도서출판 동화기술
경기도 파주시 문발동 파주출판도시 500-13(광인사길 201)
Tel (031)955-4211~6 donghwae@kornet.net
Fax (031)955-4217 www.donghwapub.co.kr
(등록) 1977년 12월 19일/9-16호

ISBN 978-89-425-1795-4